KB083416

주기율표

THE PERIODIC TABLE

인포그래픽으로 만나는 원소의 세계

A Visual Guide to the Elements

옮긴이 장 정 문

이화여자대학교 영문학과 졸업 후 외국계 기업에서 근무했으며 현재 전문 번역가로 활동하고 있다.

감수 김 병 민

연세대학교 화학공학과에서 공부하고 석사학위를 받았다. MIT 대학과 카본나노튜브 물질 연구를 통해 물질의 본질에 대해 깊은 관심을 갖게 되었고, 현재 물질의 분자진동에너지 분석을 통해 국내외 여러 분야 기업체, 대학 및 연구소 과학자들의 연구를 돕는 일을 한다. 과학기술인네트워크(ESC)와 페이스북 SNS를 통해 과학대중화에 힘쓰며 교양과학 칼럼니스트로 활동한다. 저서로는『사이언스 빌리지』가 있다.

The Periodic Table: A Visual Guide to the Elements
By Tom Jackson
Originally published in the English language by Aurum Press Ltd.

주기율표: 인포그래픽으로 만나는 원소의 세계

초판 1쇄 발행 2018년 1월 30일
초판 2쇄 발행 2021년 1월 30일

지은이 톰 잭슨
옮긴이 장정문
감수 김병민
편집 류은영
펴낸이 김성현
펴낸곳 소우주출판사
등록 2016년 12월 27일 제 563-2016-000092호
주소 경기도 용인시 기흥구 보정로 30, 136-902
전화 010-2508-1532
이메일 jidda74@naver.com

ISBN ISBN 979-11-960577-1-8 (03430)

정가 22,000원

Printed in Singapore

주기율표

THE PERIODIC TABLE

인포그래픽으로 만나는
원소의 세계

톰 잭슨 지음 | 장정문 옮김 · 김병민 감수

소우주

목 차

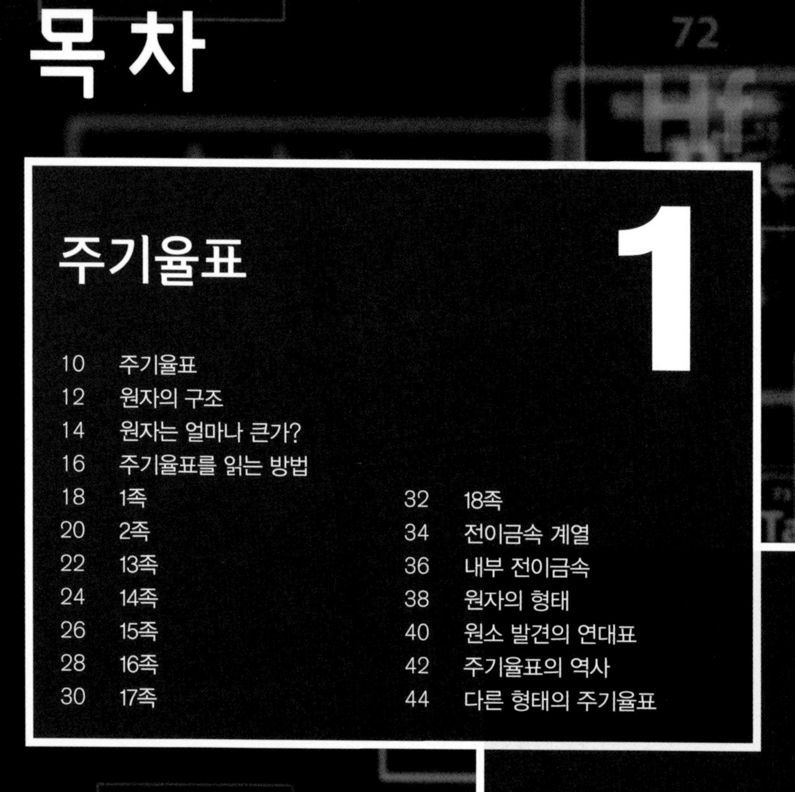

1 주기율표

2 밖에서 바라보기

3 안에서 들여다보기

원소별로 살펴보기

4

서 문

주기율표는 인포그래픽의 결정체라 할 수 있다. 우주(적어도 우리가 볼 수 있는 부분)의 구조를 118개의 단위, 즉 원소로 나타내기 때문에 각 원소가 주기율표의 어디에 있는지 보는 것만으로도 이들 원소에 대해 많은 것을 알 수 있다.

원소란 더는 정제하거나 순수하게 할 수 없는 가장 단순한 물질을 말한다. 모든 원소는 고유의 물리적, 화학적 성질을 지니며, 이는 각 원소의 원자 구조에 기인한다. 1869년 러시아의 화학자 드미트리 멘델레예프는 당시까지 알려져 있던(현재의 절반 정도) 원소를 체계적으로 배열해 주기율표를 만들었다. 그의 주기율표는 원자량의 증가와 원소의 화학적 성질 간에 일정한 규칙이 있었는데, 의도적이지는 않았으나 각 원소가 지닌 다양한 원자 구조를 기반으로 만든 것이었다. 그가 활동하던 시기는 전자가 발견되기 30년 전이었고, 원자가 전자, 양성자, 중성자로 구성된다는 이론이 나오기 60년 전이었다. 이후 원자의 구조가 밝혀지자, 우리는 멘델레예프의 주기율표가 잘 맞아 떨어지는 이유를 알게 되었다. 모든 원소는 전자, 양성자, 중성자로 된 구성 입자들이 나름의 조합을 가지며, 이러한 입자들의 배열 방식이 원소의 특징을 결정짓는 것이다.

이 책을 읽다 보면 원자의 구성 입자들이 어떤 식으로 원소의 특징을 결정하게 되는지 알 수 있을 것이며, 이들 원소가 펼치는 다양한 특징의 향연에 빠져들게 될 것이다. 일정한 규칙을 따르긴 하지만, 원소의 다양성은 상상을 초월한다. 어떤 원소는 태곳적부터 존재해왔으며 우주의 마지막 순간까지 함께 할 것이다. 또 어떤 원소는 소멸하는 별의 용광로 속에서(또는 실험실에서) 생성되어 수백 분의 일 초 만에 사라지기도 한다.

모든 원소가 특출한 것은 아니다. 원소의 대부분은 사실 평범하다. 하지만 이런 평범한 원소가 모여서 우주를 이루는 것이다. 여기에는 자석, 엔진, 전자 제품을 만드는 금속도 있고, 컴퓨터를 통해 현대 사회를 재창조하고 태양열 발전을 통해 미래 사회를 구원할 반도체도 있다. 또한 지구상의 모든 생명체에(그리고 아마도 지구 밖의 생명체에도) 생명력을 불어 넣어주는 비금속도 있다. 자, 이제 만물을 구성하는 원소의 세계로 여행을 떠나보자.

1

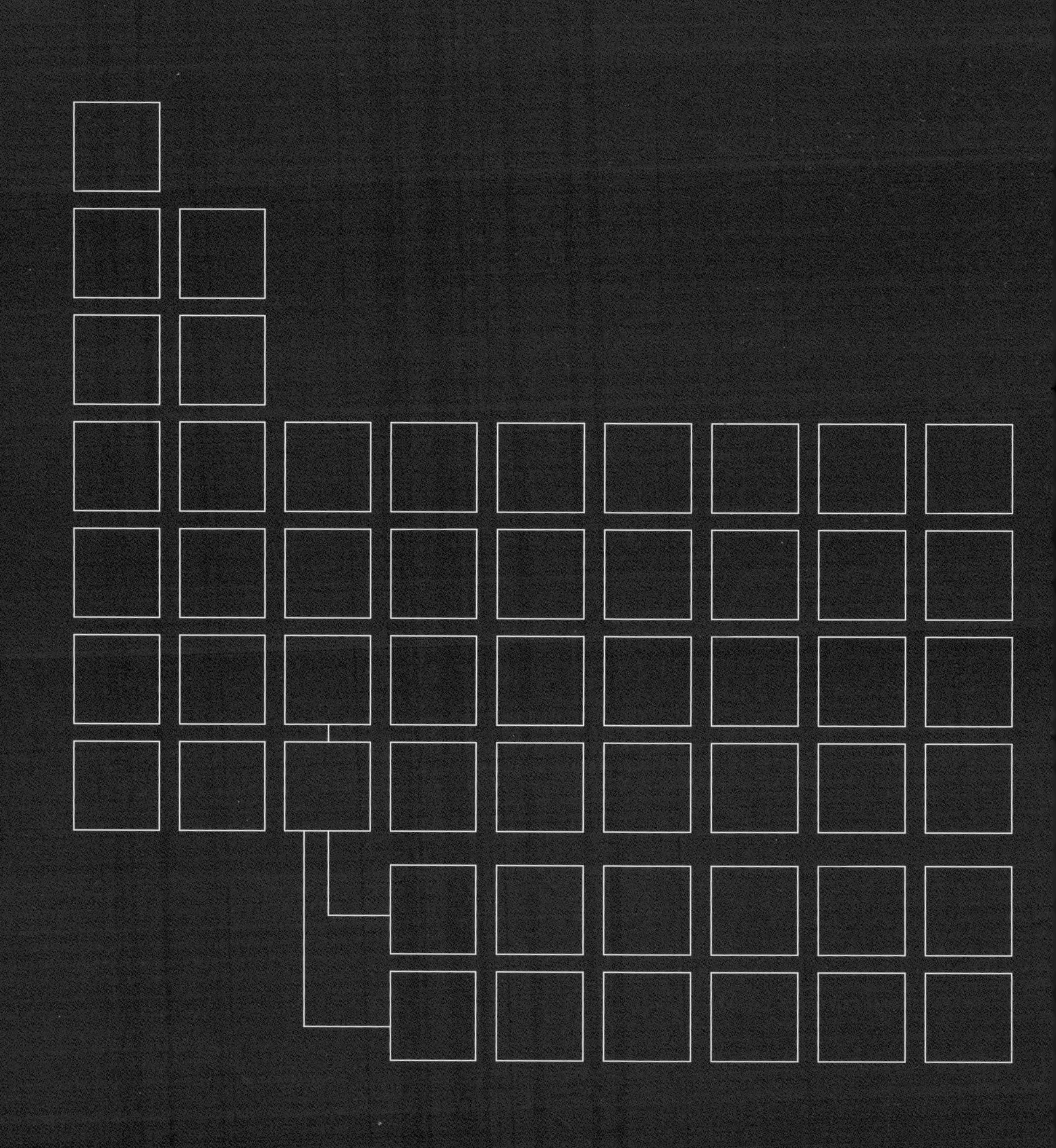

주기율표

주기율표

주기율표에서 각 원소들은 원자 번호(원자 안에 있는 양성자의 수) 순서대로 배치되어 있다. 이 원소들은 주기라고 알려져 있는 가로줄과, 각 원소의 화학적 성질이 비슷한 것끼리 모아놓은 족이라 불리는 세로줄로 이루어진 표에 배치되어 있는데, 이러한 형태의 주기율표는 비슷한 성질을 가진 원소끼리 같은 색깔로 표시한다. 오른쪽에 각 명칭이 정리되어 있다.

1 H 수소								
3 Li 리튬	4 Be 베릴륨							
 11 Na 나트륨	12 Mg 마그네슘							
 19 K 포타슘	20 Ca 칼슘	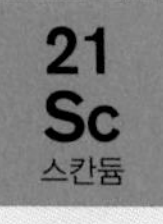 21 Sc 스칸듐	22 Ti 타이타늄	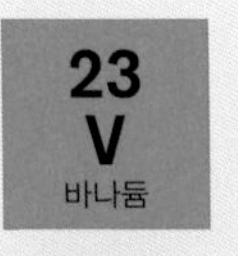 23 V 바나듐	24 Cr 크로뮴	25 Mn 망가니즈	26 Fe 철	27 Co 코발트
 37 Rb 루비듐	38 Sr 스트론튬	 39 Y 이트륨	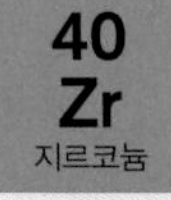 40 Zr 지르코늄	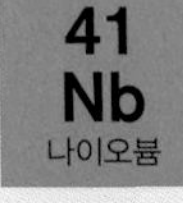 41 Nb 나이오븀	42 Mo 몰리브데넘	43 Tc 테크네튬	44 Ru 루테늄	45 Rh 로듐
 55 Cs 세슘	56 Ba 바륨	 57-71 란타넘족	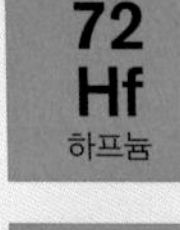 72 Hf 하프늄	73 Ta 탄탈럼	74 W 텅스텐	75 Re 레늄	76 Os 오스뮴	77 Ir 이리듐
 87 Fr 프랑슘	88 Ra 라듐	 89-103 악티늄족	104 Rf 러더포듐	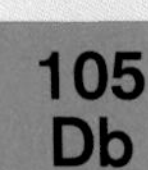 105 Db 두브늄	106 Sg 시보귬	107 Bh 보륨	108 Hs 하슘	109 Mt 마이트너륨
			 57 La 란타넘	 58 Ce 세륨	 59 Pr 프라세오디뮴	 60 Nd 네오디뮴	 61 Pm 프로메튬	 62 Sm 사마륨
			89 Ac 악티늄	90 Th 토륨	91 Pa 프로트악티늄	92 U 우라늄	93 Np 넵투늄	94 Pu 플루토늄

알칼리 금속

주기율표의 가장 왼쪽 세로줄에 위치하는 반응성이 큰 금속 원소들. 모두 무르고 실온에서 고체이다. 자연에서 순수한 원소 상태로 발견되지 않는다.

알칼리 토금속

알칼리 토금속은 실온에서 은백색을 띠는 금속이다. 알칼리 토금속이라는 이름은 자연적으로 존재하는 이 원소들의 산화물이 주로 암석에서 발견되기 때문에 붙여졌다. 예를 들어 석회는 칼슘의 염기성 산화물이다.

란타넘족

란타넘족 원소는 보통 주기율표의 아래쪽에 따로 붙어 있는 가로줄에 위치한다. 란타넘족이라는 명칭은 이 족의 첫 번째 원소인 란타넘의 이름을 딴 것으로, 모나자이트와 같은 희토류 광물에서 다량으로 발견된다.

악티늄족

악티늄족 원소는 주기율표 아래쪽에 따로 붙어 있는 두 번째 가로줄을 구성한다. 첫 번째 원소인 악티늄의 이름을 따서 악티늄족이라 불리며, 모두 방사성이 강하고 핵연료의 주요 공급원이다.

전이금속

전이금속은 주기율표의 중간 부분에 있는 원소들이다. 이들은 알칼리 금속에 비해 더 단단하지만 반응성은 더 작으며, 열과 전기에 대한 전도율이 높은 편이다.

전이후금속

'Poor metal'이라고도 알려져 있다. 주기율표 오른쪽에서 삼각형 모양을 이루고 있으며, 금속성이 약해 반응성이 없다. 대부분 녹는점과 끓는점이 낮다.

원소 분류

- 알칼리 금속
- 알칼리 토금속
- 란타넘족
- 악티늄족
- 전이금속
- 전이후금속
- 준금속
- 기타 비금속
- 할로젠 원소
- 비활성 기체
- 화학적 성질 미상

								2 He 헬륨
			5 B 붕소	6 C 탄소	7 N 질소	8 O 산소	9 F 플루오린	10 Ne 네온
			13 Al 알루미늄	14 Si 규소	15 P 인	16 S 황	17 Cl 염소	18 Ar 아르곤
28 Ni 니켈	29 Cu 구리	30 Zn 아연	31 Ga 갈륨	32 Ge 저마늄	33 As 비소	34 Se 셀레늄	35 Br 브로민	36 Kr 크립톤
46 Pd 팔라듐	47 Ag 은	48 Cd 카드뮴	49 In 인듐	50 Sn 주석	51 Sb 안티모니	52 Te 텔루륨	53 I 아이오딘	54 Xe 제논
78 Pt 백금	79 Au 금	80 Hg 수은	81 Tl 탈륨	82 Pb 납	83 Bi 비스무트	84 Po 폴로늄	85 At 아스타틴	86 Rn 라돈
110 Ds 다름슈타튬	111 Rg 뢴트게늄	112 Cn 코페르니슘	113 Nh 니호늄	114 Fl 플레로븀	115 Mc 모스코븀	116 Lv 리버모륨	117 Ts 테네신	118 Og 오가네손
63 Eu 유로퓸	64 Gd 가돌리늄	65 Tb 터븀	66 Dy 디스프로슘	67 Ho 홀뮴	68 Er 어븀	69 Tm 툴륨	70 Yb 이터븀	71 Lu 루테튬
95 Am 아메리슘	96 Cm 퀴륨	97 Bk 버클륨	98 Cf 칼리포늄	99 Es 아인슈타이늄	100 Fm 페르뮴	101 Md 멘델레븀	102 No 노벨륨	103 Lr 로렌슘

준금속

준금속 원소는 주기율표의 금속과 비금속 사이에 위치해 이 둘을 분리한다. 준금속 원소의 전기적 성질은 금속 원소와 비금속 원소의 중간 정도 되는데, 반도체 전자공학 분야에서 주로 활용되고 있다.

기타 비금속

할로젠 원소와 비활성 기체에 속하지 않는 일부 원소들이 해당되며 여기에서는 독립된 족으로 표시했다. 이들은 매우 다양한 화학적, 물리적 특성을 보인다.

대부분의 비금속은 전자를 쉽게 얻으며, 일반적으로 금속 원소에 비해 녹는점과 끓는점이 낮고, 밀도도 낮다.

할로젠 원소

17족으로도 알려져 있는 할로젠 원소는 실온에서 물질의 세 가지 상태를 모두 가지고 있는 유일한 족이다. 플루오린과 염소는 기체, 브로민은 액체, 아이오딘과 아스타틴은 고체로 존재하며, 이들은 모두 비금속 원소이다.

비활성 기체

비활성 기체는 주기율표 18족에 위치한다. 이들은 모두 실온에서 기체로 존재하며, 무색, 무취의 반응성이 없는 비금속 원소이다. 네온, 아르곤, 제논 등이 비활성 기체에 속하며, 조명이나 용접 분야에 활용된다.

화학적 성질 미상

일반적으로 우라늄보다 큰 원소는 실험실에서 인공적으로 만들어지며 대개 극소량만 생산된다. 가장 최근에 만들어진 몇몇 인공원소들의 화학적 성질은 아직까지 알려지지 않았다.

원자의 구조

1

원자라는 개념은 매우 현대적인 것처럼 들린다. 사실 지금도 과학자들은 원자의 신비를 풀기 위해 노력하고 있다. 하지만 원자의 개념은 2,500년 전 고대 철학자들도 고민했던 것이었으며, 적어도 지난 200년간 화학을 이해하는 데 있어 중심이 되는 개념이었다.

원소

고대 철학자들은 자연을 원소, 즉 세상의 모든 것을 구성하는 기본 물질이라는 관점에서 이해했다. 가장 널리 통용되었던 것은 흙, 물, 공기, 그리고 불의 네 가지 원소였다.

자연의 변화 과정

고대 그리스의 철학자인 아리스토텔레스는, 우주가 끊임없이 변화하는 이유는 이들 네 원소들이 서로 떨어지려고 하기 때문이라고 생각했다.

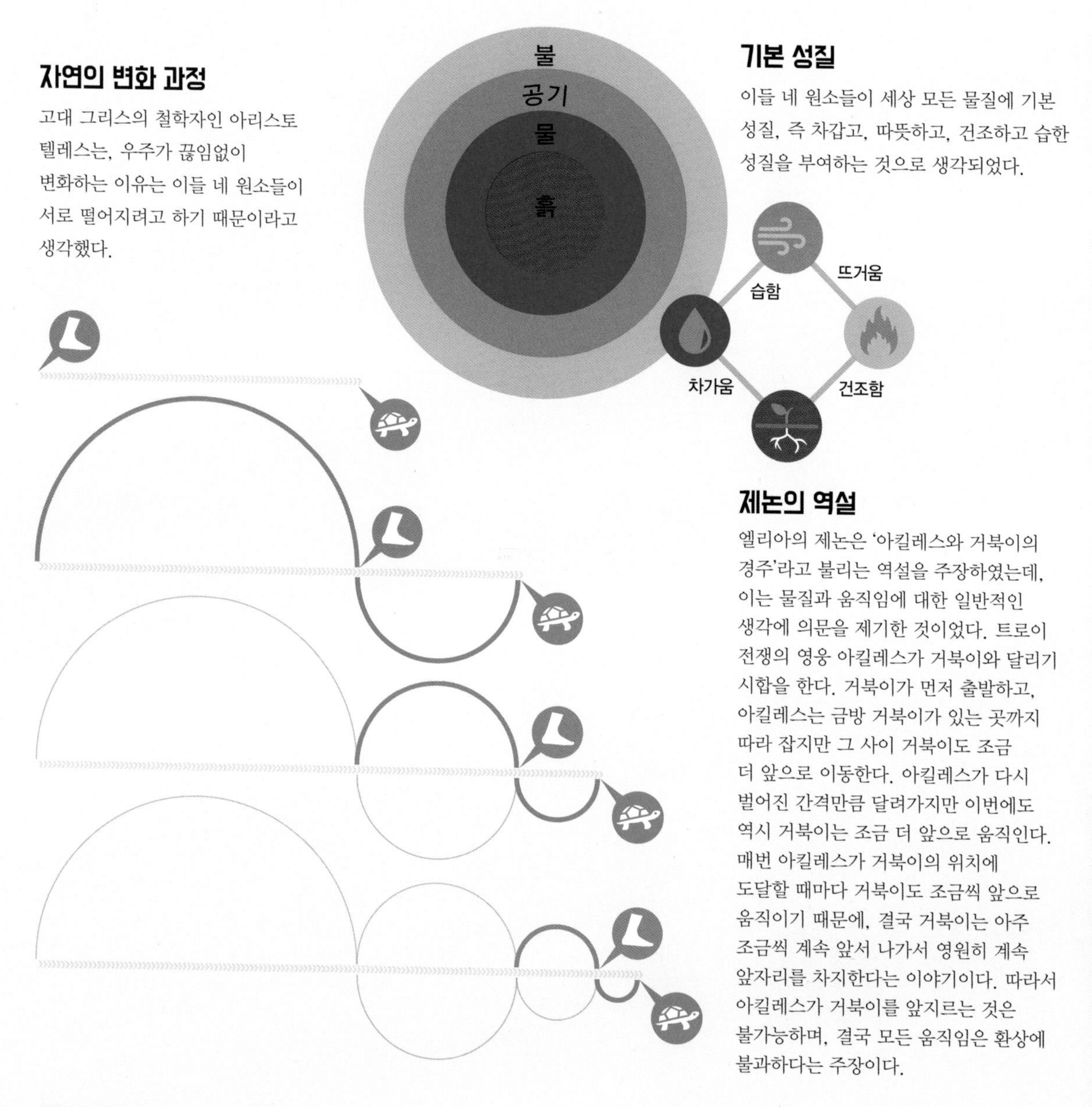

기본 성질

이들 네 원소들이 세상 모든 물질에 기본 성질, 즉 차갑고, 따뜻하고, 건조하고 습한 성질을 부여하는 것으로 생각되었다.

제논의 역설

엘리아의 제논은 '아킬레스와 거북이의 경주'라고 불리는 역설을 주장하였는데, 이는 물질과 움직임에 대한 일반적인 생각에 의문을 제기한 것이었다. 트로이 전쟁의 영웅 아킬레스가 거북이와 달리기 시합을 한다. 거북이가 먼저 출발하고, 아킬레스는 금방 거북이가 있는 곳까지 따라 잡지만 그 사이 거북이도 조금 더 앞으로 이동한다. 아킬레스가 다시 벌어진 간격만큼 달려가지만 이번에도 역시 거북이는 조금 더 앞으로 움직인다. 매번 아킬레스가 거북이의 위치에 도달할 때마다 거북이도 조금씩 앞으로 움직이기 때문에, 결국 거북이는 아주 조금씩 계속 앞서 나가서 영원히 계속 앞자리를 차지한다는 이야기이다. 따라서 아킬레스가 거북이를 앞지르는 것은 불가능하며, 결국 모든 움직임은 환상에 불과하다는 주장이다.

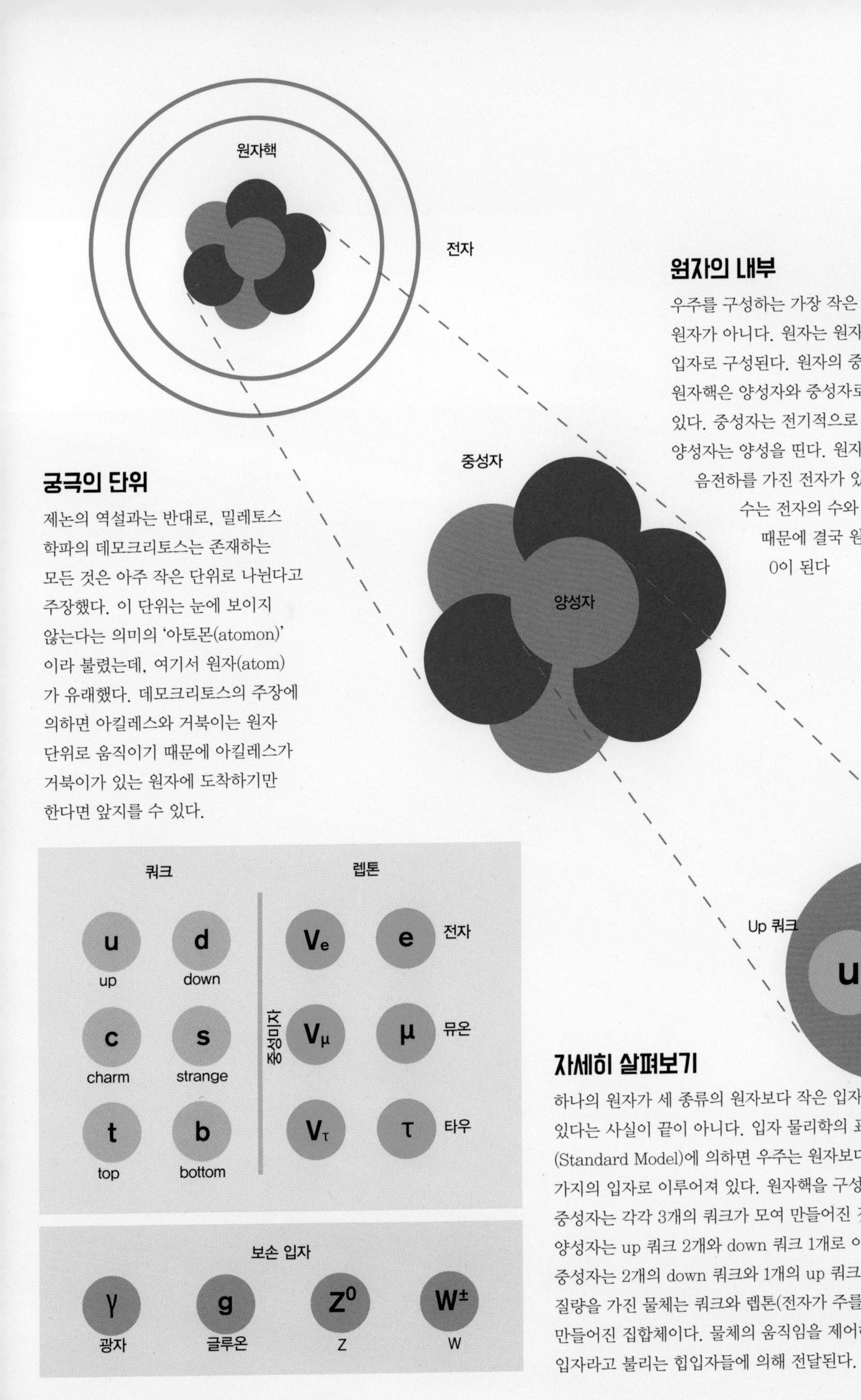

원자의 내부

우주를 구성하는 가장 작은 물질은 원자가 아니다. 원자는 원자보다 작은 입자로 구성된다. 원자의 중심, 즉 원자핵은 양성자와 중성자로 이루어져 있다. 중성자는 전기적으로 중성이지만 양성자는 양성을 띤다. 원자핵 주위에는 음전하를 가진 전자가 있다. 앙성자의 수는 전자의 수와 동일하기 때문에 결국 원자의 전하는 0이 된다

궁극의 단위

제논의 역설과는 반대로, 밀레토스 학파의 데모크리토스는 존재하는 모든 것은 아주 작은 단위로 나뉜다고 주장했다. 이 단위는 눈에 보이지 않는다는 의미의 '아토몬(atomon)'이라 불렸는데, 여기서 원자(atom)가 유래했다. 데모크리토스의 주장에 의하면 아킬레스와 거북이는 원자 단위로 움직이기 때문에 아킬레스가 거북이가 있는 원자에 도착하기만 한다면 앞지를 수 있다.

자세히 살펴보기

하나의 원자가 세 종류의 원자보다 작은 입자로 이루어져 있다는 사실이 끝이 아니다. 입자 물리학의 표준 모형(Standard Model)에 의하면 우주는 원자보다 작은 16가지의 입자로 이루어져 있다. 원자핵을 구성하는 양성자와 중성자는 각각 3개의 쿼크가 모여 만들어진 것인데, 양성자는 up 쿼크 2개와 down 쿼크 1개로 이루어져 있고, 중성자는 2개의 down 쿼크와 1개의 up 쿼크로 구성된다. 질량을 가진 물체는 쿼크와 렙톤(전자가 주를 이룸)으로 만들어진 집합체이다. 물체의 움직임을 제어하는 힘은 보손 입자라고 불리는 힙입자들에 의해 전달된다.

원자는 얼마나 큰가?

1

원자는 원소를 구성하는 가장 작은 단위로, 그 크기는 인간이 측정할 수 있는 방법으로는 상상하기조차 힘들다. 게다가 원자를 구성하는 입자들은 한데 모여 있기 때문에 이 조그마한 원자의 내부 공간은 대부분 텅 비어 있다.

실제 세계와의 비교

가장 강력한 성능을 지닌 현미경인 전자 주사 터널링 현미경(scanning tunneling microscope)은 하나의 원자가 차지하는 공간을 감지할 수 있다. 그러나 이것은 물질의 구조를 분석하기 위해 사용된다. 현미경에 나타나는 원자의 이미지는 작은 물방울 모양으로 보일 뿐이기 때문에 원자의 실제 크기를 가늠하기는 여전히 어렵다. 원자의 크기를 상상할 수 있는 유일한 방법은 실제 세계의 사물들과 비교해 보는 것이다. 여기에서는 1페니 동전과 달을 이용할 것이다.

원자핵의 너비	원자의 너비
콩	운동장
비치볼	마라톤 풀코스
런던 아이	명왕성
지구	토성 공전 궤도

페니

1페니짜리 작은 동전은 원자 1개의 크기보다 1억 7,000만 배 크다.

원자

수소 원자 1개의 지름은 약 100억 분의 1미터이다

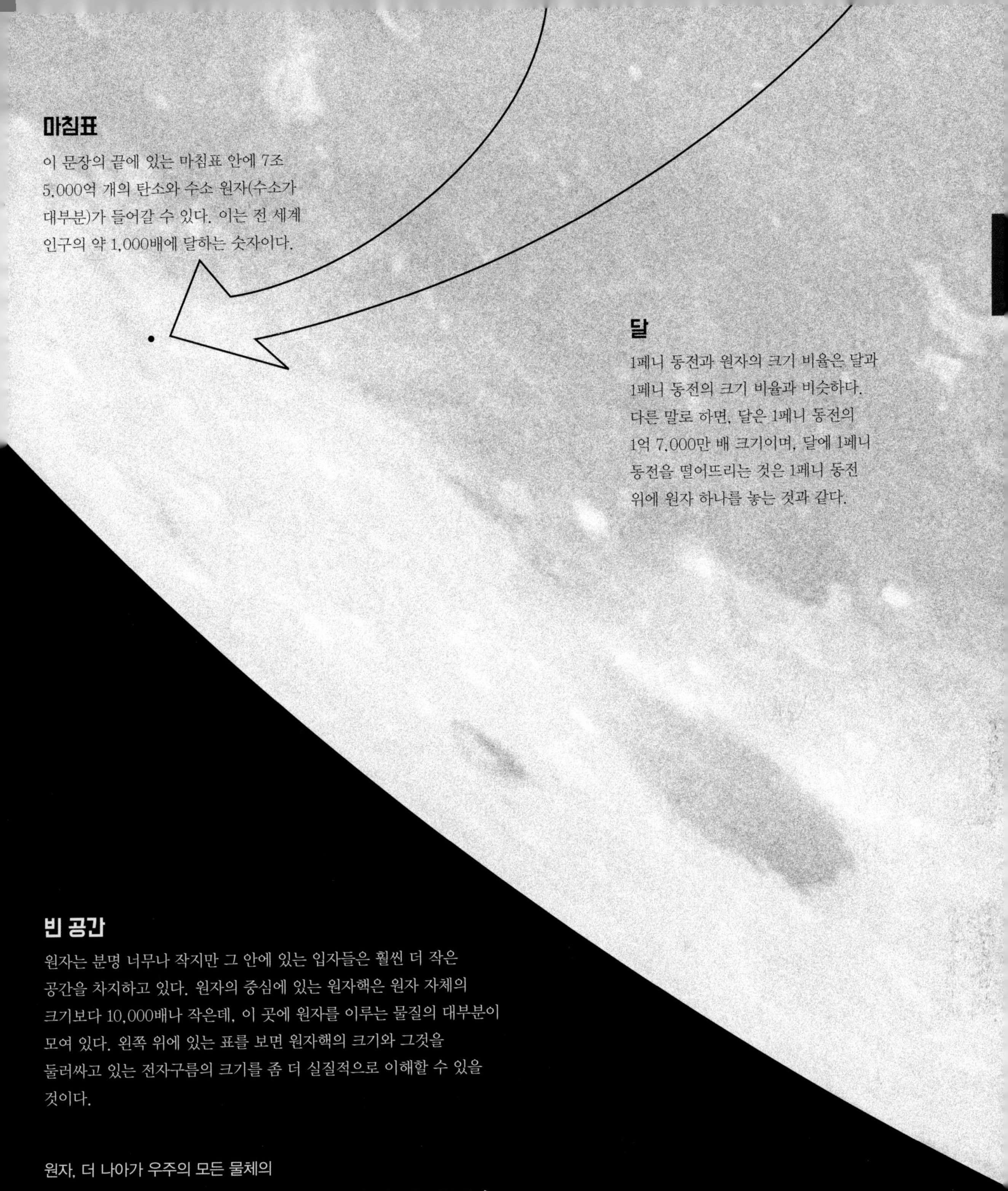

마침표

이 문장의 끝에 있는 마침표 안에 7조 5,000억 개의 탄소와 수소 원자(수소가 대부분)가 들어갈 수 있다. 이는 전 세계 인구의 약 1,000배에 달하는 숫자이다.

달

1페니 동전과 원자의 크기 비율은 달과 1페니 동전의 크기 비율과 비슷하다. 다른 말로 하면, 달은 1페니 동전의 1억 7,000만 배 크기이며, 달에 1페니 동전을 떨어뜨리는 것은 1페니 동전 위에 원자 하나를 놓는 것과 같다.

빈 공간

원자는 분명 너무나 작지만 그 안에 있는 입자들은 훨씬 더 작은 공간을 차지하고 있다. 원자의 중심에 있는 원자핵은 원자 자체의 크기보다 10,000배나 작은데, 이 곳에 원자를 이루는 물질의 대부분이 모여 있다. 왼쪽 위에 있는 표를 보면 원자핵의 크기와 그것을 둘러싸고 있는 전자구름의 크기를 좀 더 실질적으로 이해할 수 있을 것이다.

원자, 더 나아가 우주의 모든 물체의

99.9999999999996%는

아무 것도 없는 빈 공간이다.

주기율표를 읽는 방법

1

고대에는 세상이 네 가지 원소로 구성되었다고 했지만, 이제 우리는 100가지가 넘는 원소들이 존재하며, 이들 중 90여 종만이 자연적으로 발견되는 원소라는 사실도 알게 되었다. 모든 원소는 원자로 이루어져 있다. 각 원소마다 고유한 개수의 양성자를 가지는데, 이것이 그 원소의 원자 번호이다.

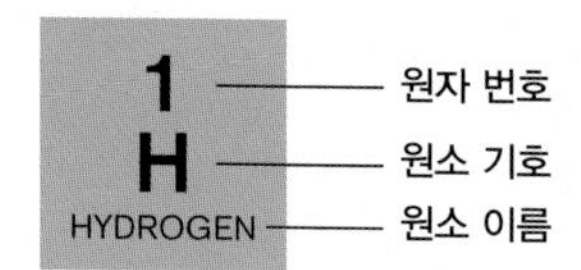

전자의 개수

원자는 전하를 가지지 않는다. 원자는 항상 전기적으로 중성을 띠는데, 이는 원자 안에 있는 전자의 수가 원자 번호, 즉 양성자 수와 항상 같기 때문이다.

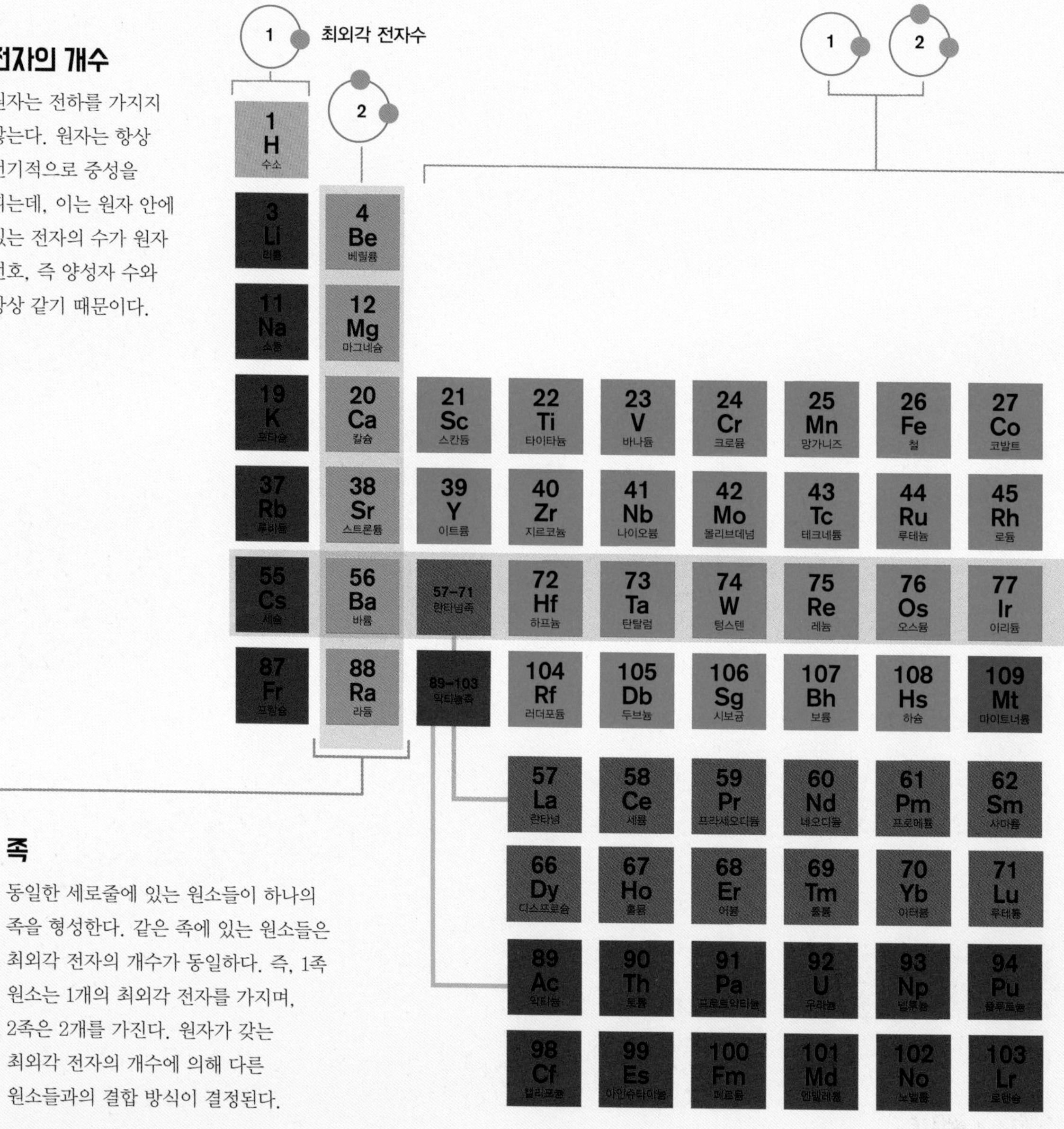

족

동일한 세로줄에 있는 원소들이 하나의 족을 형성한다. 같은 족에 있는 원소들은 최외각 전자의 개수가 동일하다. 즉, 1족 원소는 1개의 최외각 전자를 가지며, 2족은 2개를 가진다. 원자가 갖는 최외각 전자의 개수에 의해 다른 원소들과의 결합 방식이 결정된다.

전자껍질

전자는 원자핵을 둘러싸고 있는 껍질에 배치되어 있는데, 각 껍질에 들어갈 수 있는 전자의 개수는 미리 정해져 있다.

최외각 전자

대부분의 원자의 경우 가장 바깥쪽 전자껍질(최외각 전자껍질)은 꽉 채워져 있지 않다. 최외각 껍질에 있는 전자의 숫자가 그 원자의 성질을 결정한다.

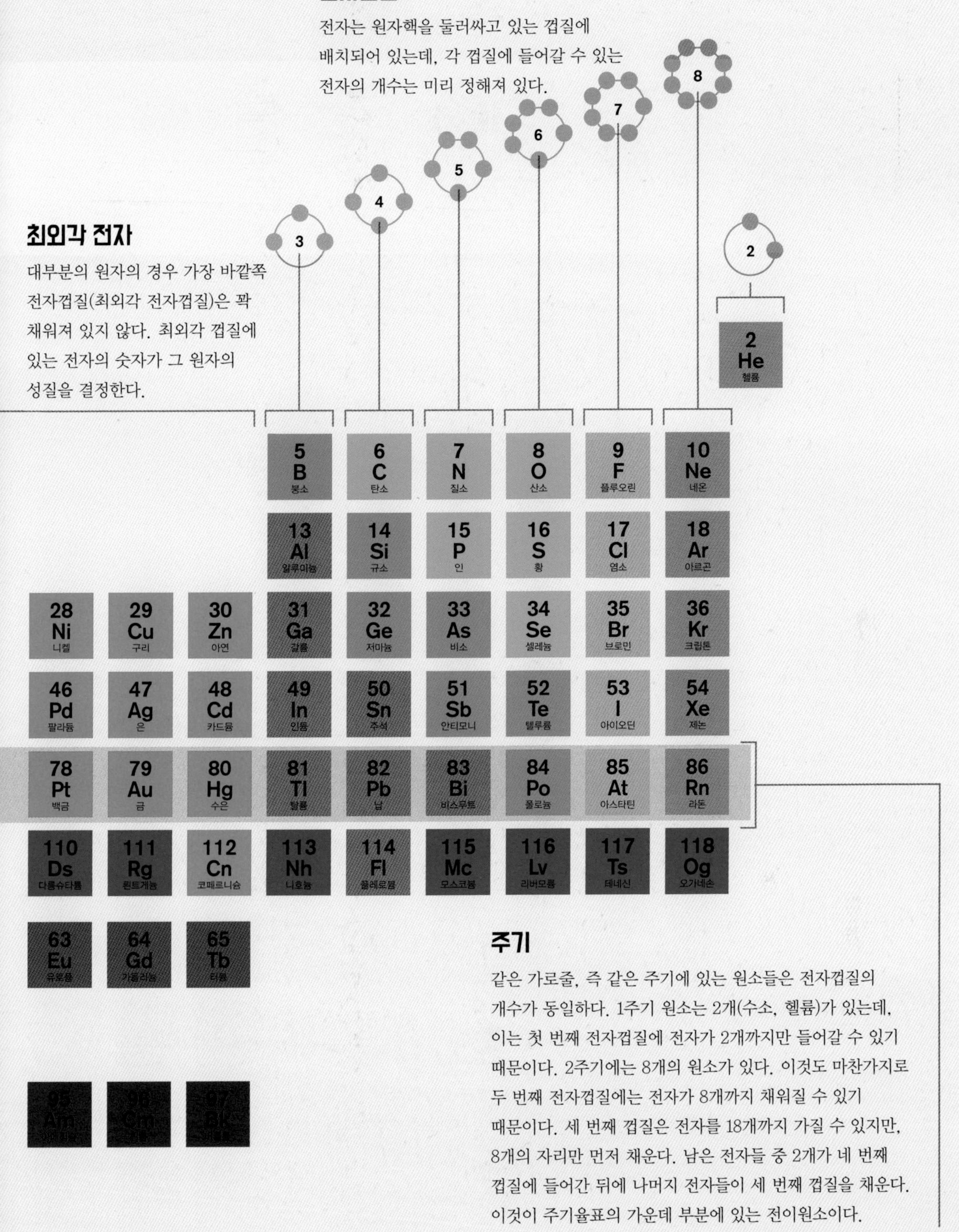

주기

같은 가로줄, 즉 같은 주기에 있는 원소들은 전자껍질의 개수가 동일하다. 1주기 원소는 2개(수소, 헬륨)가 있는데, 이는 첫 번째 전자껍질에 전자가 2개까지만 들어갈 수 있기 때문이다. 2주기에는 8개의 원소가 있다. 이것도 마찬가지로 두 번째 전자껍질에는 전자가 8개까지 채워질 수 있기 때문이다. 세 번째 껍질은 전자를 18개까지 가질 수 있지만, 8개의 자리만 먼저 채운다. 남은 전자들 중 2개가 네 번째 껍질에 들어간 뒤에 나머지 전자들이 세 번째 껍질을 채운다. 이것이 주기율표의 가운데 부분에 있는 전이원소이다.

1족

1

1족 원소는 알칼리 금속이라고도 불린다. 소듐(나트륨), 포타슘 및 반응성이 큰 일부 금속들이 1족으로 분류되는데, 이들은 물과 격렬하게 반응하고, 공기 중에 노출되면 불이 붙기 때문에 폭발을 방지하기 위해 석유나 벤젠에 넣어 보관한다.

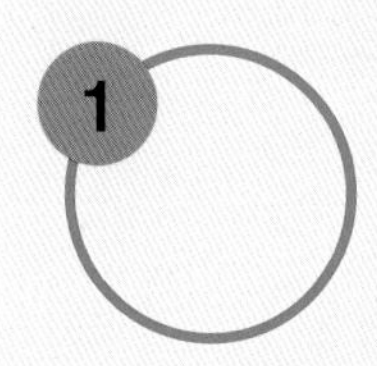

수소는 왜 포함되지 않는가?

수소는 기술적으로는 주기율표 1족에 위치하지만, 금속이 아니라 기체 상태로 존재한다. 가장 가볍고, 가장 단순한 원자 구조로 이루어진 기체로서 다른 원소들과 뚜렷이 구별되는 고유의 특징을 지니기 때문에 특별한 원소로 별도 취급된다.

자세히 살펴보기

• '알칼리 금속'이라는 명칭은 주기율표 1족 원소가 지닌 공통적인 성질에서 유래했다. 알칼리 금속은 물과 반응하면 강한 염기성 화합물을 생성한다. 알칼리는 산과 반응했을 때 염(salt)이라고 알려진 중성 화합물을 만드는 화학물질을 의미한다.

• 순수 상태에서 1족 금속은 표면에 광택이 있지만, 공기 중에 두면 빠른 속도로 반응이 일어나 금방 광택이 사라진다. 이들 금속 원소는 칼로 자를 수 있을 정도로 무르다.

• 1족의 처음 세 원소들인 리튬, 소듐, 포타슘은 물보다 밀도가 낮아서 물에 넣으면 표면 위로 떠오른다. 나머지 세 원소들은 가라앉는다.

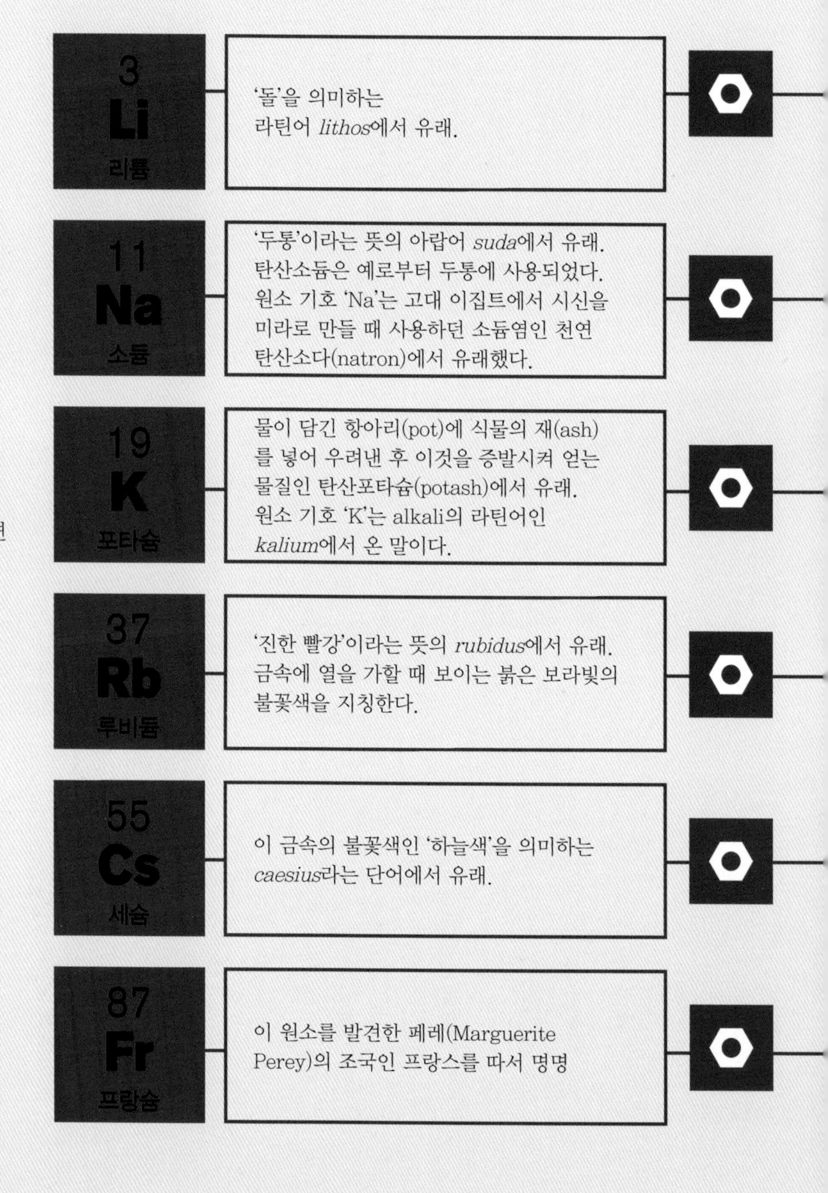

3
Li
리튬
'돌'을 의미하는
라틴어 *lithos*에서 유래.
11
Na
소듐
'두통'이라는 뜻의 아랍어 *suda*에서 유래. 탄산소듐은 예로부터 두통에 사용되었다. 원소 기호 'Na'는 고대 이집트에서 시신을 미라로 만들 때 사용하던 소듐염인 천연 탄산소다(natron)에서 유래했다.
19
K
포타슘
물이 담긴 항아리(pot)에 식물의 재(ash)를 넣어 우려낸 후 이것을 증발시켜 얻는 물질인 탄산포타슘(potash)에서 유래. 원소 기호 'K'는 alkali의 라틴어인 *kalium*에서 온 말이다.
37
Rb
루비듐
'진한 빨강'이라는 뜻의 *rubidus*에서 유래. 금속에 열을 가할 때 보이는 붉은 보라빛의 불꽃색을 지칭한다.
55
Cs
세슘
이 금속의 불꽃색인 '하늘색'을 의미하는 *caesius*라는 단어에서 유래.
87
Fr
프랑슘
이 원소를 발견한 페레(Marguerite Perey)의 조국인 프랑스를 따서 명명

산화 상태

모든 알칼리 금속은 +1의 산화상태를 갖는다. 이는 이 원소들이 반응할 때 최외각 전자 하나를 잃고, 1가 양이온이 된다는 것을 의미한다.

녹는점

모든 알칼리 금속은 낮은 온도에서 녹는다. 세슘과 프랑슘의 경우, 따뜻한 날 실온에 두면 녹아서 액체가 된다.

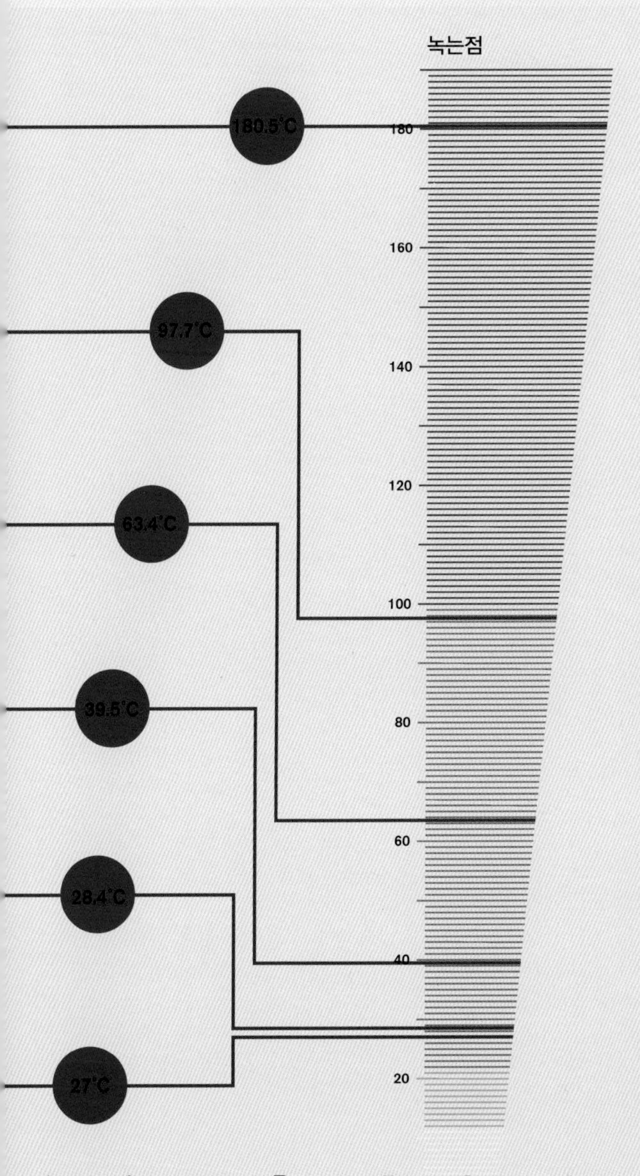

불꽃색

알칼리 금속에 열을 가하면 각 원소마다 고유의 불꽃색을 낸다. 기체 상태의 원소에 전기를 통하게 해도 동일한 불꽃색이 나타난다. 소듐 기체에서 보이는 주황색 빛은 조명에도 사용된다.

= 액체 = 고체 = 기체 = 비금속 = 금속 = 준금속 ? = 미상

2족

2족에 속하는 금속 원소는 알칼리 토금속으로도 불리는데, 이는 이 원소의 '흙(토류)', 즉 가루형태의 산화물이 항상 알칼리성이기 때문이다. 이들은 모두 2개의 최외각 전자를 갖는다. 대부분의 2족 금속들은 차가운 물과 반응하여 수산화물과 수소를 생성한다. 오직 베릴륨만이 예외적으로 물과 반응하지 않는다.

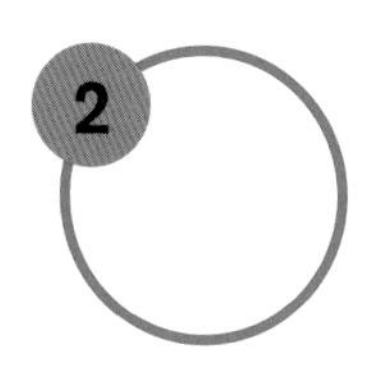

유용한 금속

2족 금속들은 공통된 원자구조를 갖지만, 이 원소들이 쓰이는 분야는 매우 다양하다.

• 베릴륨: 순수한 베릴륨 금속은, 빛을 투과시키지는 못하지만 X-선은 투과시킨다. 이 같은 특성 때문에 베릴륨은 X-선 기계에서 X-선이 방출되는 튜브의 창(window)으로도 사용된다.

• 마그네슘: 물과 수산화마그네슘의 혼합물인 마그네시아 유제는 소화불량이나 변비에 쓰이는 대표적인 치료제이다.

• 칼슘: 칼슘과 인산염이 결합하여 생성되는 인산칼슘은 뼈와 치아를 단단하게 한다.

• 스트론튬: 이 금속은 불꽃놀이에서 붉은색을 담당한다.

• 바륨: 황산염과의 화합물인 황산바륨은 조영제로 사용되며, 이것을 마신 후 X-선 촬영을 하면 장을 볼 수 있게 된다.

• 라듐: 방사성 물질로, 예전에는 건강에 도움이 되는 것으로 여겨졌으나 오늘날에는 사용이 엄격히 제한되고 있다.

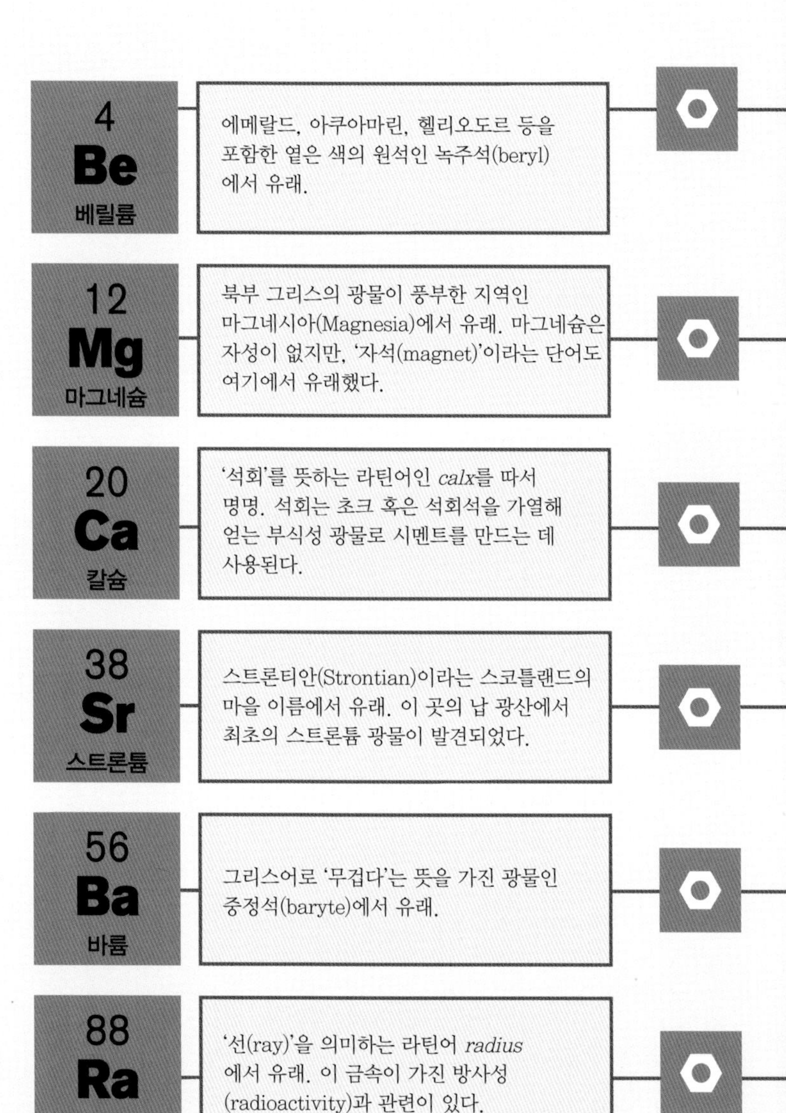

4
Be
베릴륨
에메랄드, 아쿠아마린, 헬리오도르 등을 포함한 옅은 색의 원석인 녹주석(beryl)에서 유래.
12
Mg
마그네슘
북부 그리스의 광물이 풍부한 지역인 마그네시아(Magnesia)에서 유래. 마그네슘은 자성이 없지만, '자석(magnet)'이라는 단어도 여기에서 유래했다.
20
Ca
칼슘
'석회'를 뜻하는 라틴어인 *calx*를 따서 명명. 석회는 초크 혹은 석회석을 가열해 얻는 부식성 광물로 시멘트를 만드는 데 사용된다.
38
Sr
스트론튬
스트론티안(Strontian)이라는 스코틀랜드의 마을 이름에서 유래. 이 곳의 납 광산에서 최초의 스트론튬 광물이 발견되었다.
56
Ba
바륨
그리스어로 '무겁다'는 뜻을 가진 광물인 중정석(baryte)에서 유래.
88
Ra
라듐
'선(ray)'을 의미하는 라틴어 *radius*에서 유래. 이 금속이 가진 방사성(radioactivity)과 관련이 있다.

산화 상태

알칼리 토금속은 화학반응을 할 때 최외각 전자 2개를 잃고 2가 양이온이 된다. 알칼리 토금속 대부분은 이런 방식으로 화합물을 만드는데, 예외적으로 베릴륨의 경우 다른 원자들과 전자를 공유해 화합물을 만드는 방식인 공유 결합도 가능하다.

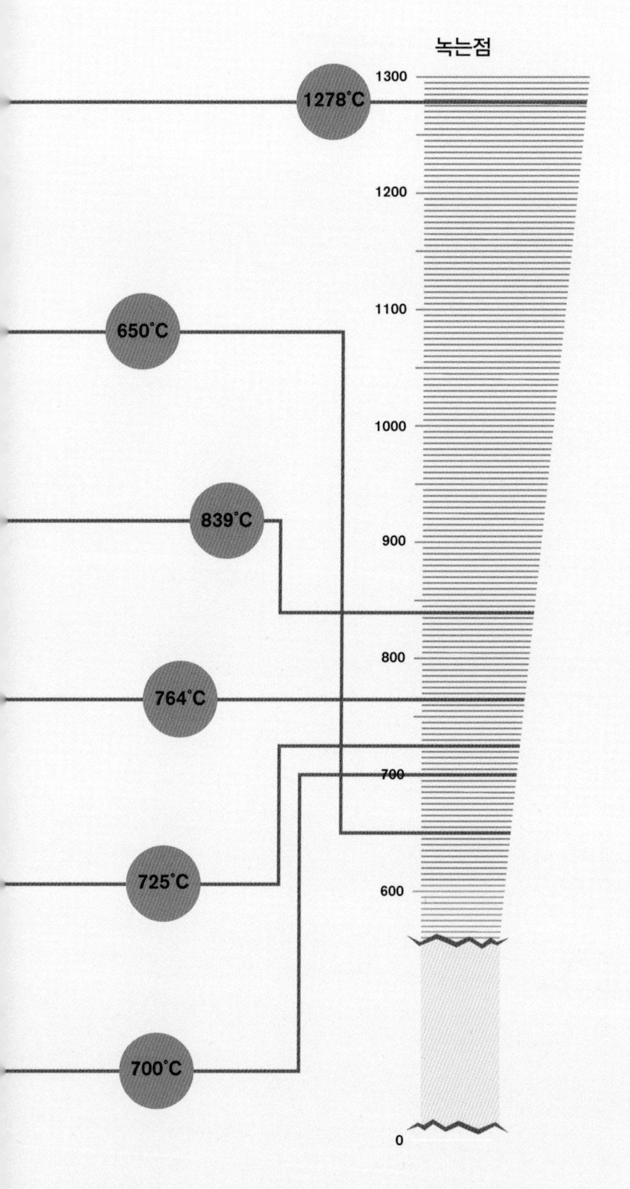

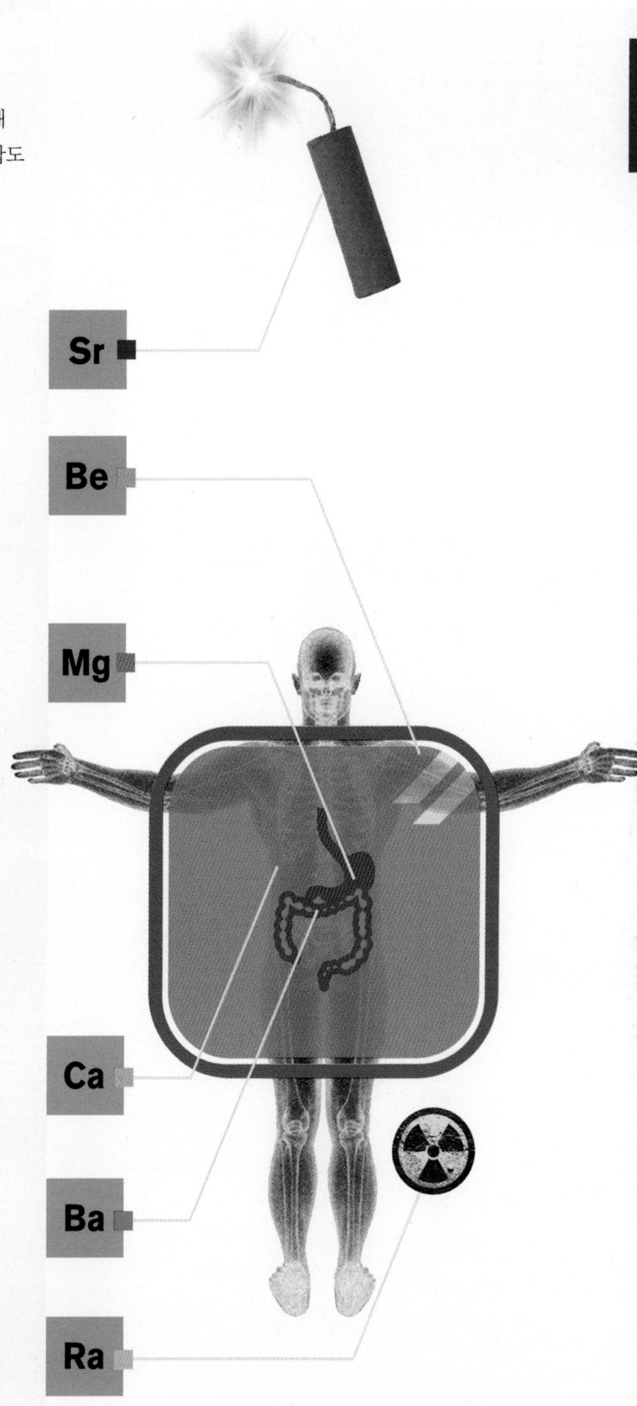

= 액체 = 고체 = 기체 = 비금속 = 금속 = 준금속 ? = 미상

13족

1

제일 위쪽에 있는 원소인 붕소의 이름을 따서 붕소족 원소라고도 불린다. 이들은 최대 3개의 다른 원자들과 결합할 수 있기 때문에 트라이엘스(triels)라 불리기도 한다. 그러나 이렇게 3개의 다른 원자들과 결합하는 것은 상대적으로 가벼운 원소에서만 가능하고, 무거운 원소는 보통 한 번에 다른 원자 하나와만 결합한다. 붕소는 가장 단단한 원소 중 하나이지만 13족 금속 원소는 모두 상당히 무르다.

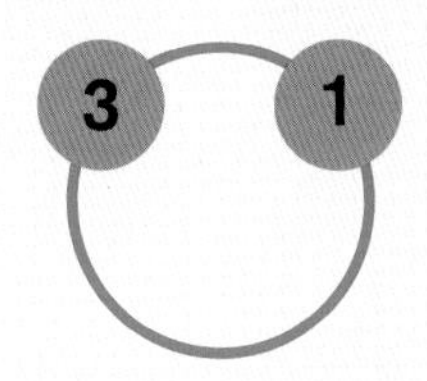

건강에 미치는 장단점

13족 원소들은 건강과 밀접한 연관이 있지만 반드시 긍정적인 영향을 미치는 것은 아니다.

• 붕소: 음식으로 섭취하며 반드시 필요한 미량원소이다. 뼈를 단단하게 한다.

• 알루미늄: 독성이 없으며 체내에서의 역할도 없다. 한때 알루미늄이 치매나 암 발생과 관련이 있다는 주장이 있었으나 명확한 인과관계가 입증되지는 못했다.

• 갈륨: 이 금속은 가장 치명적이면서 약제 내성이 강한 말라리아에 대처하기 위한 최후의 방어수단으로 사용된다.

• 인듐: 이 금속이 체내로 과도하게 들어올 경우 신장이 손상될 수 있다. 금속 세공업자들이 이 원소에 많이 노출된다.

• 탈륨: 소량 섭취는 구토나 설사를 유발하며, 15mg만 투여해도 사망에 이를 수 있다. 1959년 미국 CIA는 쿠바의 피델 카스트로의 구두 속에 당시 제모제로 사용되던 탈륨염을 넣으려 했었다. 이 계획은 비록 실행에 옮겨지지는 못했지만 카스트로의 상징으로 여겨지던 턱수염이 빠지게 하여 그의 위신을 깎으려 할 목적이었다.

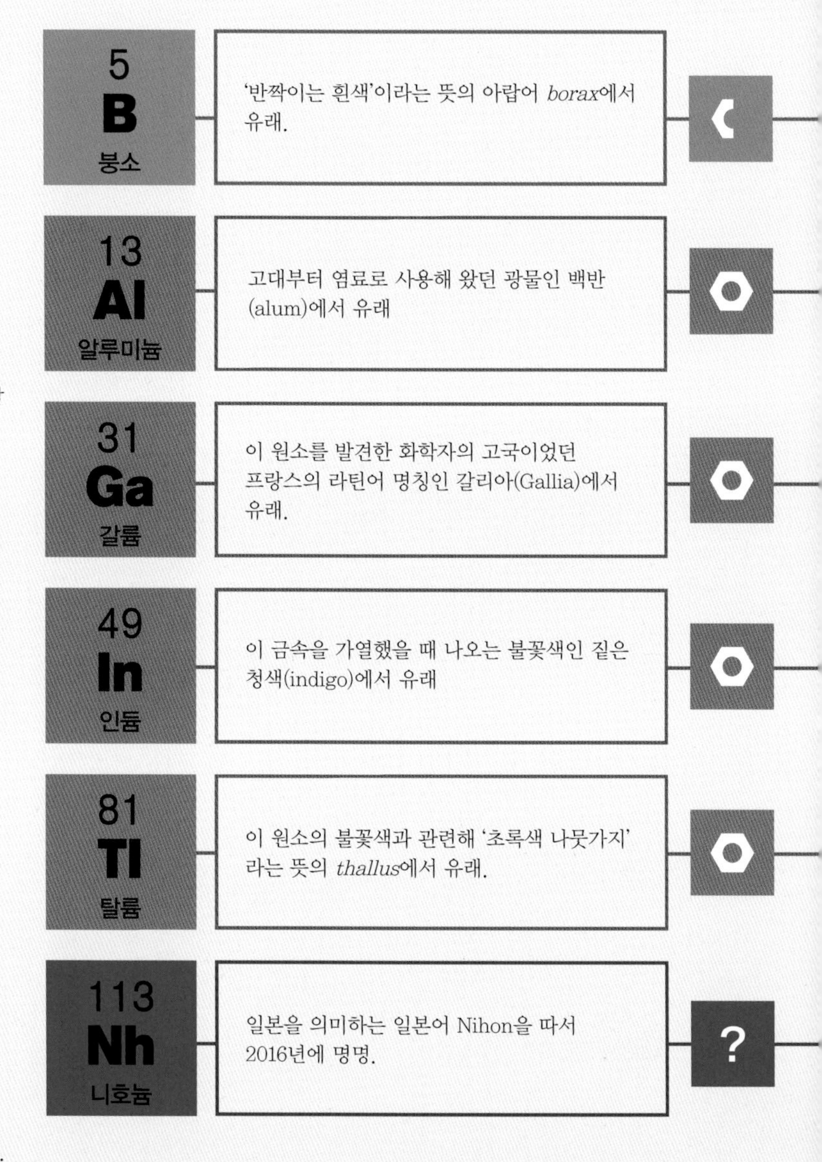

5
B
붕소
'반짝이는 흰색'이라는 뜻의 아랍어 *borax*에서 유래.
13
Al
알루미늄
고대부터 염료로 사용해 왔던 광물인 백반(alum)에서 유래
31
Ga
갈륨
이 원소를 발견한 화학자의 고국이었던 프랑스의 라틴어 명칭인 갈리아(Gallia)에서 유래.
49
In
인듐
이 금속을 가열했을 때 나오는 불꽃색인 짙은 청색(indigo)에서 유래
81
Tl
탈륨
이 원소의 불꽃색과 관련해 '초록색 나뭇가지'라는 뜻의 *thallus*에서 유래.
113
Nh
니호늄
일본을 의미하는 일본어 Nihon을 따서 2016년에 명명.
?

산화상태

붕소족에 속하는 모든 원소들은 최외각 전자 3개를 잃고 3가 양이온이 될 수 있지만, 무거운 원소들은 전자를 하나만 잃어 좀 더 안정적인 1가 양이온이 되고 싶어 한다.

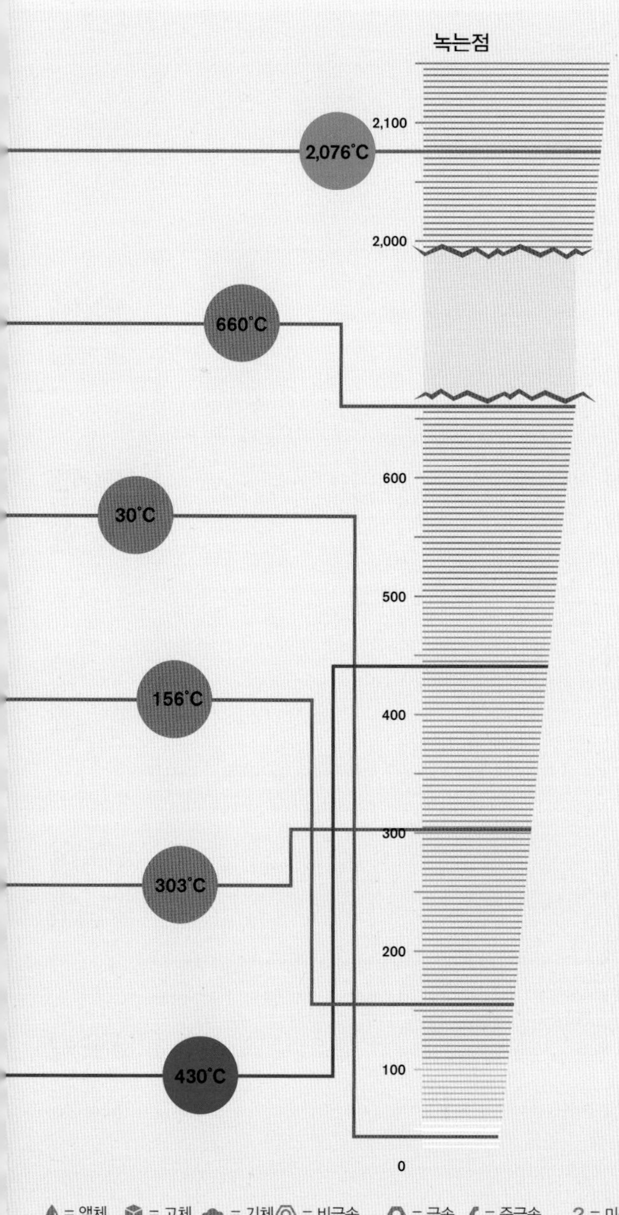

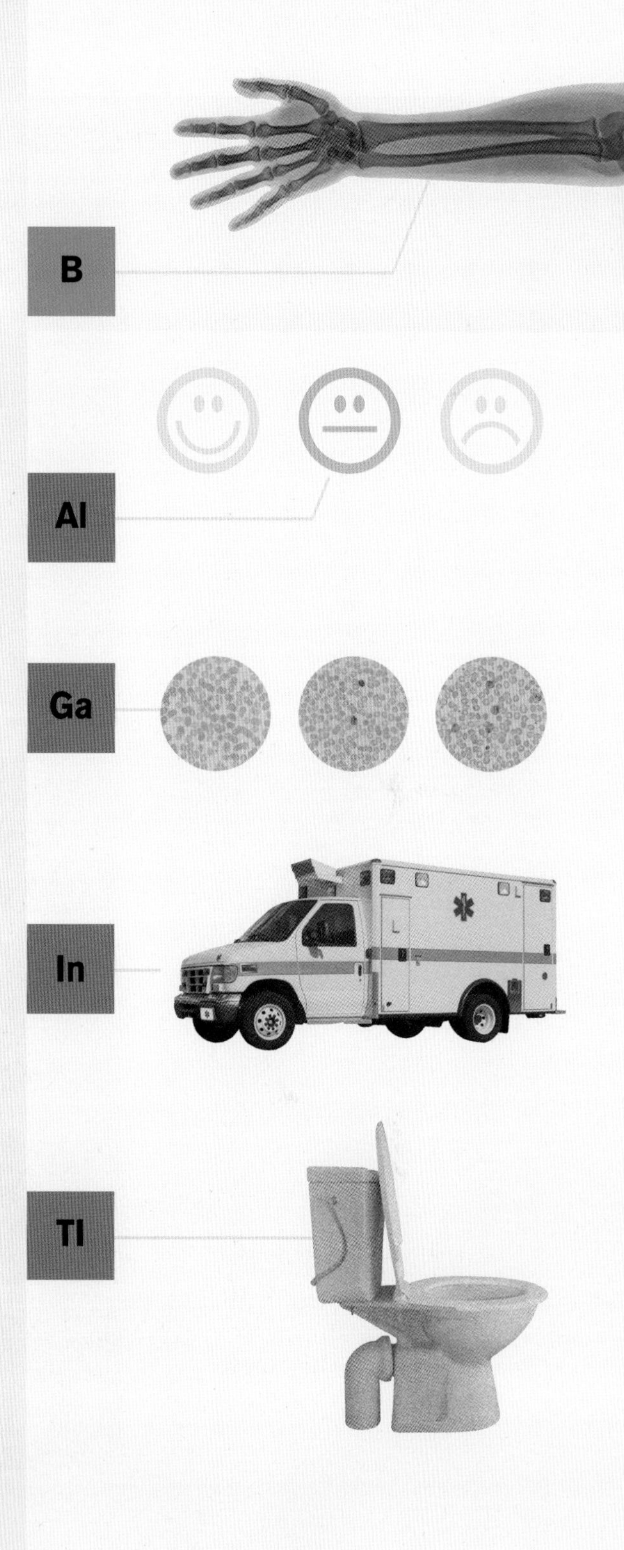

= 액체 = 고체 = 기체 = 비금속 = 금속 = 준금속 ? = 미상

14족

1

14족 원소들은 탄소족, 크리스탈로젠(crystallogen)이라고도 불린다. 여기에 속하는 원소들은 주기율표에 있는 어떤 족의 원소들보다 다양한 형태의 결정을 만들 수 있다. 이들은 4개의 최외각 전자를 가지고 있는데, 이는 최외각 전자껍질이 반만 채워져 있음을 의미한다. 그 결과 이 원소들은 전자를 잃을 수도 있고 얻을 수도 있으며, 동시에 최대 4개의 다른 원소들과 결합할 수 있다.

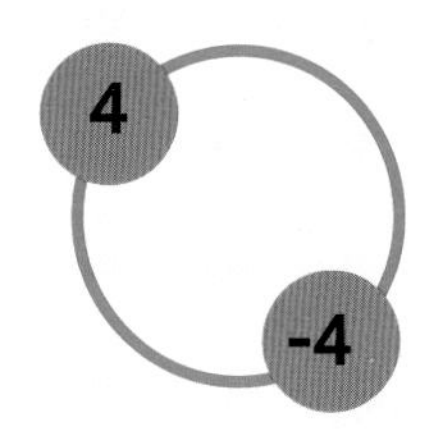

14족 원소의 특징

• 표준 상태에서 모두 고체 상태를 유지하는 원소로만 구성된 유일한 족이며, 비금속, 준금속, 금속 모두를 포함한다.

• 이 족의 모든 원소들은 전기가 통하는 순수한 형태를 지닌다. 예를 들어, 흑연탄소(graphite carbon)는 전기 전도율이 매우 높다(다이아몬드는 그렇지 않음). 규소와 저마늄은 반도체로, 도체뿐만 아니라 부도체로도 작용할 수 있다.

• 이 족의 원자들은 서로 최대 4개의 결합을 형성할 수 있지만, 때에 따라 2개 혹은 3개의 결합만 이루기도 한다.

• 탄소와 규소는 사슬형(chained), 가지형(branched), 고리형(ringed) 분자를 생성할 수 있다. 현재까지 알려진 화합물은 천만 종에 이르는데, 이 중 90%가 탄소를 포함하는 화합물이다.

• 주석과 납은 2가 양이온을 형성할 수 있어서 금속성을 갖는다.

• 규산이온은 지각에서 발견되는 조암광물(rock-forming minerals)의 90%에 함유되어 있다.

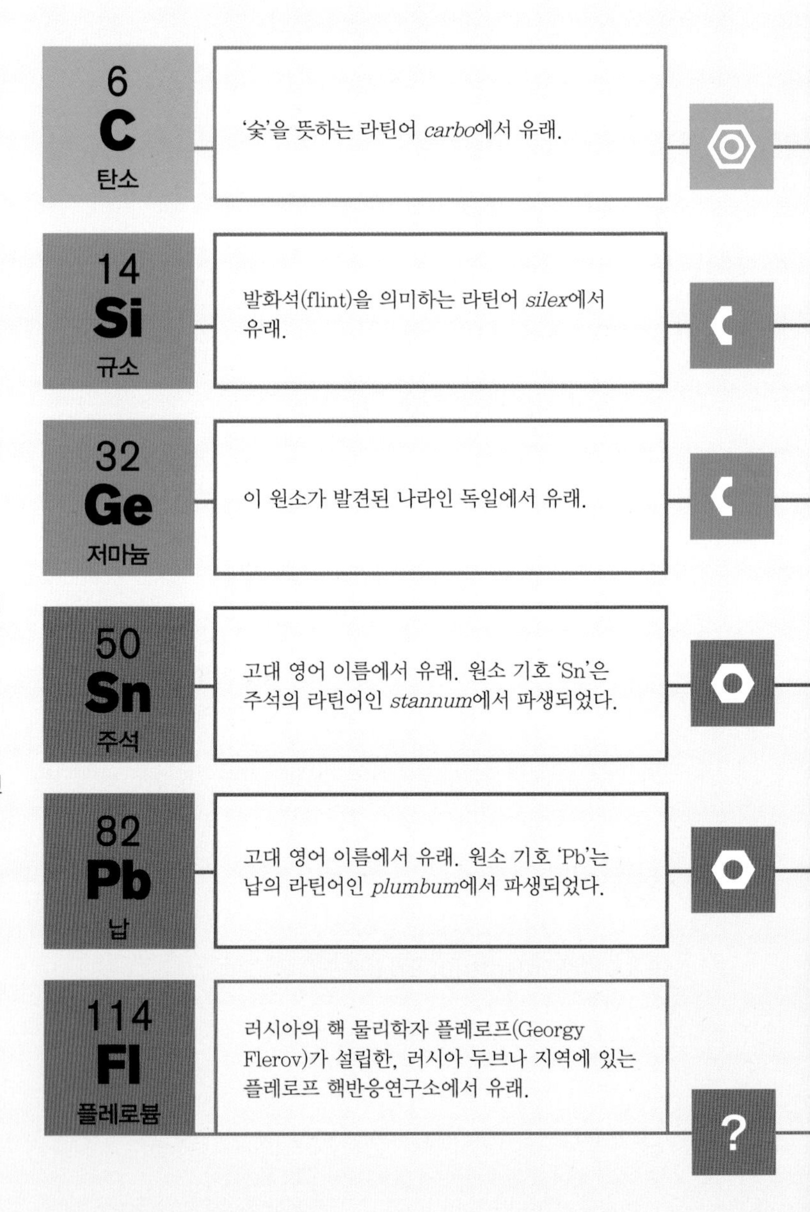

6
C
탄소
'숯'을 뜻하는 라틴어 *carbo*에서 유래.
14
Si
규소
발화석(flint)을 의미하는 라틴어 *silex*에서 유래.
32
Ge
저마늄
이 원소가 발견된 나라인 독일에서 유래.
50
Sn
주석
고대 영어 이름에서 유래. 원소 기호 'Sn'은 주석의 라틴어인 *stannum*에서 파생되었다.
82
Pb
납
고대 영어 이름에서 유래. 원소 기호 'Pb'는 납의 라틴어인 *plumbum*에서 파생되었다.
114
Fl
플레로븀
러시아의 핵 물리학자 플레로프(Georgy Flerov)가 설립한, 러시아 두브나 지역에 있는 플레로프 핵반응연구소에서 유래.
?

산화 상태

탄소족 원소의 대부분은 최외각 전자를 잃고 4가 양이온이 된다. 탄소만 전자를 얻어서 탄화물(carbide)이라 불리는 4가 음이온이 될 수 있다.

녹는점

탄소는 액체 상태를 거치지 않고 승화해서 바로 기체로 변하기는 하지만, 전체 원소들 중 녹는점이 가장 높다.

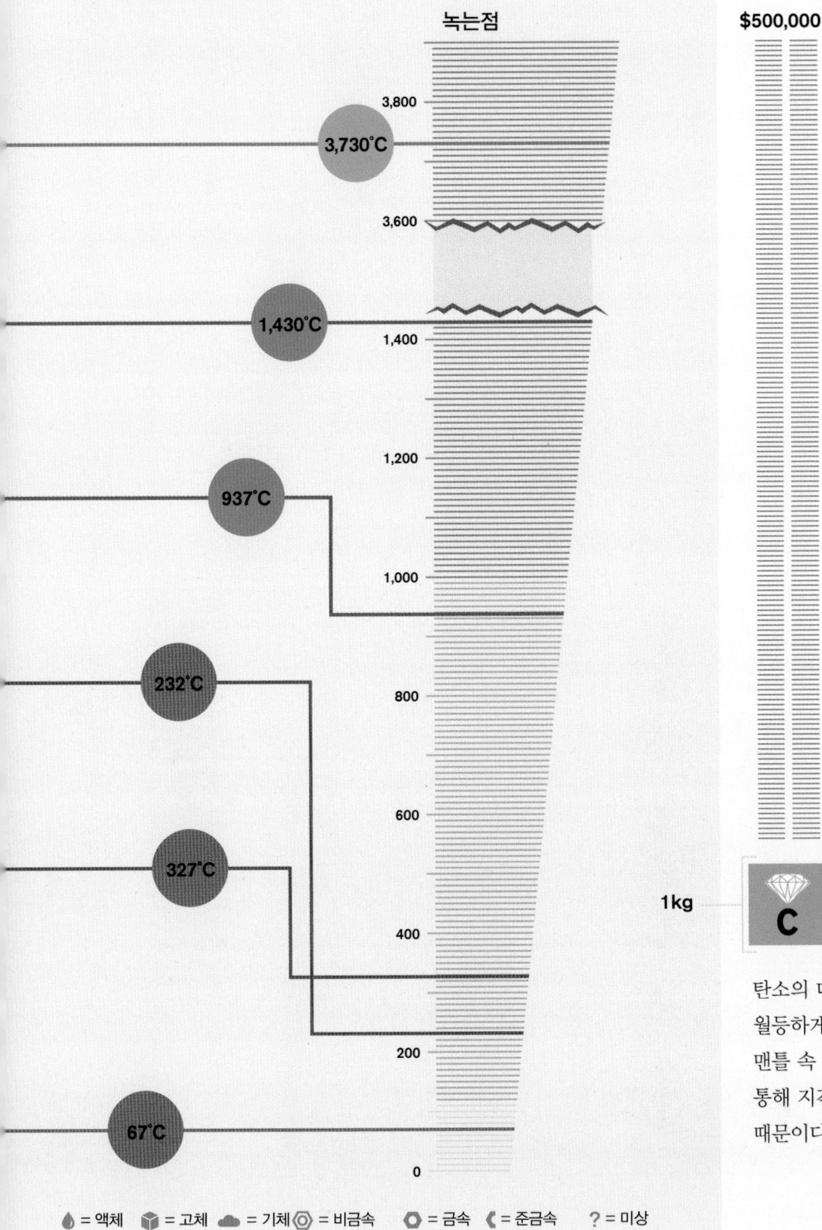

천차만별인 가격

14족 원소의 가격은 지각 매장량과 순수한 원소로 정제하는데 드는 비용을 반영해 결정된다.

$500,000

일반적으로 무거운 원소가 가벼운 원소보다 희귀하다. 예외적으로 납은 주석보다 더 풍부한데, 그 까닭은 많은 방사성 원소들의 붕괴 과정에서 생성된 최종 원소가 납이기 때문이다.

$1,000 $0.50 $20 $2

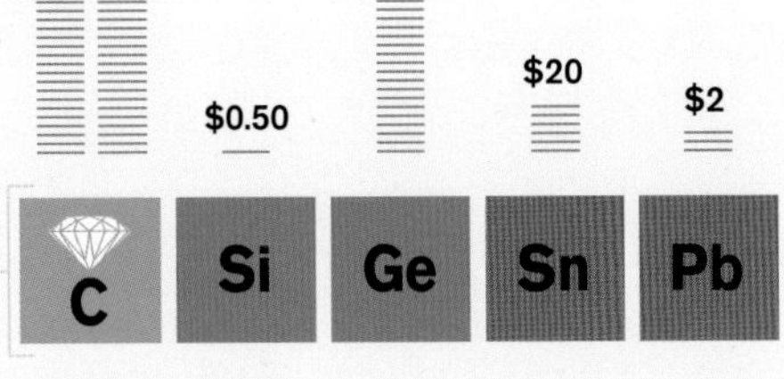

탄소의 다른 형태인 다이아몬드는 가격이 월등하게 비싸다. 다이아몬드 결정은 원래 지구 맨틀 속 깊은 곳에서 생성되는데 화산 활동을 통해 지각 위로 올라와야지만 채취가 가능하기 때문이다.

15족

1

질소족, 닉토젠(pnictogen)이라고도 불리며 비금속, 준금속, 금속 등 다양한 원소들이 존재한다. 닉토젠은 '질식시키는 것(choke maker)'이라는 의미로, 15족의 첫 번째 원소인 질소가 대기 성분 중에서 생명 유지와 무관하다는 사실에서 비롯된 말이다.

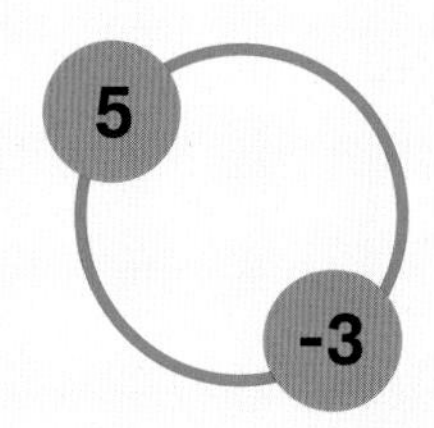

15족 원소의 특징

모든 질소족 원소들은 치명적일 수 있다. 우리가 매일 공기로 호흡을 하고 있다는 사실에서 알 수 있듯이 질소 자체에는 독성이 없다. 그러나 순수한 질소로 이루어진 공기는 질식을 유발한다. 다른 질소족 원소들도 건강에 해가 되거나 죽음을 초래할 수 있다. 이 원소들의 화합물은 수천 년 전부터 이용되어 왔다.

• 염화암몬석(sal ammoniac)은 질소가 풍부한 광물로 고대 이집트에서 의료나 염색 분야에 사용되었다. 초석(saltpeter)은 nitre로 부르기도 하는데 화약을 만드는 재료로 쓰인다.

• 뼈를 태워 남은 재로 만든 인산칼슘(calcium phosphate)은 본차이나(고운 뼛가루를 섞어 만든 고급 도자기) 제작을 위해 점토를 더 견고하게 만드는 데 이용되었다. 순수한 인이 처음으로 분리되었을 당시 연금술사들은 이것을 현자의 돌이라고 생각했다.

• 비소를 얻을 수 있는 주요 광물은 웅황(orpiment)이다. 이 원소는 르네상스 시대 미술 작품의 금색 물감과 독을 묻힌 화살촉을 만드는 데 이용되었다.

• 휘안석 분말(powdered stibnite)은 황화안티모니(antimony sulphide)를 주성분으로 하며, 고대 이집트나 페르시아 지방 여성들이 눈썹을 짙게 하기 위해 바르던 콜(kohl)을 만드는 데 쓰였다.

• 잉카 제국에서 만든 청동 검의 손잡이에 비스무트가 사용되었다.

7 N 질소
'초석을 만드는 것'이라는 뜻으로 화약의 주 성분인 질산포타슘을 가리킨다.

15 P 인
'빛의 전달자'라는 뜻을 지닌 샛별(금성)의 그리스어에서 유래. 순수한 인은 일정한 조건 하에서 약한 빛을 낸다.

33 As 비소
'금색'을 뜻하는 아랍어 *al zarniqa*에서 유래. 비소의 주요 광물로 강렬한 노란색을 띠는 웅황과 관련된 단어이다.

51 Sb 안티모니
'Antimony'는 '수도자를 죽이는 물질(monk killer)'이라는 뜻이다. 안티모니의 독성으로 인해 많은 초기 과학자들이 사망했는데, 이들 중 상당수는 수도자였다. 원소 기호 'Sb'는 안티모니의 라틴어인 *stibium*에서 따왔다.

83 Bi 비스무트
'흰 덩어리'라는 뜻을 가진 고대 독일어 *Wismith*에서 유래. 옅은 색 광물인 창연자(bismite)와 관련된 단어이다.

115 Mc 모스코븀
두브나 합동원자핵연구소에서 가장 가까운 도시인 러시아의 모스크바에서 유래. 이 연구소에서 모스코븀이 최초로 합성되었다.

?

산화 상태

질소족 상단에 있는 질소, 인, 비소는 대부분 3가 음이온을 생성한다. 하단에 있는 원소인 안티모니와 비스무트는 3가 혹은 5가 양이온이 된다.

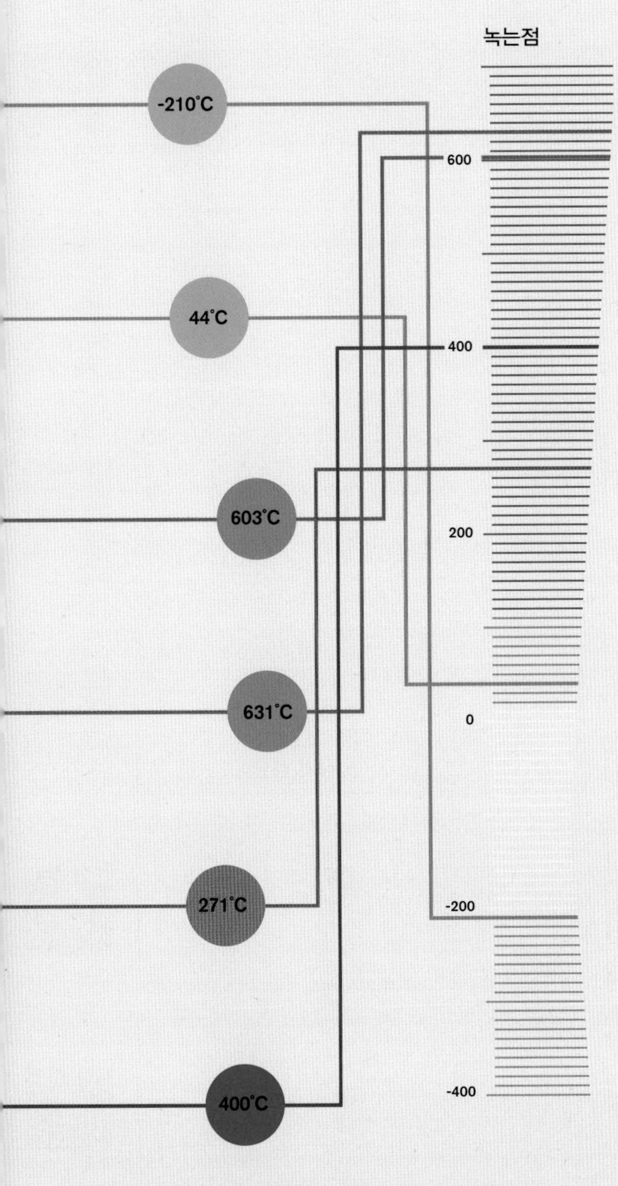

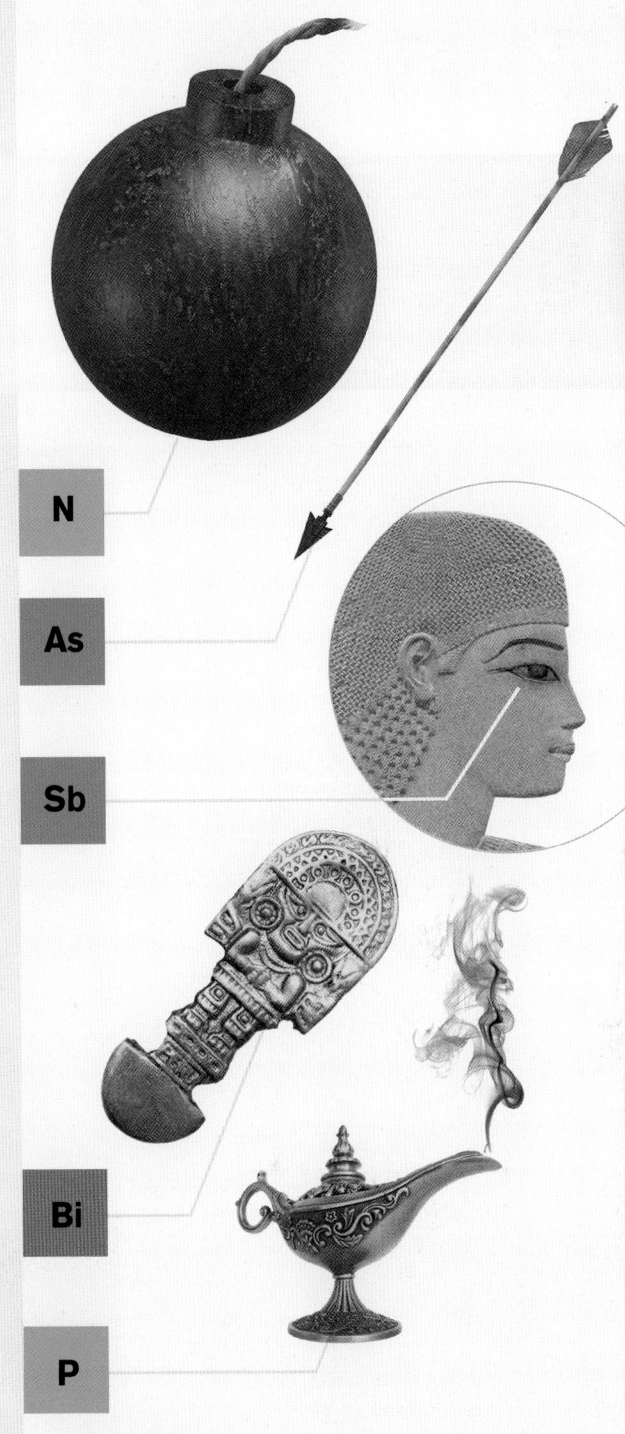

마법의 물질

1660년대에 순수한 인이 최초로 분리되자, 사람들은 이것을 순수한 금을 만들 수 있는 마법의 화학물질인 현자의 돌이라고 생각했다.

16족

이들 원소들은 산소족, 칼코젠(chalcogen)이라고도 불리는데, 칼코젠은 '광물을 만드는 것'이라는 의미이다. 가장 흔하면서도 반응성이 큰 비금속인 산소와 황이 대표적이다. 철을 비롯해 유용한 금속의 광석 대부분이 산소와 황을 포함하고 있다. 이들 두 원소를 제외한 나머지 원소들은 비교적 희귀한 편이며 틈새 분야에서 주로 사용된다.

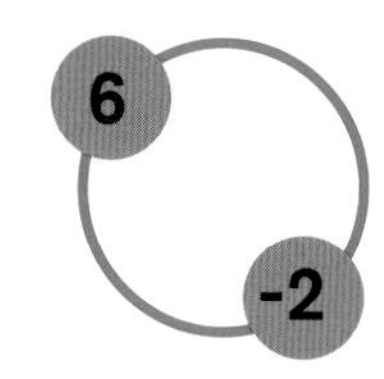

16족 원소의 특징

이들 원소들이 만드는 단순한 형태의 이온 화합물은 oxide(산화물), sulphide(황화물)처럼 –ide로 끝난다.
16족의 아래쪽에 있는 원소들은 산소와 결합해 다원자 이온(polyatomic ion)을 생성한다. 3개의 산소와 결합한 이온은 sulphite처럼 –ite로 끝나고, 4개의 산소 원자와 결합하면 sulphate에서 볼 수 있듯이 –ate로 끝난다.

16족에 속하는 원소 모두 여러 종류의 다양한 순수 형태, 즉 동소체로 존재한다.

• 산소, 4개의 동소체: 이산소(O_2, dioxigen)는 공기 중에서 기체이며, 액체가 되면 창백한 푸른빛을 띤다. 오존(O_3)은 짙은 파란색이다. 사산소(O_4)는 산소가 액화될 때 생성되며, 산소가 얼면 O_8 분자가 되며 붉은색 산소를 만들어낸다.

• 황, 3개의 동소체: 사방황(rhombic sulphur)은 노란색, 단사황(monoclinic sulphur)은 주황색, 고무상황(plastic sulphur)은 검은색이다.

• 셀레늄, 3개의 동소체: 검은색, 회색, 붉은색 셀레늄

• 텔루륨, 2개의 동소체: 결정질 텔루륨(crystalline tellurium)은 금속성 은색이고, 비결정질 텔루륨(amorphous tellurium)은 갈색 분말이다.

• 폴로늄, 2개의 동소체: 입방체(cubic) 및 능면체(rhombohedral) 결정

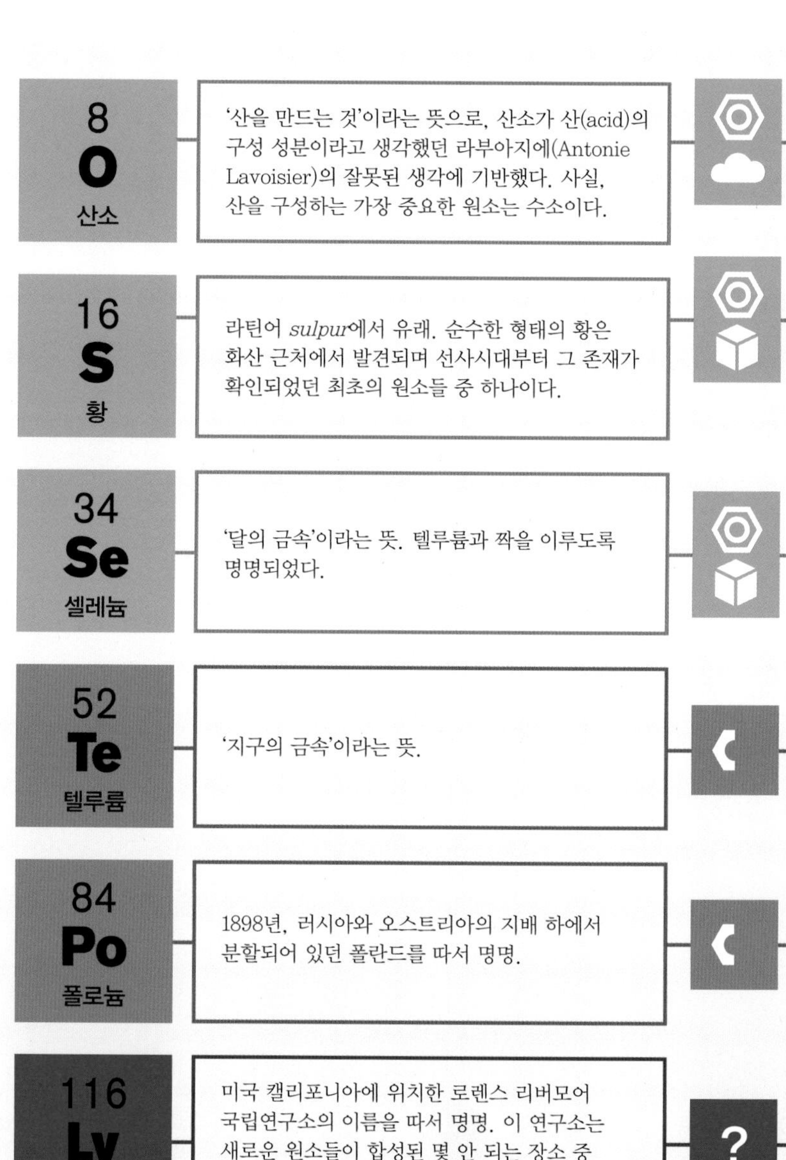

8
O
산소
'산을 만드는 것'이라는 뜻으로, 산소가 산(acid)의 구성 성분이라고 생각했던 라부아지에(Antonie Lavoisier)의 잘못된 생각에 기반했다. 사실, 산을 구성하는 가장 중요한 원소는 수소이다.
16
S
황
라틴어 *sulpur*에서 유래. 순수한 형태의 황은 화산 근처에서 발견되며 선사시대부터 그 존재가 확인되었던 최초의 원소들 중 하나이다.
34
Se
셀레늄
'달의 금속'이라는 뜻. 텔루륨과 짝을 이루도록 명명되었다.
52
Te
텔루륨
'지구의 금속'이라는 뜻.
84
Po
폴로늄
1898년, 러시아와 오스트리아의 지배 하에서 분할되어 있던 폴란드를 따서 명명.
116
Lv
리버모륨
미국 캘리포니아에 위치한 로렌스 리버모어 국립연구소의 이름을 따서 명명. 이 연구소는 새로운 원소들이 합성된 몇 안 되는 장소 중 하나이다.
?

산화 상태

산소족 원소들은 모두 전자 2개를 얻어 2가 음이온이 될 수 있다. 폴로늄은 전자를 잃고 2가 또는 4가 양이온을 만들기도 하는데 이런 경우 강한 금속성을 갖는다. 이들 원소는 산소와 결합하여 다원자 이온을 형성하며 이렇게 만들어진 비산소 원자의 산화 상태는 +6이다.

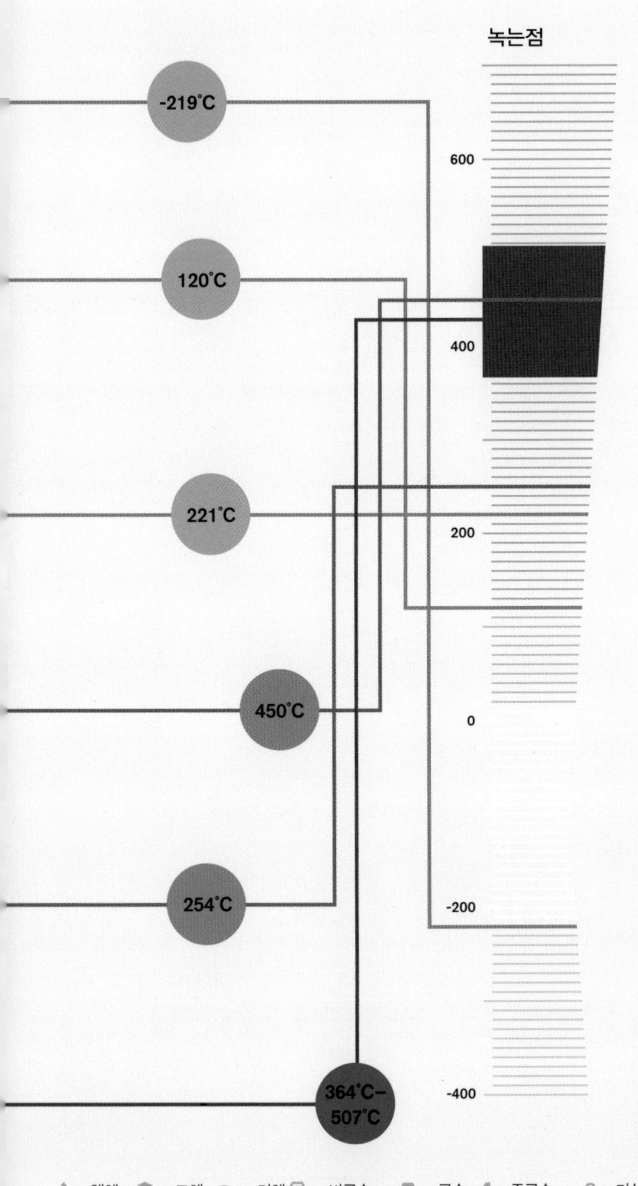

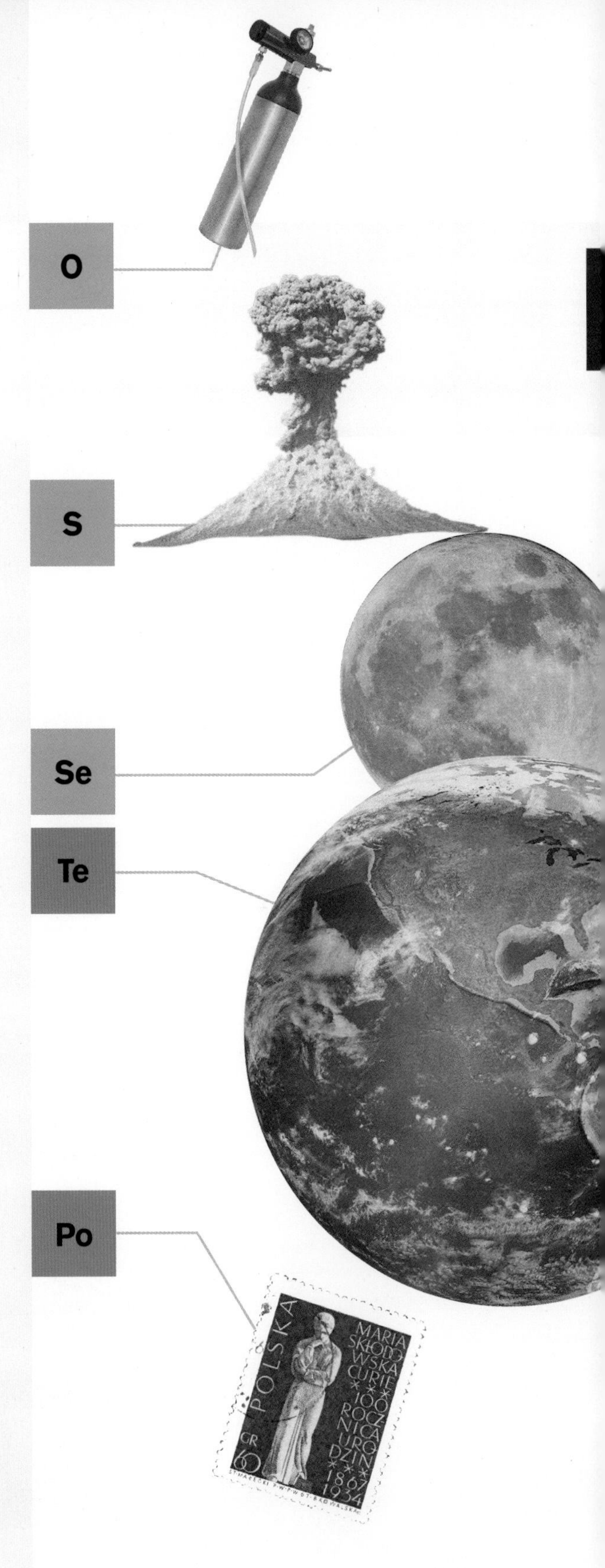

= 액체 = 고체 = 기체 = 비금속 = 금속 = 준금속 ? = 미상

17족

1

할로젠족이라고도 불리는 17족에는 몇몇 반응성이 큰 원소들이 포함되는데, 가장 대표적인 것이 플루오린이다. 할로젠이라는 단어는 '소금을 만드는 것'이라는 뜻으로 이는 할로젠 원소가 염(salt)이라 불리는 안정적인 고체 화합물('-ide'로 끝남)을 형성하기 때문이다. 가장 잘 알려진 것은 염화소듐(sodium chloride), 즉 소금이다.

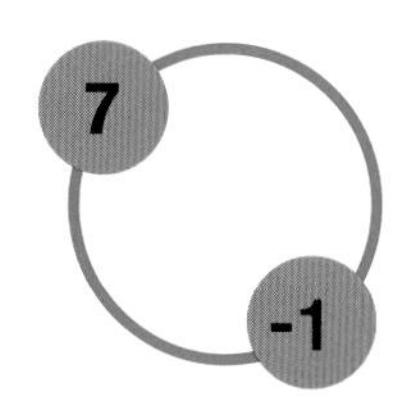

할로젠 원소의 용도

모든 할로젠 원소들은 다량 투여 시 독성을 지닌다. 그러나 많은 할로젠 원소들이 체내에서 이용되며, 건강 개선과 위생 증진 목적으로 활용되고 있다.

• 플루오린: 순수한 플루오린은 반응성이 매우 크고 위험하지만, 플루오린화물은 치약에 들어 있어 치아 에나멜에 있는 화학물질을 단단하게 만든다.

• 염소: 표백제와 세제를 만드는 데 쓰인다. 염소는 유색 화합물들이 빛을 흡수하는 것을 막아서 항상 하얗게 보이게 한다.

• 브로민: 브로민 화합물은 난연제(섬유나 플라스틱 제품이 불에 잘 타지 않도록 하는데 쓰이는 물질)로 사용된다. 불에서 나오는 고열이 (난연제에 포함된) 브로민 원자를 방출시키며, 이들이 연소 과정을 차단한다.

• 아이오딘: 아이오딘은 순하지만 강력한 항균제로 상처 소독에 쓰인다. 아이오딘화은(silver iodide)은 감광성이 있어 사진 필름을 만드는 데 이용된다.

• 아스타틴: 방사성을 가지는 할로젠 원소로 실험실에서 인공적으로 합성해야 한다. 현재까지 아스타틴의 용도는 알려진 것이 없다.

원소	이름의 유래
9 F 플루오린	플루오린의 주 광물인 형석(fluorite)에서 유래. 형석은 금속을 제련할 때 광물에 섞여 있는 불순물을 제거하기 위해 쓰이는 물질인 융제(flux)로 쓰였던 데에서 fluorite라는 이름을 가졌다.
17 Cl 염소	'초록'을 뜻하는 고대 그리스어 *khlôros*에서 유래. 순수한 염소는 옅은 초록색 기체이다.
35 Br 브로민	강하고 자극적인 브로민 증기의 냄새와 관련하여 '악취'를 뜻하는 그리스어에서 유래.
53 I 아이오딘	고체 아이오딘이 승화할 때 생성되는 증기의 색인 '보라색'를 뜻하는 그리스어에서 유래.
85 At 아스타틴	'불안정'하다는 뜻의 그리스어 *astatos*를 따서 명명. 아스타틴은 방사성이 매우 강해서 매 순간 수 그램 정도만 존재한다.
117 Ts 테네신	이 원소를 합성했던 오크 릿지 국립연구소가 위치한 미국 테네시주의 이름을 따서 명명.

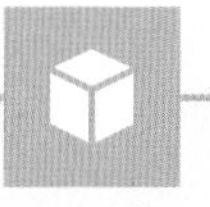

산화 상태

모든 할로젠 원소들은 −1의 단일 산화 상태를 이룬다. 즉, 이 원소들이 반응할 때는 전자 하나를 얻어서 1가 음이온이 된다는 의미이다.

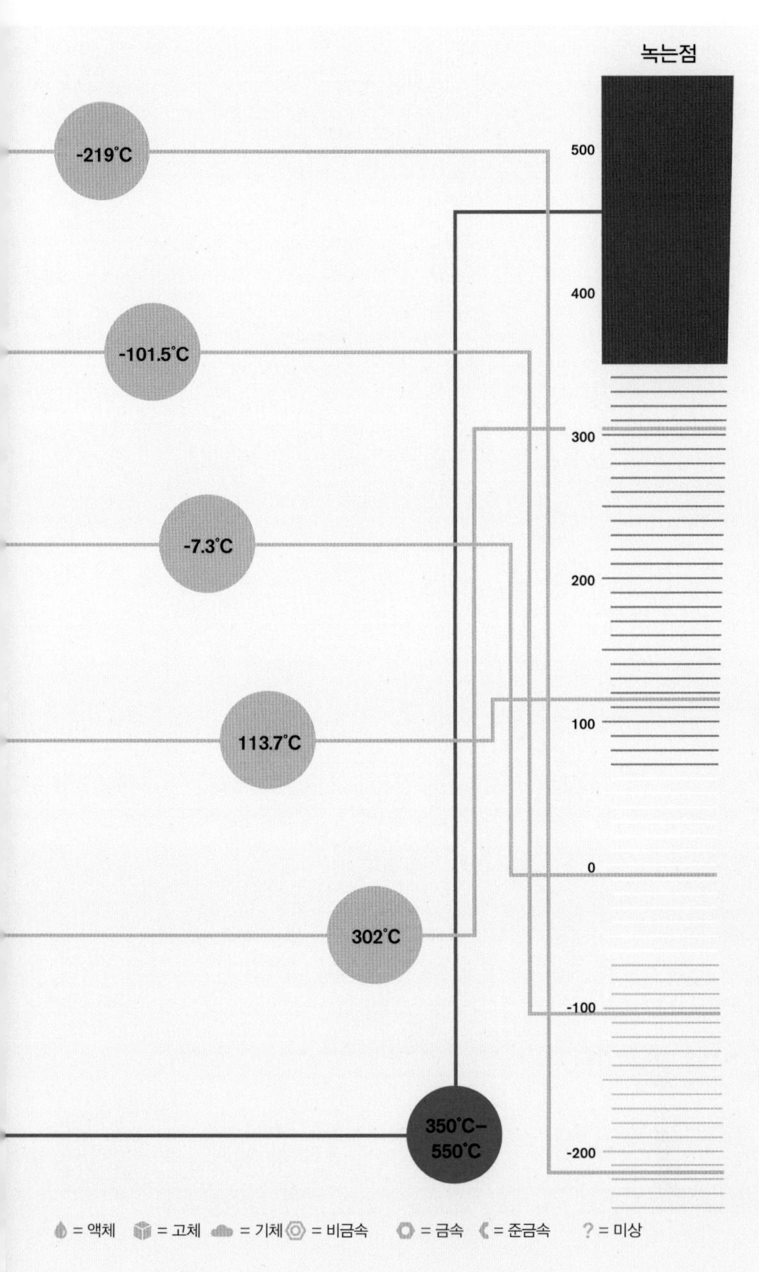

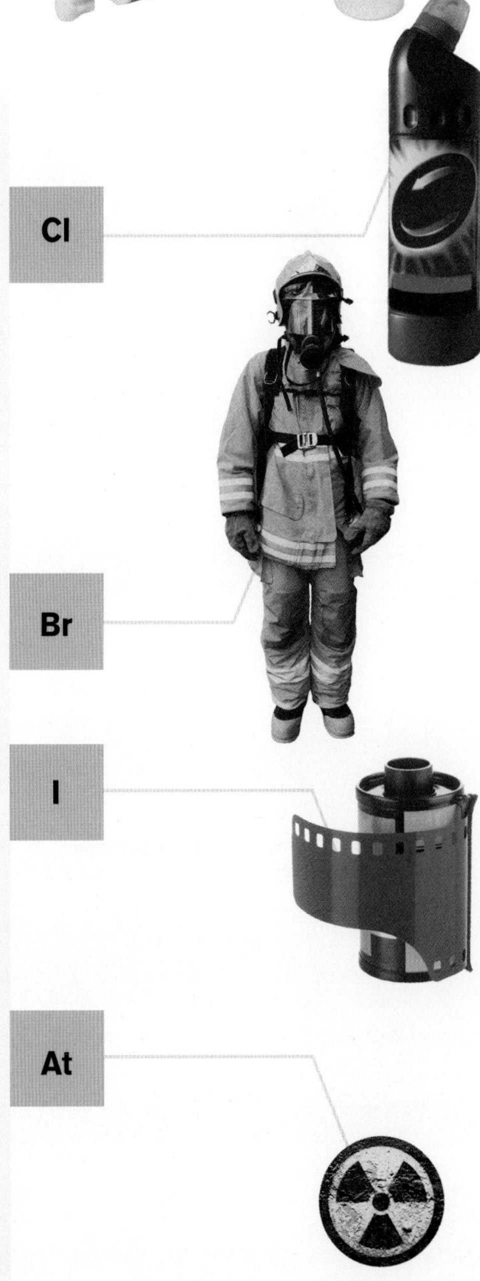

18족

1

18족에 속하는 원소는 8개의 최외각 전자를 가지고 있기 때문에 일부 화학자들은 0족이라 부르기도 한다. 최외각 전자껍질이 가득 차 있기 때문에 다른 원소들과 반응할 수 있는 전자가 하나도 없다. 이들은 화학적으로 비활성이고, 자연 상태에서는 다른 원소와 반응하지 않는다. 흔한 원소들과 섞이지 않는 '고상한(noble)' 기체인 것이다.

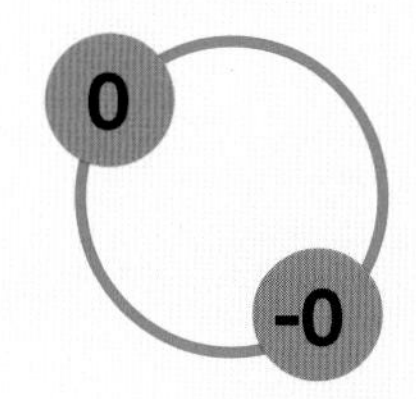

비활성 기체

적어도 현재까지 알려진 바로는 18족 원소들은 모두 기체이다. 오가네손이라는 인공원소가 최근에 합성되었으나 물리적 특성을 규정하기에는 아직 이르다.

• 수소, 질소, 플루오린과 같은 기체 원소들은 H_2, N_2, F_2와 같이 2개의 원자가 결합한 형태인 이원자분자 구조를 가지지만, 비활성 기체는 원자 하나로 이루어진 단원자분자 구조를 갖는다. 비활성 기체의 원자들은 서로 결합하지 않는다.

• 비활성 기체의 밀도는 18족의 아래로 내려갈수록 증가한다. 헬륨은 수소 다음으로 가벼운 원소이다. 네온은 공기보다 가볍고, 아르곤과 크립톤은 약간 더 무거우며, 제논과 라돈은 공기보다 밀도가 상당히 높다. 실패라는 의미를 갖는 '납풍선(lead balloon)'을 만들기 위해서는 제논이나 라돈을 넣는 것이 가장 비슷할 것이다.

• 실험실 조건에서 크립톤, 제논, 라돈의 원자 내부의 전자를 방출시켜 이들 원자를 1가 양이온으로 만들었고, 이 상태에서 플루오린과 결합시킬 수 있었다.

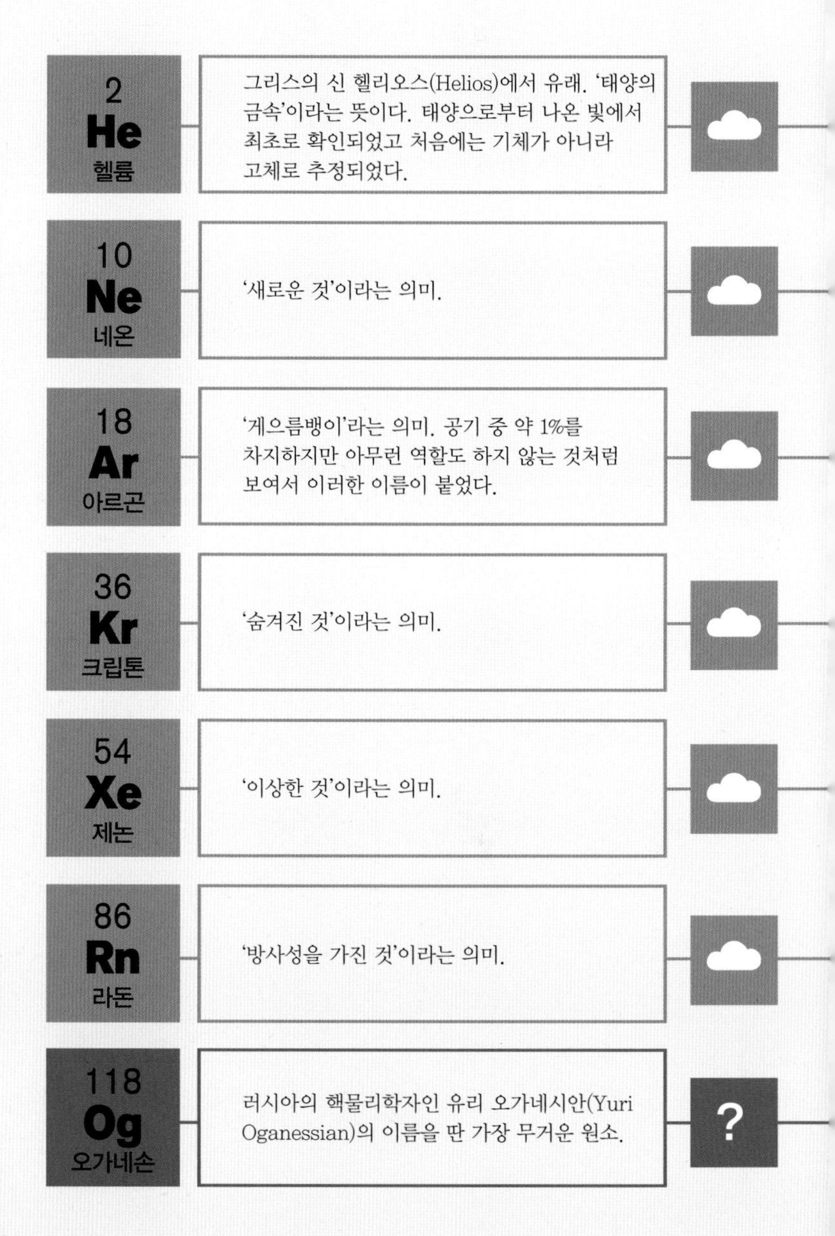

2
He
헬륨
그리스의 신 헬리오스(Helios)에서 유래. '태양의 금속'이라는 뜻이다. 태양으로부터 나온 빛에서 최초로 확인되었고 처음에는 기체가 아니라 고체로 추정되었다.
10
Ne
네온
'새로운 것'이라는 의미.
18
Ar
아르곤
'게으름뱅이'라는 의미. 공기 중 약 1%를 차지하지만 아무런 역할도 하지 않는 것처럼 보여서 이러한 이름이 붙었다.
36
Kr
크립톤
'숨겨진 것'이라는 의미.
54
Xe
제논
'이상한 것'이라는 의미.
86
Rn
라돈
'방사성을 가진 것'이라는 의미.
118
Og
오가네손
러시아의 핵물리학자인 유리 오가네시안(Yuri Oganessian)의 이름을 딴 가장 무거운 원소.
?

산화 상태

비활성 기체는 원자의 최외각 전자껍질에 전자가 가득 차 있기 때문에 전자를 잃거나 얻지 않는 안정한 상태를 유지한다. 이들의 산화 상태는 0이다.

가스등

비활성 기체에 전류를 통과시키면 원소마다 고유한 색의 빛을 낸다. 이것이 바로 '네온 조명'의 기반이 되는 특징인데, 네온이 조명 용도로 사용된 최초의 기체였기에 그렇게 이름이 붙었다.

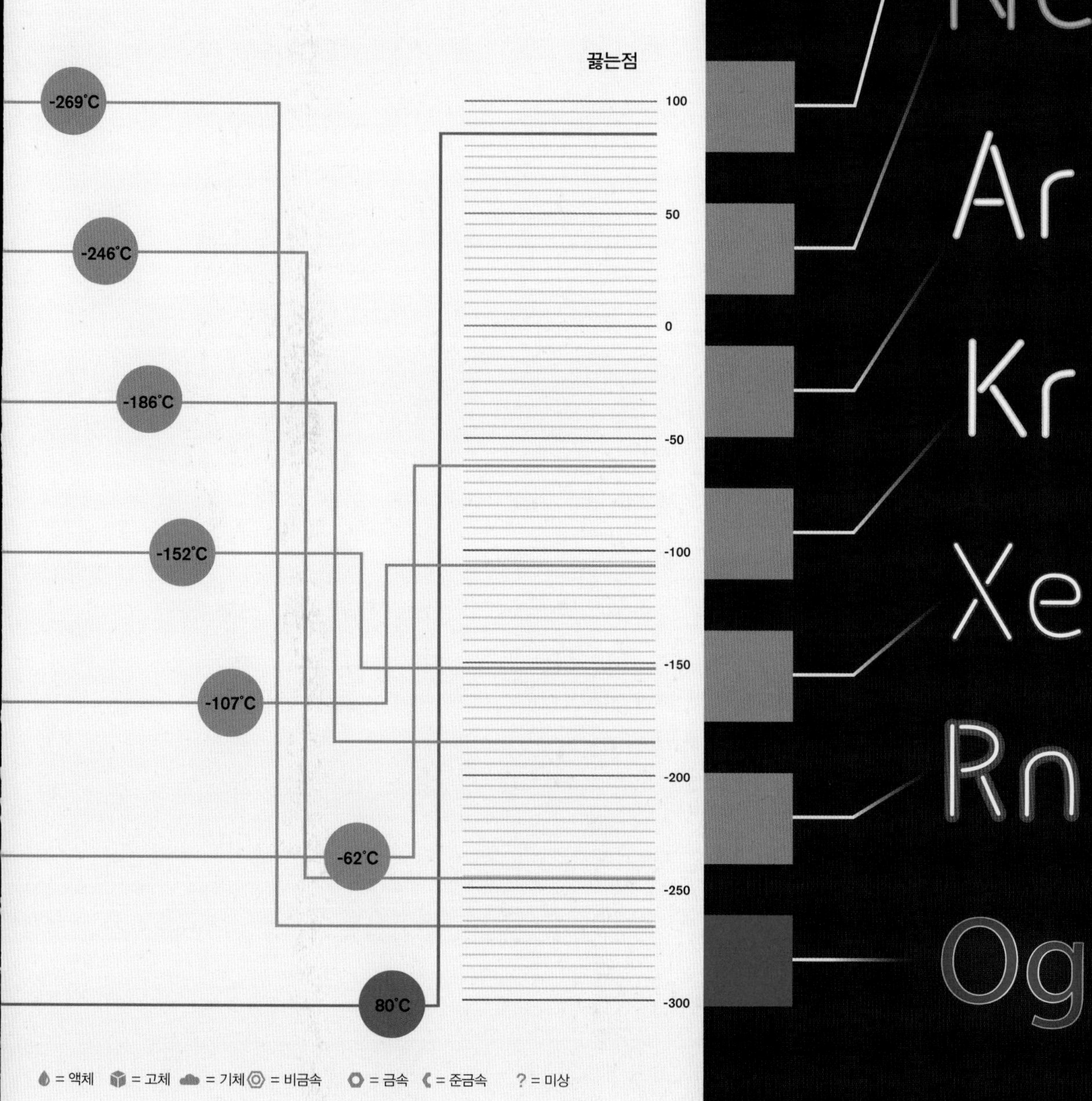

전이금속 계열

1

주기율표의 네 번째 주기로 가 보자. 여기서는 각 족의 일반적인 개념이 적용되지 않는다. 즉, 2족 원소 다음에 원자 번호는 계속해서 증가하지만 최외각 전자의 개수는 동일하다. 이들은 우리에게 익숙한 원소들을 다수 포함한 금속 원소 블록을 형성하는데, 이를 전이금속 계열이라 부른다.

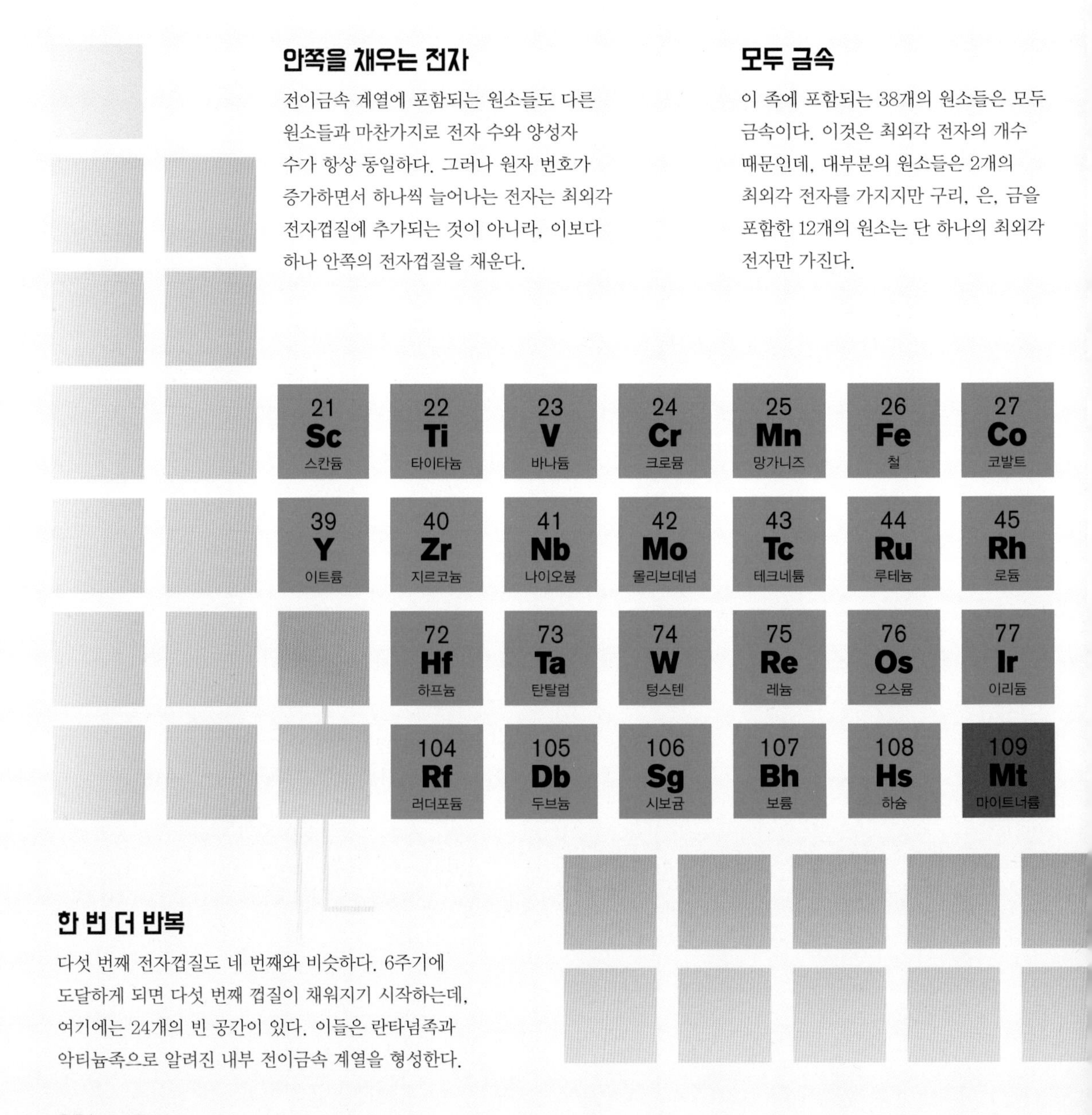

안쪽을 채우는 전자

전이금속 계열에 포함되는 원소들도 다른 원소들과 마찬가지로 전자 수와 양성자 수가 항상 동일하다. 그러나 원자 번호가 증가하면서 하나씩 늘어나는 전자는 최외각 전자껍질에 추가되는 것이 아니라, 이보다 하나 안쪽의 전자껍질을 채운다.

모두 금속

이 족에 포함되는 38개의 원소들은 모두 금속이다. 이것은 최외각 전자의 개수 때문인데, 대부분의 원소들은 2개의 최외각 전자를 가지지만 구리, 은, 금을 포함한 12개의 원소는 단 하나의 최외각 전자만 가진다.

한 번 더 반복

다섯 번째 전자껍질도 네 번째와 비슷하다. 6주기에 도달하게 되면 다섯 번째 껍질이 채워지기 시작하는데, 여기에는 24개의 빈 공간이 있다. 이들은 란타넘족과 악티늄족으로 알려진 내부 전이금속 계열을 형성한다.

안쪽껍질

원자의 첫 번째 전자껍질에는 전자 2개가 들어갈 수 있는 공간이 있고, 따라서 1주기 원소는 2개이다. 두 번째 껍질에는 전자가 8개까지 들어갈 수 있으며, 8개의 원소가 2주기에 포함된다. 세 번째 껍질에는 18개의 전자가 들어가는데, 우선 8개의 전자가 먼저 채워지고, 다음 2개의 전자는 네 번째 껍질에 들어간다. 그런 다음에 세 번째 껍질에 있는 10개의 빈 공간이 채워지기 시작하며, 이들이 전이금속 계열을 형성한다.

내부 전이금속

1

주기율표의 제일 아래에 있는 두 줄은 란타넘족과 악티늄족이라는 이름으로 더 많이 알려져 있는 내부 전이금속 계열 원소들이다. 이들은 질량이 증가할 때마다 추가되는 전자가 가장 바깥쪽 껍질이나 그 바로 안쪽 껍질에 채워지는 것이 아니라, f 오비탈이라고 불리는 밖에서 세 번째 껍질에 배치된다.

57–71
란타넘족

89–103
악티늄족

란타넘족

첫 번째 원소인 란타넘의 이름을 따서 란타넘족이라 불린다. 모두 금속인 15개의 원소들이 포함되는데 이들은 희토류 금속(rare–earth metals)이라고도 불린다.

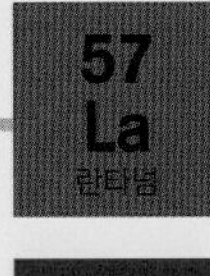

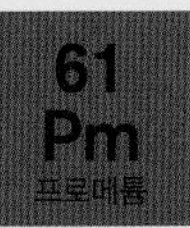

62
Sm
사마륨

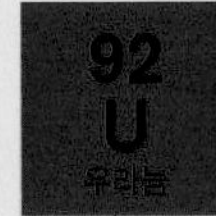

93
Np
넵투늄

94
Pu
플루토늄

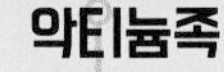

악티늄족

첫 번째 원소인 악티늄의 이름을 따서 악티늄족이라 불린다. 역시 15개의 원소가 속해 있는데, 모두 방사성 금속이다. 이들 중 우라늄과 토륨 두 원소만 지구에서 다량으로 발견된다.

희토류 금속

란타넘족 원소는 희토류 금속이라고도 불리는데, 이는 이들 원소들이 대개 모나자이트나 이테르바이트 같이 드문 광물에서 함께 발견되기 때문이다.

이트륨과 스칸듐

이들은 란타넘족 원소처럼 전자가 복잡하게 배치되지는 않지만, 이들 두 전이금속은 란타넘족 원소와 같은 광석에서 발견되기 때문에 희토류 금속으로 간주된다.

첨단 산업용 금속

희토류라는 명칭과는 달리 사실 란타넘족 원소는 상대적으로 지구에 풍부한 편이다. 그러나 이들 원소는 정제하기가 매우 어렵다. 란타넘족 원소는 광학, 전자공학 및 레이저 같은 첨단 산업에서 중요하게 이용되고 있다.

넓은 주기율표

란타넘족과 악티늄족 원소가 2족과 전이금속 사이에 배치되어 있어야 보다 정확한 형태일 것이다. 그러나 이렇게 하면 주기율표가 너무 길어지기 때문에 이들 30개 원소들은 보통 제일 아래쪽에 따로 빼놓는 경우가 많다.

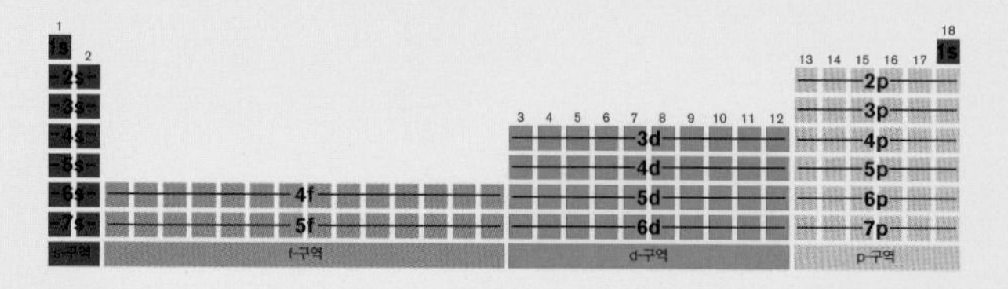

원시 원소

모든 악티늄족 원소들은 방사성을 지니며, 그 결과 대부분 자연에서 발견되지 않는다. 처음 지각이 만들어졌을 때 존재했던 원시 원소들은 붕괴되어 더 이상 남아있지 않다. 우라늄과 토륨만 반감기가 긴 덕분에 아직까지 일부 남아 있고, 소량의 원시 플루토늄 역시 분리가 가능했다. 악티늄, 프로트악티늄, 넵투늄은 이들 방사성 원소들이 붕괴할 때 생성되며 광석에서는 극소량만 발견된다.

핵연료

토륨, 우라늄, 플루토늄의 특정 동위원소들은 핵분열을 일으킬 수 있다. 제대로 통제된다면 이들 핵분열 반응은 전력 발전에 사용될 수 있는 열을 방출한다. 다른 악티늄족 원소들은 방사성 동위원소 열전자 발전기에 사용되는데, 이는 방사능에서 나오는 열을 바로 전기로 변환시킨다.

인공원소

대부분의 악티늄족 원소들은 원자로나 핵폭발, 혹은 입자 가속기 안에서 우라늄으로부터 합성된 것들이다. 이들 대부분은 더 큰 원소를 만들기 위해 재사용되지만, 아메리슘을 비롯한 일부 인공원소들은 일상 생활에서 활용되기도 한다.

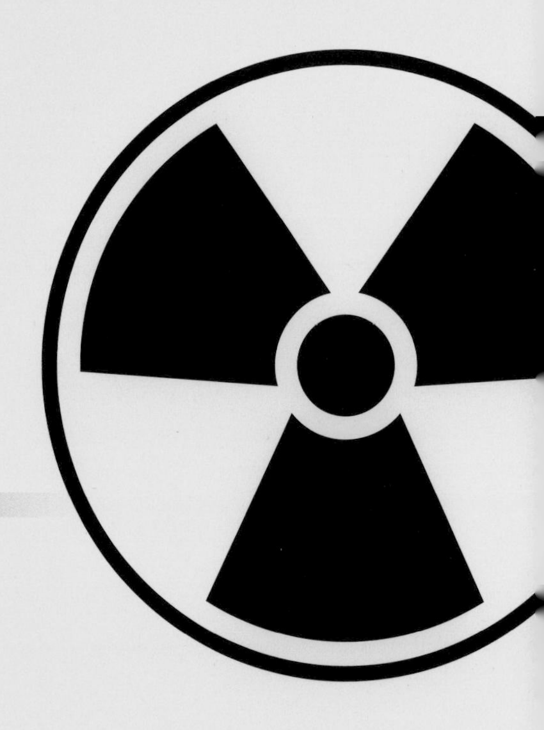

원자의 형태

1

원자의 이미지를 떠올려 보자. 아마도 반드시 딱딱하지는 않더라도 둥근 모양을 한 작은 공 모양을 연상하게 될 것이다. 그러나 양자역학에 의하면 모든 원자는 내부의 전자가 어디에 위치하는지에 따라 고유의 독특한 모양을 가지고 있다.

구름 개념

전자는 원자핵 주위를 끊임없이 움직이고 있다. 하지만 전자의 위치를 파악하면서 동시에 전자가 어디를 향해 움직이는지를 아는 것은 불가능하다. 이에 물리학자들은 각 지점별로 전자가 존재할 확률에 대해 연구했고, 그 결과 전자는 원자핵을 둘러싼 일정 구역 안에 존재한다는 사실을 알아냈다. 즉, 물리적 계산을 통해 전자가 존재할 확률을 점으로 표시한 구역이 마치 구름처럼 보이며, 이를 오비탈이라 칭하였다. 전자는 바로 이 오비탈 내의 어디엔가 존재한다는 것이다.

F 오비탈

5개 이상의 전자껍질을 가지고 있는 원소들은 f 오비탈을 이용한다. 란타넘족과 악티늄족 원소들이 'f-구역'에 위치한다.

D 오비탈

3개 이상의 전자껍질을 갖는 원소들은 d 오비탈을 이용한다. 이들은 최외각 전자를 형성하지는 않으며, 가장 바깥쪽 껍질의 바로 아래에 존재한다. 전이금속 계열은 'd-구역'이라고도 불리는데, 이들 원소의 원자들이 d-구역에서 형성되었기 때문이다.

P 오비탈

다음 6개의 전자는 아령 모양의 p 오비탈을 채운다. 13족에서 18족까지의 원소들이 주기율표의 'p-구역'을 채우는데, 이들 원소의 최외각 전자가 p 오비탈에 있기 때문이다

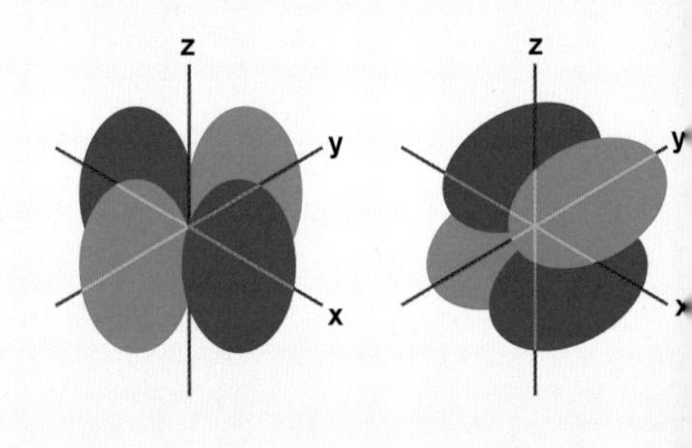

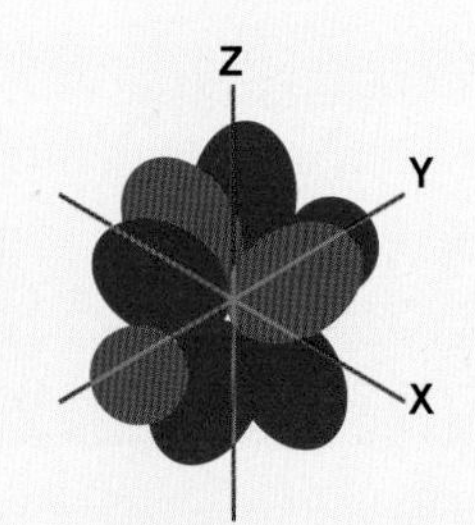

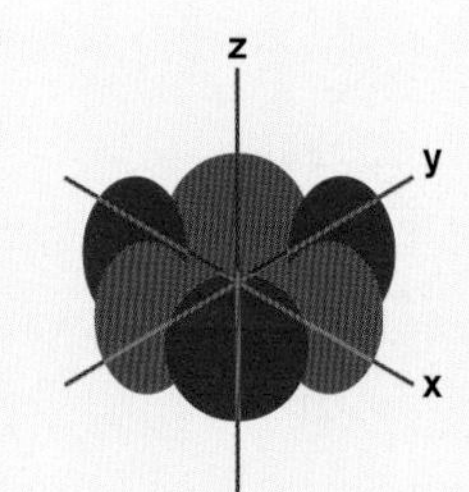

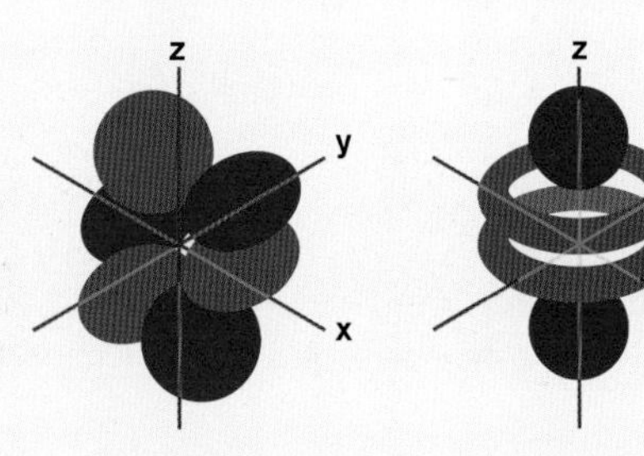

s 오비탈

각 껍질에 있는 처음 2개의 전자는
둥근 모양의 s 오비탈을 채운다.
주기율표의 1족과 2족에 있는 원소들은
최외각 전자가 s 오비탈에 있기 때문에
주기율표의 's-구역'을 형성한다.

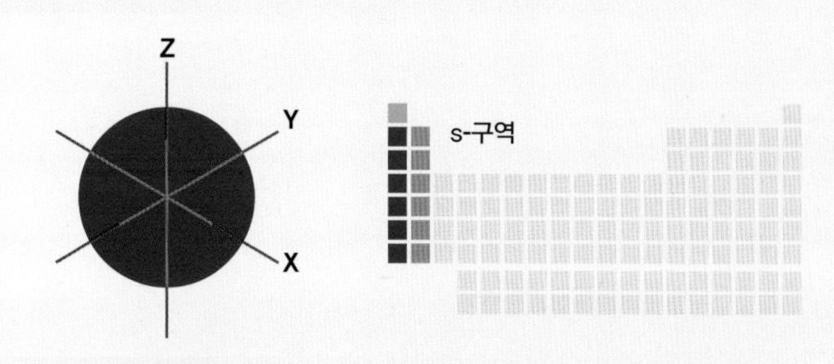

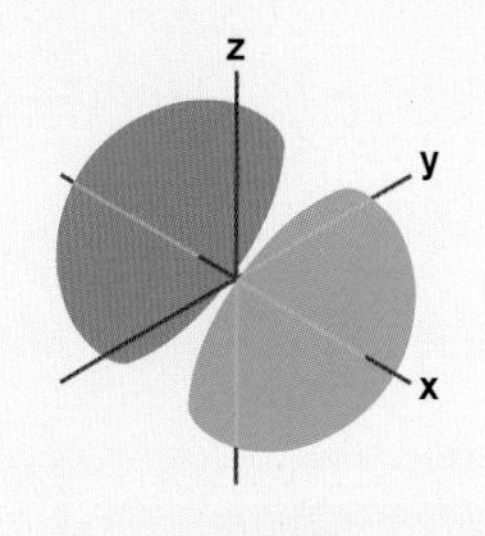

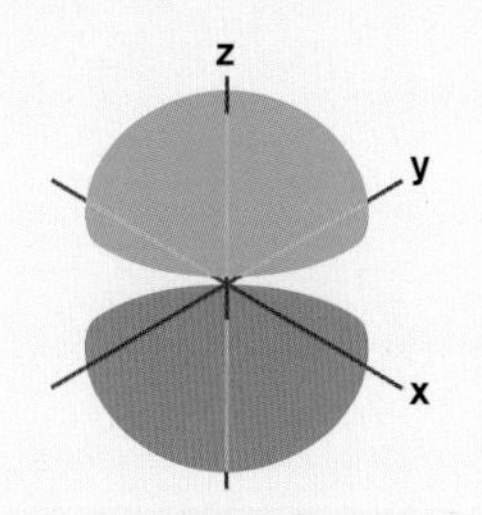

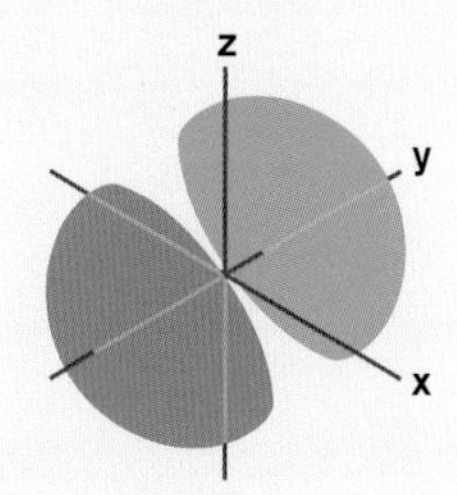

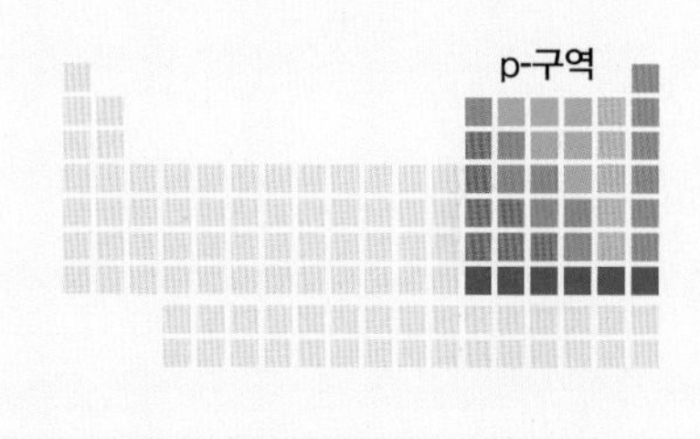

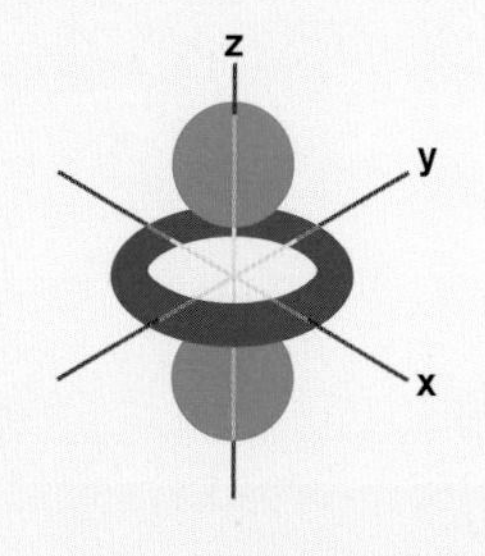

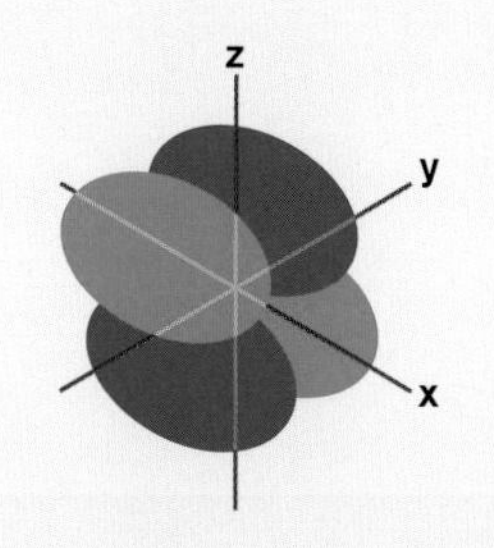

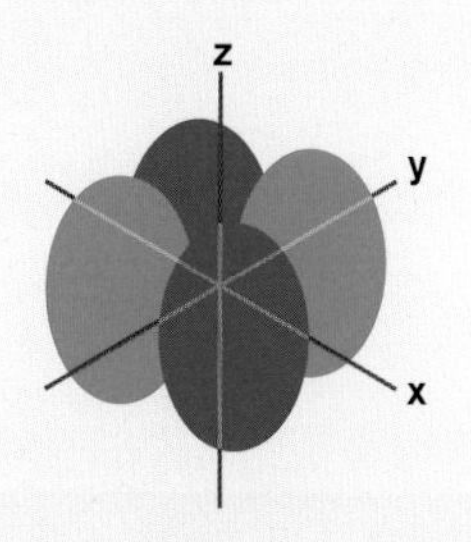

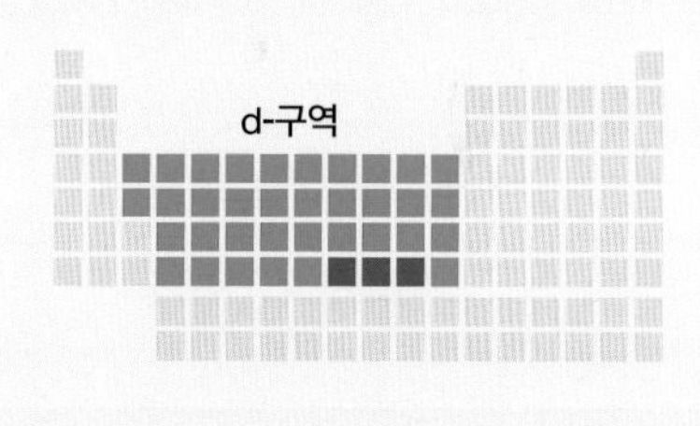

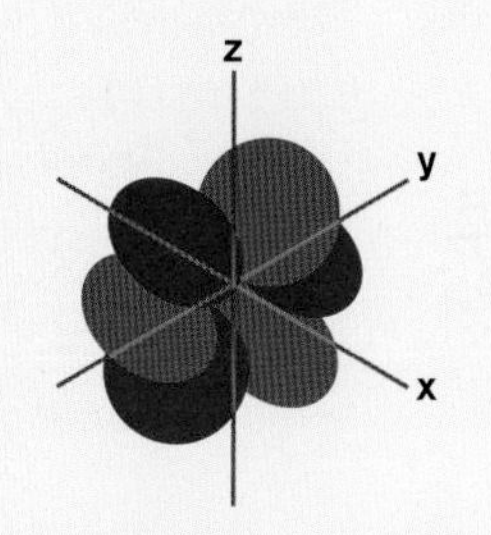

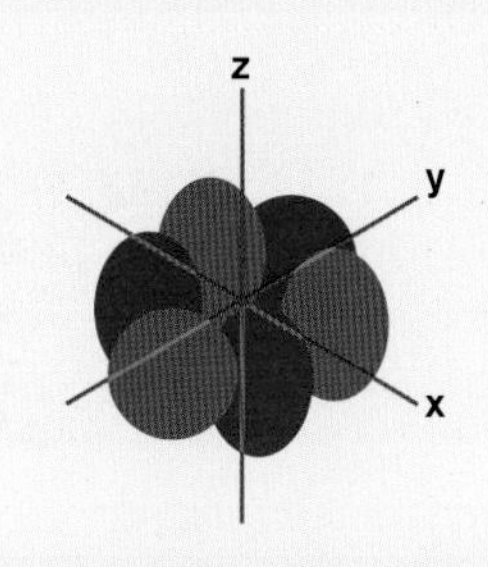

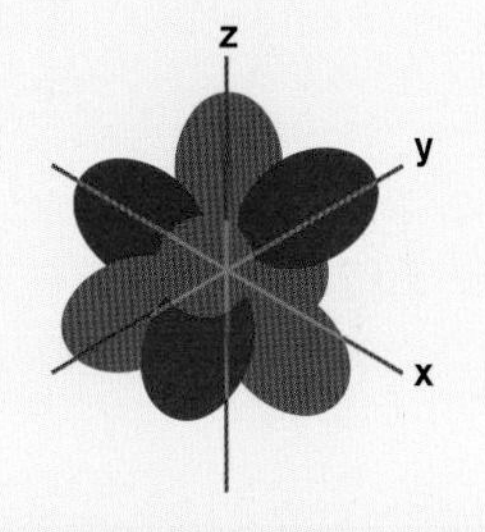

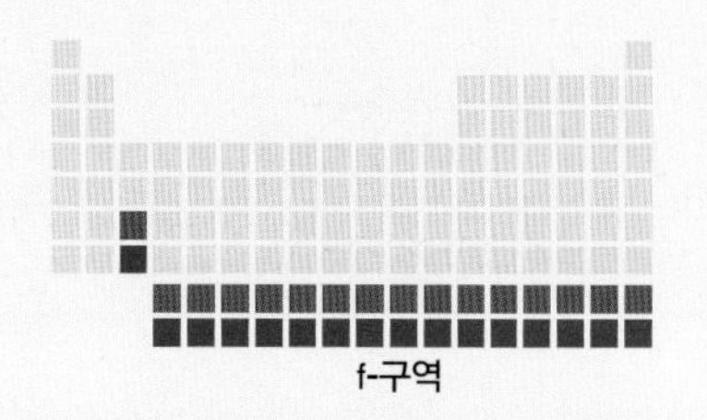

원소 발견의 연대표

1

현재의 주기율표는 118개의 원소들로 이루어져 있다. 각각의 원소들은 다양한 방법을 사용하여 더 이상 단순한 성분으로 쪼개지지 않는 기본적인 물질임이 증명되었다. 가장 최근에 주기율표에 편입된 원소인 오가네손은 불과 몇 년 전인 2015년에 발견되었지만, 원소들의 목록을 작성하는 과정은 역사의 여명기부터 시작되었다.

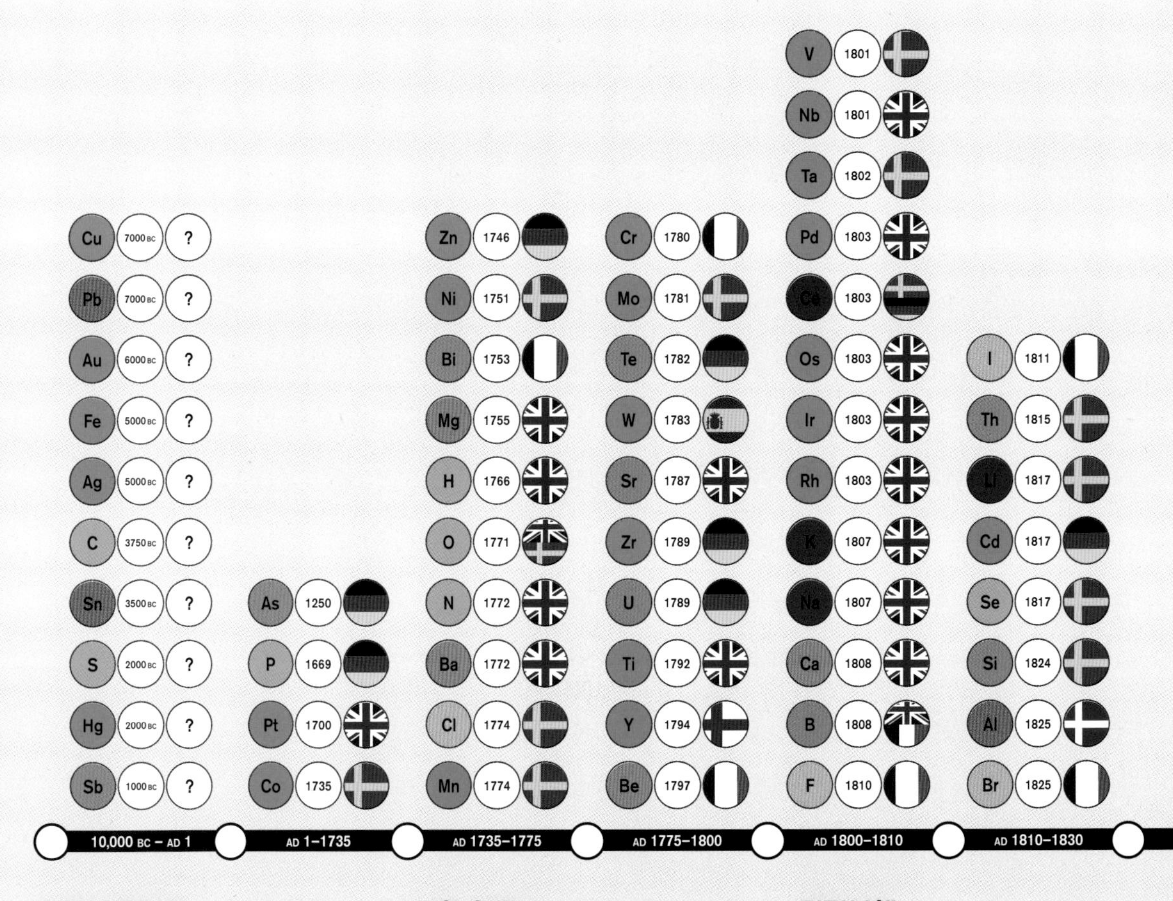

고대의 물질들

이 세계가 단지 몇 가지의 원소(문화에 따라 4개 혹은 6개)로만 이루어졌다고 생각했던 그 당시에도 여러 기본 물질들은 사람들에게 잘 알려져 있었으며 다양한 분야에서 사용되었다.

과학 혁명

18세기에 꽃을 피운 과학적 연구 방법으로 인해 화학 지식이 급속도로 팽창할 수 있었다. 새로운 금속과 다양한 기체가 이때 발견되었다.

전기분해

1800년대 화합물에 전류를 흘려 원소를 분리하는 전기분해 기술이 등장하면서 새로운 원소가 대거 발견되었다.

우선권 경쟁

원소가 발견되는 과정에서, 개별적으로 연구를 진행하고 있던 다른 나라의 화학자들이 각자 자신들이 먼저 그 원소를 발견했다고 주장하는 경우가 종종 발생하곤 했다. 아래의 도표는 원소의 성질을 규명해 낸 화학자들의 국적을 나타낸 것이다. 이들 원소들은 표시된 연도 이전에 발견되었을 수도 있지만 당시로서는 아직 새로운 원소로 인정받거나 입증되지 못했던 것들이다.

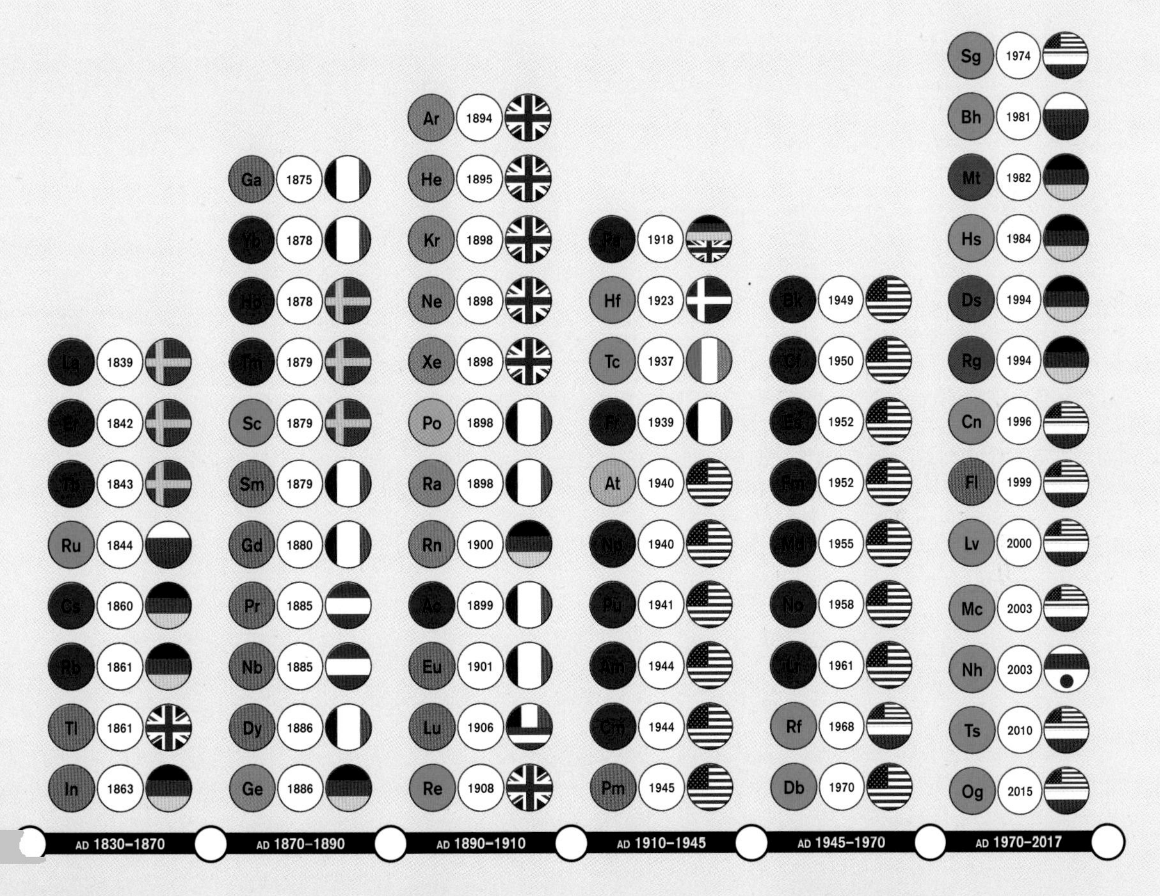

광물 자원

흔한 원소들은 모두 발견된 상태였지만, 희귀하고 잘 알려져 있지 않은 광물을 분석하기 위해 각고의 노력을 들인 끝에 잔존하고 있는 원시 원소(자연 발생 원소)를 발견할 수 있었다.

방사능

20세기에 접어들면서 방사능이라는 현상이 발견되었다. 이것은 특정 원소의 원자가 붕괴해서 다른 원소의 원자가 되는 것으로, 새로운 희귀 원소의 발견을 가져왔다.

인공원소 합성

원자가 가진 힘을 무기 제작과 전력 공급에 활용하게 되면서, 화학자들은 인위적으로 새로운 원소를 만들어냈다. 이러한 과정은 현재까지도 계속 진행되고 있다.

주기율표의 역사

1

주기율표는 러시아의 화학자 드미트리 멘델레예프가 만든 작품으로, 오늘날 우리가 사용하는 주기율표는 1869년 그가 고안해 낸 최초의 형태에서 발전한 것이다. 사실 멘델레예프의 주기율표도 이전의 많은 화학자들이 다양한 방식으로 원소를 분류하려 했던 시도로부터 영감을 얻은 것이었다.

원자 구조를 모르던 시절

멘델레예프뿐 아니라 이전 시대의 화학자들 중 어느 누구도 원자의 구조와, 원자 구조가 어떤 식으로 원소의 특성에 영향을 미치는지에

1. 연금술

오늘날 화학자들의 조상이면서 마치 마법사와도 같았던 연금술사들은 물질을 그것이 가진 신비스러운 특성에 따라 분류하였다. 그들은 물질에 기호(symbol)와 성(gender)을 부여했을 뿐 아니라 이들이 행성과도 연결되어 있다고 생각했다. 이 표는 15세기에 발렌타인(Basil Valentine)이 정리한 것이다.

2. 친화력

1718년, 조프루아(Etienne Francois Geoffroy)는 연금술에서 쓰는 기호를 사용해서 각 물질들이 결합하고 상호작용하는 방식을 나열하였다.

4. 원자

돌턴(John Dalton)은 원소가 원자로 이루어져 있음을 최초로 밝혀낸 화학자였다. 1808년 돌턴은 위와 같이 원소를 상대적 질량에 따라 배열한 표를 만들었다.

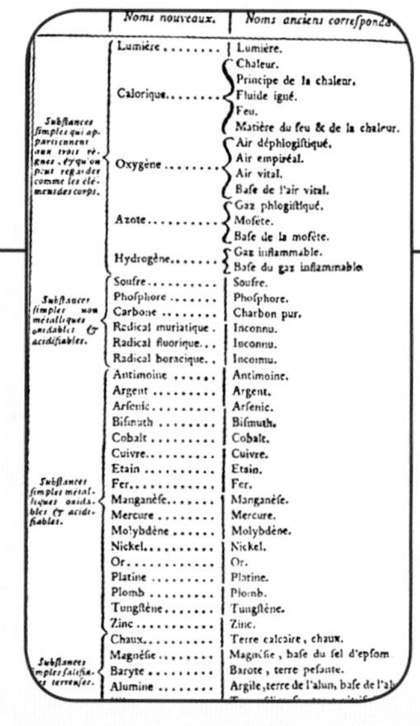

	Noms nouveaux.	Noms anciens correſpondans.
Subſtances ſimples qui appartiennent aux trois règnes, & qu'on peut regarder comme les élémens des corps.	Lumière	Lumière.
	Calorique	Chaleur. Principe de la chaleur. Fluide igné. Feu. Matière du feu & de la chaleur.
	Oxygène	Air déphlogiſtiqué. Air empiréal. Air vital. Baſe de l'air vital.
	Azote	Gaz phlogiſtiqué. Mofete. Baſe de la mofète.
	Hydrogène	Gaz inflammable. Baſe du gaz inflammable.
Subſtances ſimples non métalliques oxidables & acidifiables.	Soufre	Soufre.
	Phoſphore	Phoſphore.
	Carbone	Charbon pur.
	Radical muriatique	Inconnu.
	Radical fluorique	Inconnu.
	Radical boracique	Inconnu.
Subſtances ſimples métalliques oxidables & acidifiables.	Antimoine	Antimoine.
	Argent	Argent.
	Arſenic	Arſenic.
	Biſmuth	Biſmuth.
	Cobalt	Cobalt.
	Cuivre	Cuivre.
	Etain	Etain.
	Fer	Fer.
	Manganèſe	Manganèſe.
	Mercure	Mercure.
	Molybdène	Molybdène.
	Nickel	Nickel.
	Or	Or.
	Platine	Platine.
	Plomb	Plomb.
	Tungſtène	Tungſtène.
	Zinc	Zinc.
Subſtances ſimples ſalifiables terreuſes.	Chaux	Terre calcaire, chaux.
	Magnéſie	Magnéſie, baſe du ſel d'epſom.
	Baryte	Barote, terre peſante.
	Alumine	Argile, terre de l'alun, baſe de l'alun.

3. 홑원소물질

1789년, 라부아지에(Antoine Lavoiusier)는 홑원소물질(Substances Simple)들을 정리하였다. 비록 빛, 열 그리고 그 외 여러 다양한 화합물들이 포함되어 있기는 했지만 이것은 원소를 표로 정리해 놓은 초기 시도 중의 하나였다.

대해 알지 못했다. 그들은 원자를 구성하는 입자는 물론, 오늘날 원소 배열의 주된 기준이 되는 원자 번호의 개념에 대해서도 알지 못했다. 대신 그들은 원소의 상대적 질량과 화학적 성질, 특히 원자가(valence)에 초점을 맞추었는데, 어떤 원소의 원자가란 원소의 결합력, 즉 한 원소가 몇 개의 다른 원소와 결합해 화합물을 만들 수 있는지를 말하는 것이다. 멘델레예프는 원자량과 원자가에서 나타나는 패턴을 잘 조합했고, 비록 원자 구조에 대해 인지하지 못하고 있었지만 원자 구조에 따라 원소를 배열한 셈이었다.

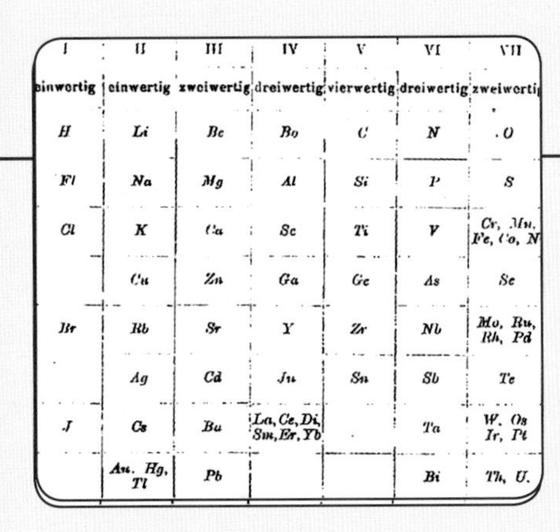

I	II	III	IV	V	VI	VII
einwertig	einwertig	zweiwertig	dreiwertig	vierwertig	dreiwertig	zweiwerti
H	Li	Be	Bo	C	N	O
Fl	Na	Mg	Al	Si	P	S
Cl	K	Ca	Sc	Ti	V	Cr, Mn, Fe, Co, N
	Cu	Zn	Ga	Ge	As	Se
Br	Rb	Sr	Y	Zr	Nb	Mo, Ru, Rh, Pd
	Ag	Cd	Jn	Sn	Sb	Te
J	Cs	Ba	La, Ce, Di, Sm, Er, Yb		Ta	W, Os Ir, Pt
	Au, Hg, Tl	Pb			Bi	Th, U.

5. 세 쌍 원소설

1817년, 되베라이너(Johann Dobereiner)는 세 쌍 원소설을 주장했다. 그는 같은 성질을 공유하는 세 가지 원소로 이루어진 세트를 여러 개 발견했고, 이를 1829년에 발표했다.

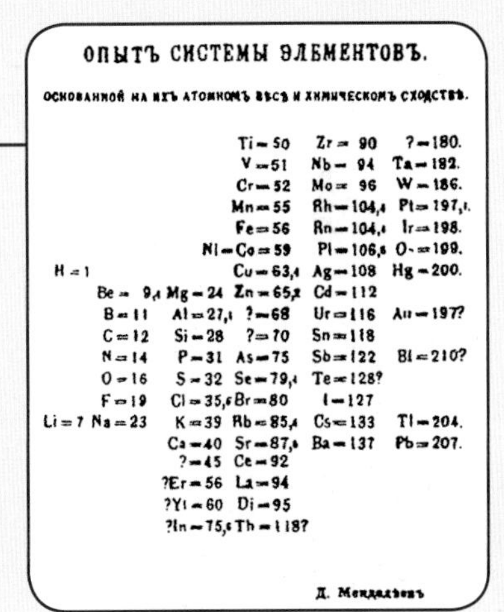

ОПЫТЪ СИСТЕМЫ ЭЛЕМЕНТОВЪ.

ОСНОВАННОЙ НА ИХЪ АТОМНОМЪ ВѢСѢ И ХИМИЧЕСКОМЪ СХОДСТВѢ.

			Ti=50	Zr=90	?=180.
			V=51	Nb=94	Ta=182.
			Cr=52	Mo=96	W=186.
			Mn=55	Rh=104,4	Pt=197,4.
			Fe=56	Rn=104,4	Ir=198.
			Ni=Co=59	Pl=106,6	O-=199.
H=1			Cu=63,4	Ag=108	Hg=200.
	Be=9,4	Mg=24	Zn=65,2	Cd=112	
	B=11	Al=27,4	?=68	Ur=116	Au=197?
	C=12	Si=28	?=70	Sn=118	
	N=14	P=31	As=75	Sb=122	Bi=210?
	O=16	S=32	Se=79,4	Te=128?	
	F=19	Cl=35,5	Br=80	I=127	
Li=7	Na=23	K=39	Rb=85,4	Cs=133	Tl=204.
		Ca=40	Sr=87,6	Ba=137	Pb=207.
		?=45	Ce=92		
		?Er=56	La=94		
		?Yt=60	Di=95		
		?In=75,6	Th=118?		

Д. Менделѣевъ

7. 주기율표

그리고 마침내 1869년, 멘델레예프는 원자가에서 나타나는 반복적인 패턴을 오늘날 우리가 알고 있는 주기율표의 형식으로 배열했다. 그러나 그가 처음 고안했던 주기율표는 오늘날 우리가 사용하는 것과는 달리 세로줄에 원소의 주기가 표시되어 있다.

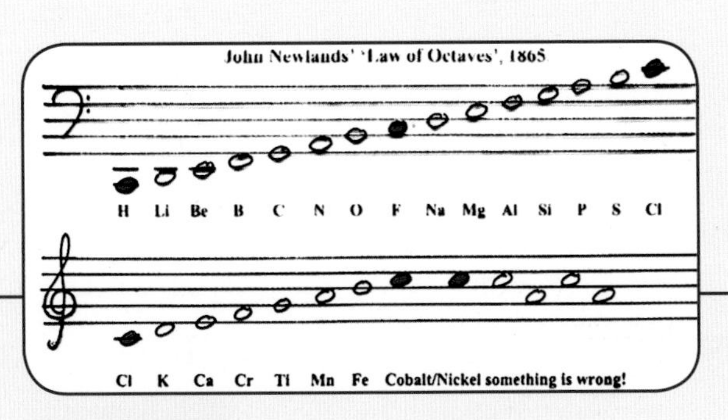

6. 옥타브 법칙

1864년, 뉴랜즈(John Newlands)는 모든 원소가 고유한 상대적 질량을 가지지만(동일한 질량을 가지는 원소는 없다) 원소의 화학적 성질은 8번째 원소마다 일정한 패턴으로 반복된다는 사실을 발견하였다. 그는 8개의 원소들을 묶은 그룹을 옥타브라고 불렀고, 이를 악보에 표현하려고 했다.

다른 형태의 주기율표

1

멘델레예프가 그의 연구의 결정판이라 할 수 있는 주기율표를 떠올리게 된 것은 솔리테르(카드를 가로와 세로로 배열하는 놀이)라는 카드놀이를 할 때였다. 그 결과, 그의 주기율표에는 원소가 가로줄과 세로줄로 배열되어 있다. 그러나 다른 방식의 주기율표도 있다.

배치의 묘미

사실 멘델레예프의 주기율표는 오늘날 우리가 보는 것보다 훨씬 더 넓게 만들어져야 한다. 이는 f-구역(란타넘족과 악티늄족)이 s-구역(1족과 2족)과 d-구역(전이금속) 사이에 있어야 하기 때문이다. 오늘날 대부분의 주기율표는 이 넓은 부분을 아래쪽으로 이동해서 주기율표가 좀 더 작은 공간에 들어가도록 했고, 가독성도 높이고 있다. 하지만 주기율표를 원형으로 만든다면 이러한 문제점을 다른 방식으로 해결할 수 있을 것이다

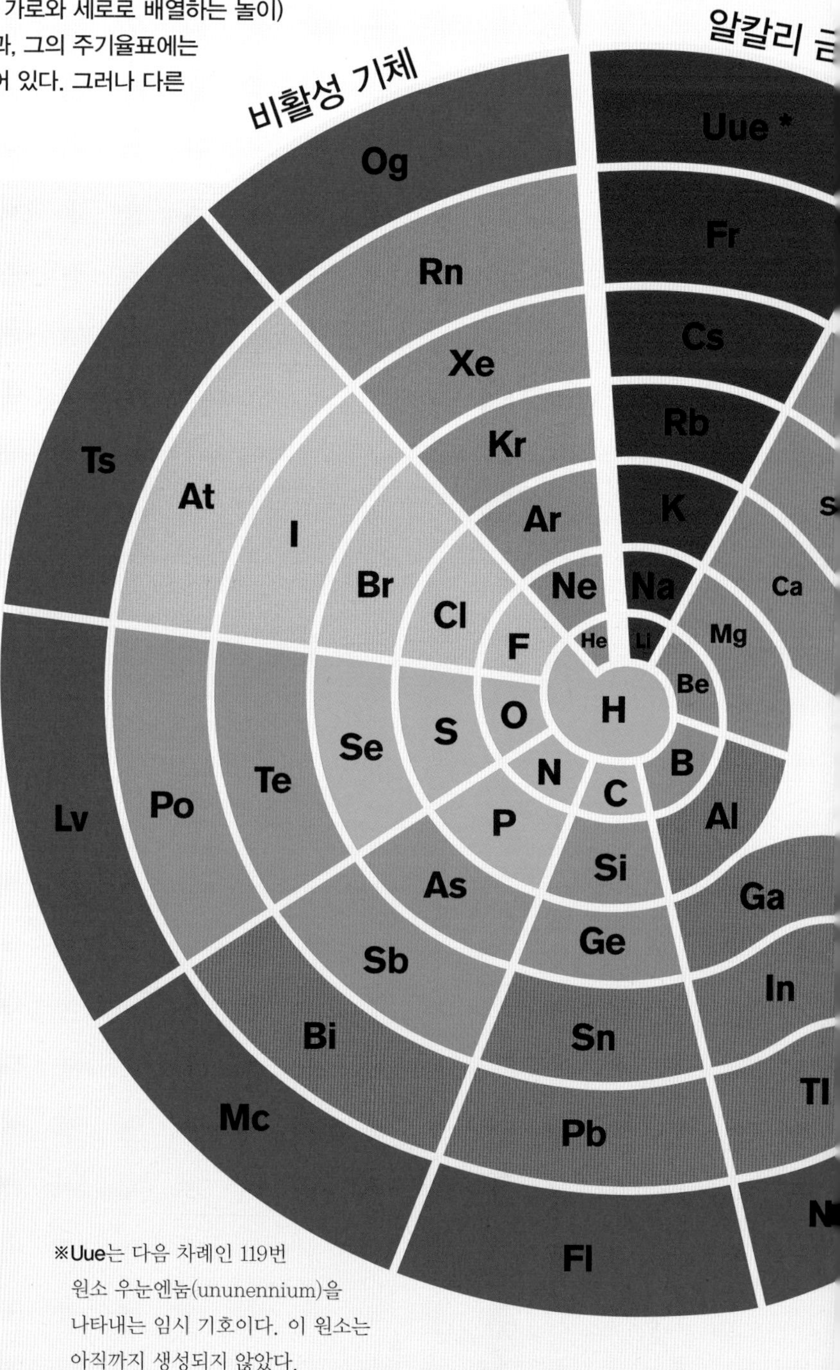

다중나선

1964년 벤파이(Theodor Benfey)는 나선형 구조의 주기율표를 고안했다. '주기 구분'은 새로운 주기(멘델레예프 주기율표의 가로줄)가 어디에서 시작되는지를 보여 준다. 수소를 중심으로 s-구역과 p-구역 원소들이 나선형으로 배열되어 있다.

※**Uue**는 다음 차례인 119번 원소 우눈엔늄(ununennium)을 나타내는 임시 기호이다. 이 원소는 아직까지 생성되지 않았다.

미래를 위한 준비

벤파이의 주기율표는 초악티늄족(superactinide)이라 새로운 'g-구역' 원소들을 위한 자리도 확보해 놓았다. 이들은 초질량 원소로 아직까지 실험실에서 만들어지지 않았다.

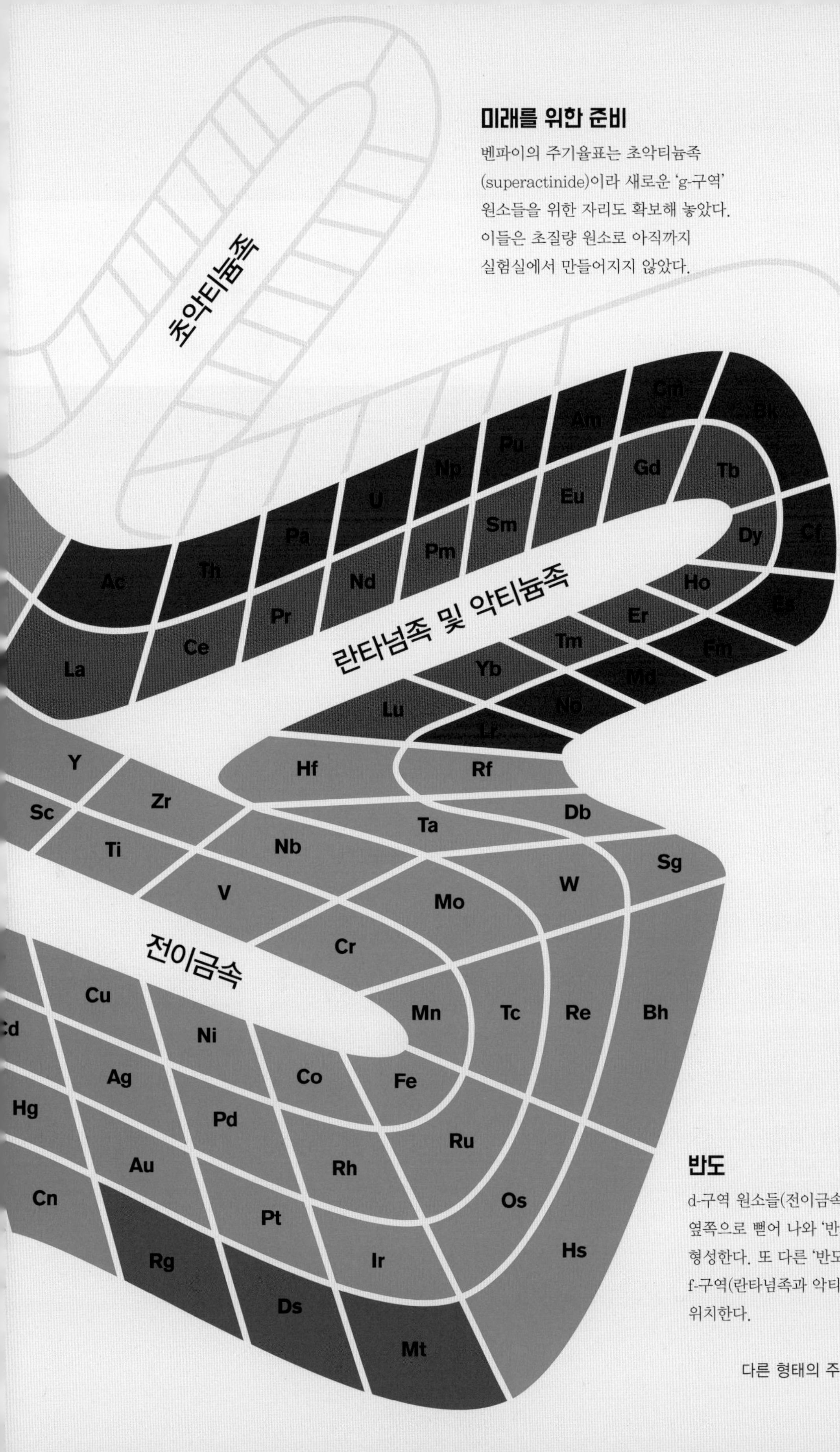

반도

d-구역 원소들(전이금속)은 옆쪽으로 뻗어 나와 '반도'를 형성한다. 또 다른 '반도'에는 f-구역(란타넘족과 악티늄족)이 위치한다.

2

밖에서 바라보기

원자 개수 세는 법

2

원자는 크기가 너무 작아서 가장 성능이 좋은 현미경으로 보아도 잘 보이지 않는다. 그렇기 때문에 하나씩 구분해서 원자의 수를 세는 건 불가능에 가깝다. 대신 화학자들은 원자를 일정 개수로 묶어서 몰(mole)이라 불리는 단위로 세는 것을 고안했는데, 1몰 안에 들어가는 원자의 개수는 602,214,179,000,000,000,000,000개이다.

1몰 초는
우주 나이의 100만 배만큼
긴 시간이다.

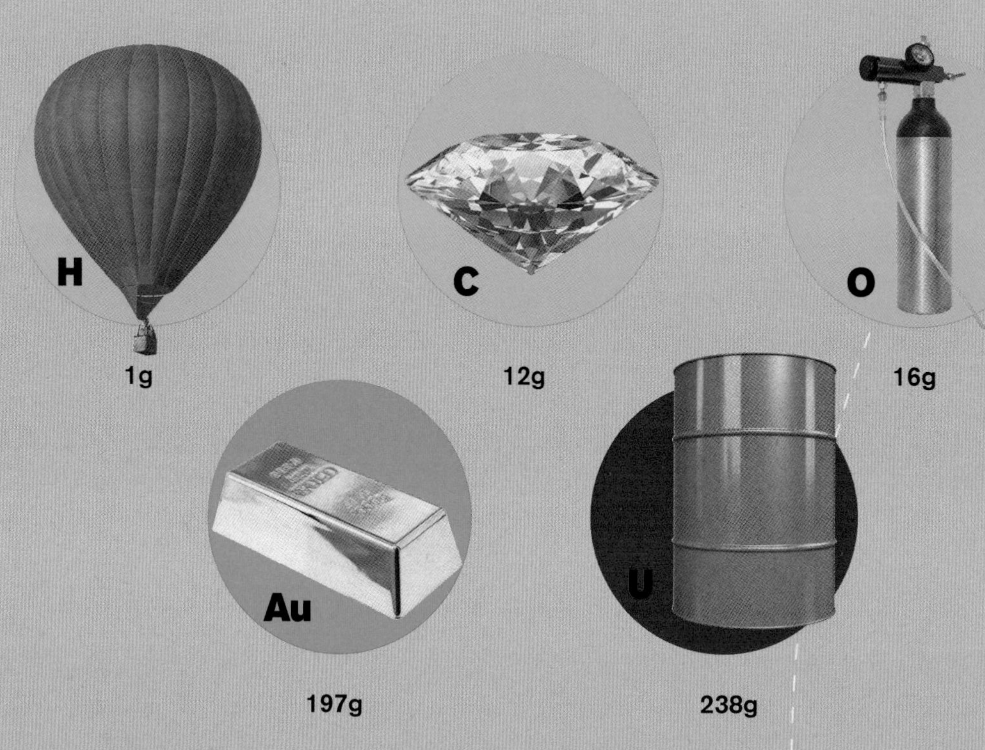

몰과 원자

우리는 이제 이들 원소 안에 들어있는 원자의 수를 계산할 수 있는데, 이는 각 원소의 원자가 고유의 질량을 가지고 있기 때문이다. 원자의 질량은 원자 안에 있는 양성자와 중성자의 숫자로 결정된다(전자는 너무 작아서 질량을 계산하는 게 의미가 없다). 수소 원자는 양성자 1개를 가지고 있고, 탄소 원자는 6개의 양성자와 6개의 중성자를 가지고 있다. 따라서 수소의 원자량(RAM: relative atomic mass)은 1이고, 탄소의 원자량은 12이다. 즉, 탄소 원자는 수소 원자보다 12배 무겁다. 따라서 화학자들은 어떤 원소의 1몰의 원자를 표시할 때 단순하게 그 원자의 원자량을 그램으로 나타내기로 했다.

602,214,179,000

쌀알 1몰 개는 달의 전체 표면을
1,000미터 높이로 뒤덮을 수 있다(이는
농업이 시작된 이래 지금까지 재배된
쌀의 양보다 많을 것이다).

1km

750만 개

만약 종이 1몰 장을
차곡차곡 쌓는다면,
태양에서부터
명왕성까지 닿을 정도
높이의 탑을 750만 개나
만들 수 있을 것이다.

고양이 2몰 마리의
체중은 지구의 무게는
같다.

원자의 크기

2

원자 번호가 커질수록 원자의 무게도 증가한다. 이는 원자를 구성하는 입자의 개수가 증가하기 때문이다. 원자의 크기는 반지름으로 표시하는데 이는 원자핵에서부터 가장 바깥쪽 전자껍질까지의 거리를 의미한다. 원자의 크기는 원자의 무게와 같은 방식으로 증가하지는 않는다.

크기 변화 양상

같은 주기에서 원자 번호가 커질수록 원자 반지름은 점점 작아진다. 양성자의 개수가 늘어날수록 양전하의 힘도 커져서 바깥쪽 전자껍질을 강하게 잡아당기므로 전자와 원자핵 사이의 거리가 줄어들기 때문이다. 각 주기의 시작마다 새로운 전자껍질이 생기는데, 이로 인해 원자가 다시 커지게 된다.

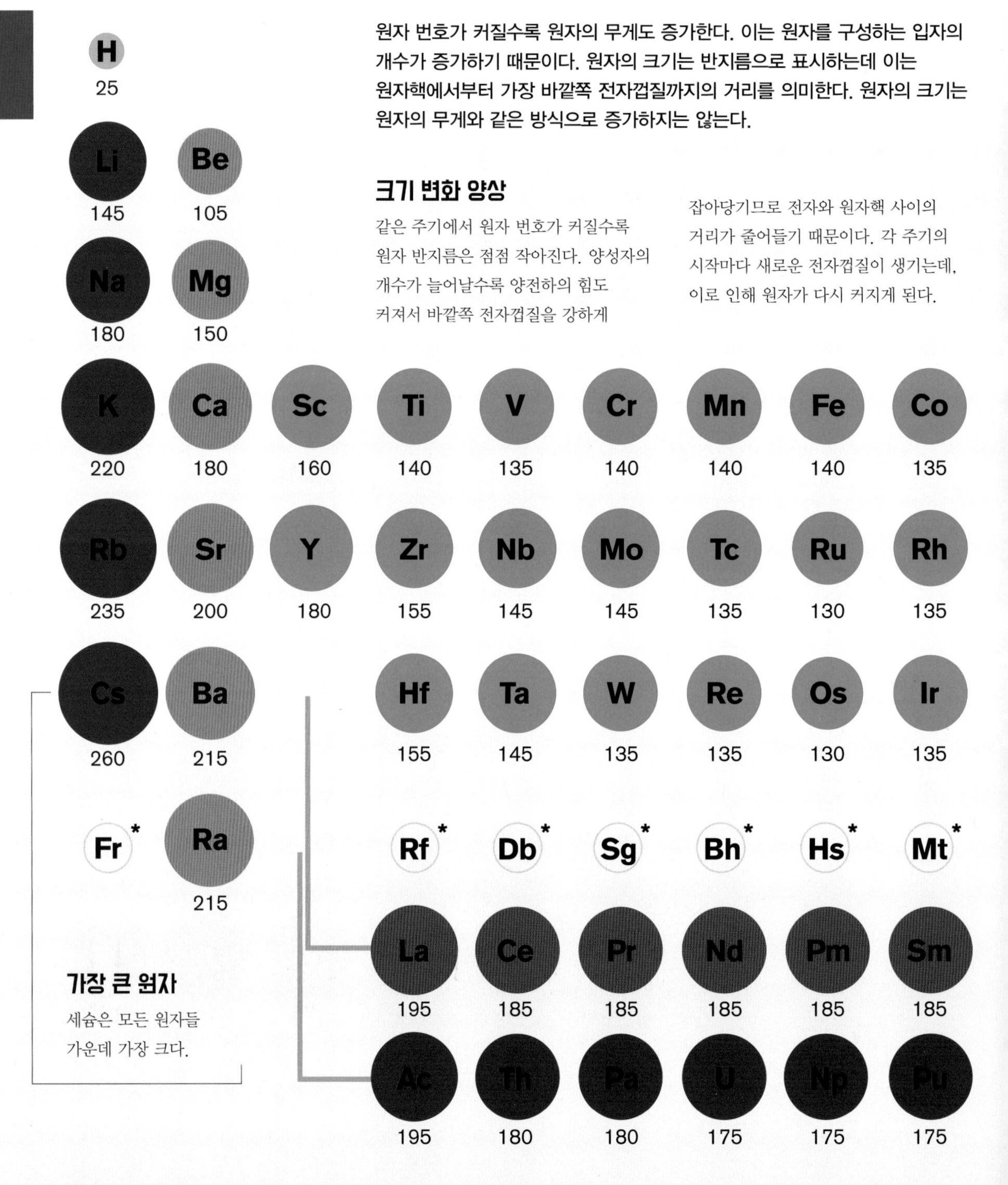

가장 큰 원자

세슘은 모든 원자들 가운데 가장 크다.

반지름 측정

원자의 크기는 원자가 에너지를 흡수하는지 방출하는지에 따라 달라질 수 있다. 그렇기 때문에 결합해 있는 두 원자의 원자핵 사이의 거리를 측정한 다음 이를 반으로 나눠 반지름 값을 얻는데, 이는 안정적이면서도 검증이 가능한 수치이다.

비활성 기체는 제외

비활성 기체는 서로 결합하지 않기 때문에 이 같은 방식으로는 원자 반지름의 측정이 불가능하다.

단위

원자의 반지름은 피코미터(pm)로 표시한다. 1피코미터는 1조 분의 1미터이다.

								He*
			B 85	C 70	N 65	O 60	F 50	Ne*
			Al 125	Si 110	P 100	S 100	Cl 100	Ar*
Ni 135	Cu 135	Zn 135	Ga 130	Ge 125	As 115	Se 115	Br 115	Kr*
Pd 140	Ag 160	Cd 155	In 155	Sn 145	Sb 145	Te 140	I 140	Xe*
Pt 135	Au 135	Hg 150	Tl 190	Pb 180	Bi 160	Po 190	At*	Rn*
Ds*	Rg*	Cn*	Nh*	Fl*	Mc*	Lv*	Ts*	Og*
Eu 185	Gd 180	Tb 175	Dy 175	Ho 175	Er 175	Tm 175	Yb 175	Lu 175
Am 175	Cm*	Bk*	Cf*	Es*	Fm*	Md*	No*	Lr*

* 데이터 없음: 존재량이 적고, 수명이 짧은 방사성 원소의 반지름은 아직 측정되지 않았다.

밀도 변화 양상

2

밀도란 일정한 부피 안에 포함된 질량의 크기를 측정한 값이다. 제일 크고 무거운 원자로 된 원소의 밀도가 가장 높을 것이라고 생각할지 모르겠지만 이것은 잘못된 생각이다.

주기율표 이야기

자연에 존재하는 원소 중 가장 밀도가 낮은 것은 수소이고, 밀도가 가장 높은 것은 이리듐이다(오스뮴이 아주 근소한 차이로 2위이다). 마이트너륨과 같은 인공원소들의 밀도가 더 높을 것으로 추정되지만, 이들 물질은 지금까지 아주 소량만 생산되었다. 밀도는 주기율표에서 특정한 경향을 보인다. 같은 족에서는 아래로 내려갈수록 밀도가 높아지고, 같은 주기에서는 가운데 부분, 특히 전이금속들의 밀도가 높다. 같은 주기의 처음과 끝에 있는 원소들은 밀도가 낮다.

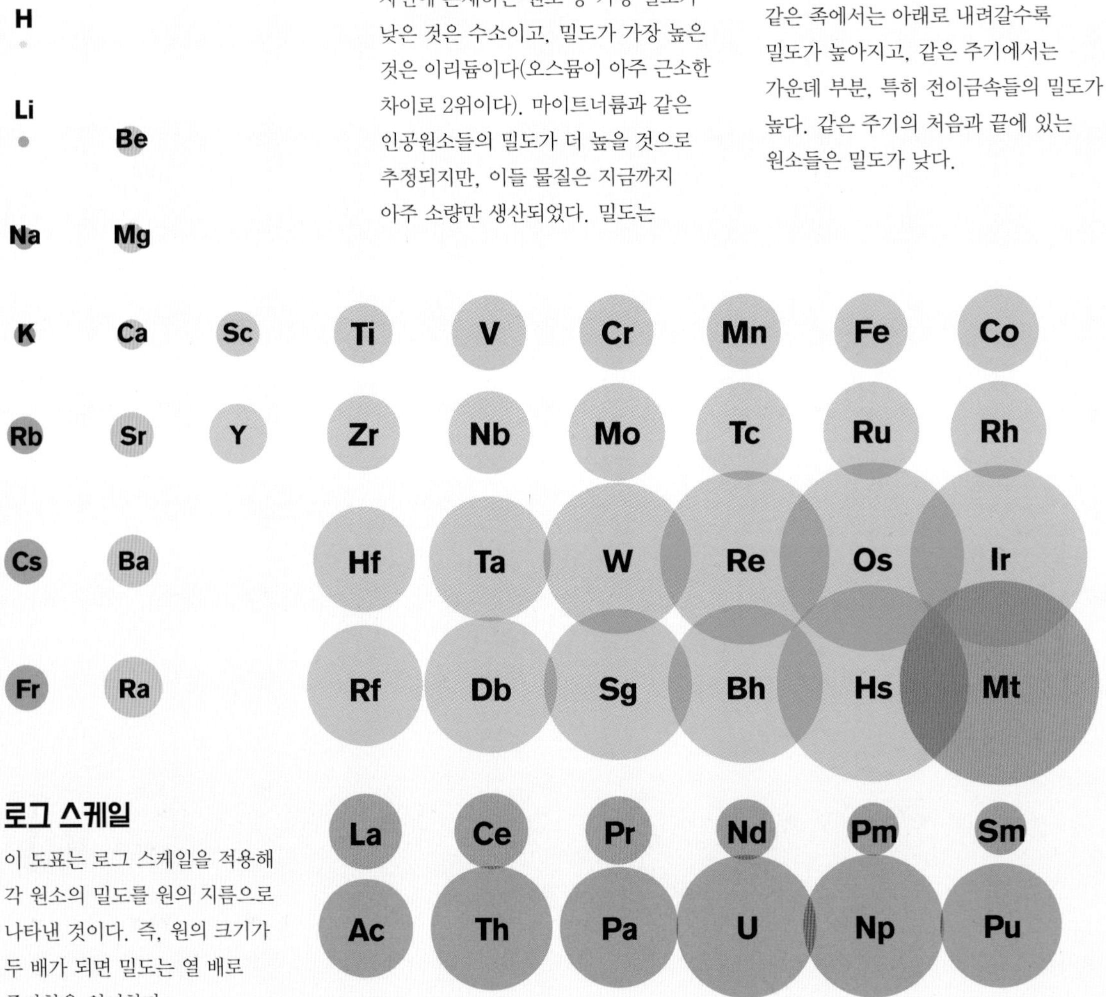

H
Li Be
Na Mg
K Ca Sc Ti V Cr Mn Fe Co
Rb Sr Y Zr Nb Mo Tc Ru Rh
Cs Ba Hf Ta W Re Os Ir
Fr Ra Rf Db Sg Bh Hs Mt
La Ce Pr Nd Pm Sm
Ac Th Pa U Np Pu

로그 스케일

이 도표는 로그 스케일을 적용해 각 원소의 밀도를 원의 지름으로 나타낸 것이다. 즉, 원의 크기가 두 배가 되면 밀도는 열 배로 증가함을 의미한다.

밀기와 모으기

원소의 밀도는 단순히 그 원자의 무게만으로 결정되지 않는다. 원자의 크기도 고려해야 하고, 무엇보다도 원자들이 서로 얼마나 가깝게 뭉쳐 있을 수 있는지 또는 서로 결합하고 있는지가 가장 중요하다. 기체로 존재하는 원소의 밀도가 가장 낮다. 기체 원소 내의 원자들은 서로 뭉치지 않고 넓게 퍼져 있어서 더 큰 부피를 차지한다. 반면 고체(혹은 액체) 원소 안에서는, 원자들이 서로 인접하게 되면 원자 내의 전자들이 서로 밀어낸다. 전자가 가지고 있는 음전하는 항상 다른 음전하를 밀어내기 때문이다.

이 도표에서 볼 수 있듯이 어떤 원자는 다른 원자에 비해 미는 힘이 더 강하다. 주기율표의 왼쪽에 있는 원소들은 표면에 약한 음전하를 가지고 있지만 원자가 매우 크다. 이들은 서로 가깝게 뭉쳐 있다 하더라도 그다지 무게가 많이 나가지 않는다. 반면에 오른쪽에 있는 원소들은 원자 크기는 작지만 바깥쪽에 강력한 음전하를 가지고 있다. 그 결과 이들은 서로 밀어내서 더 큰 부피를 차지한다. 중앙에 있는 원소들은 좀 더 작고 무거운 원자를 가지고 있지만, 표면에 강한 음전하를 가지고 있지 않다. 그러므로 이런 원소들이 그들의 원자를 가장 조밀하게 밀집시킬 수 있는 것이다.

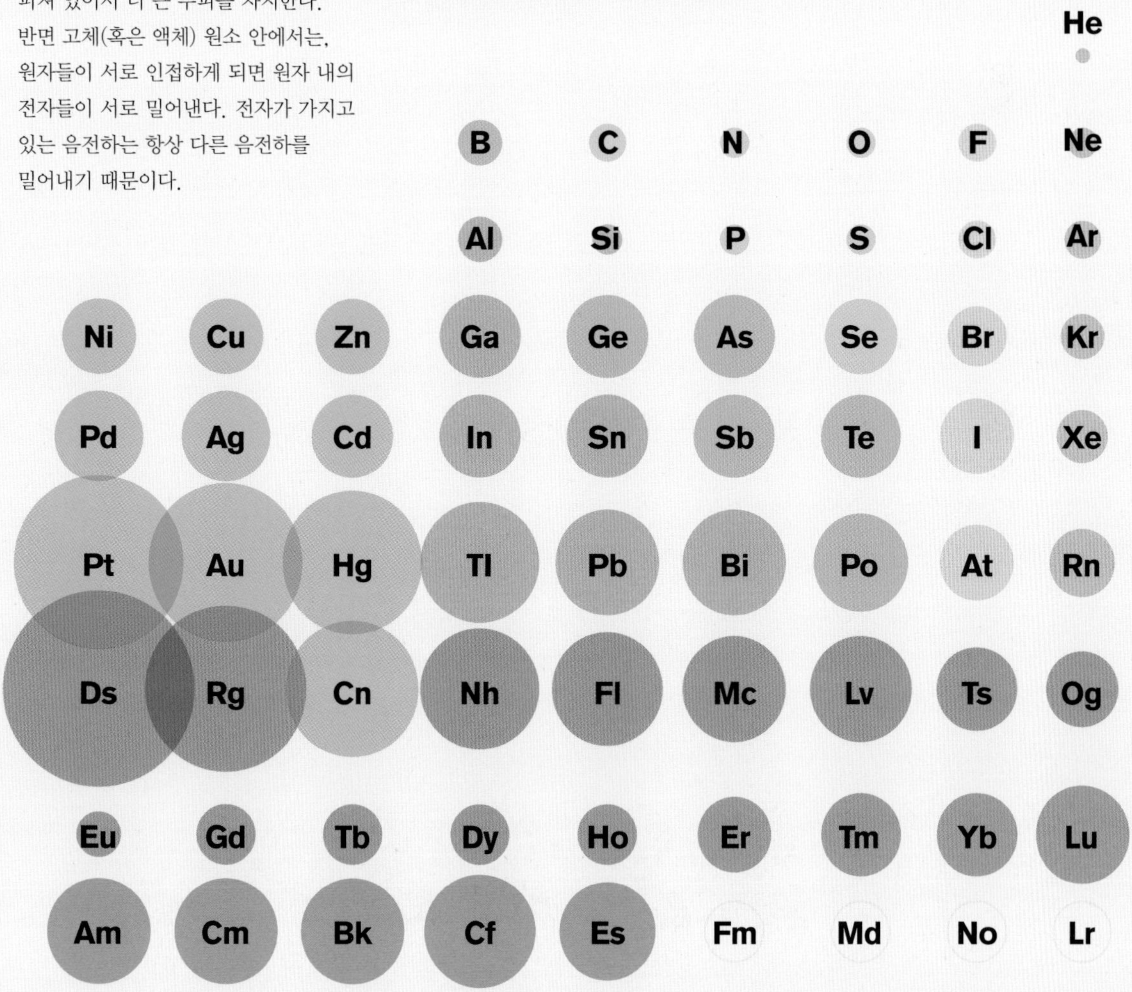

He

B C N O F Ne

Al Si P S Cl Ar

Ni Cu Zn Ga Ge As Se Br Kr

Pd Ag Cd In Sn Sb Te I Xe

Pt Au Hg Tl Pb Bi Po At Rn

Ds Rg Cn Nh Fl Mc Lv Ts Og

Eu Gd Tb Dy Ho Er Tm Yb Lu

Am Cm Bk Cf Es Fm Md No Lr

밀도 비교

2

밀도는 어떤 대상의 질량(또는 무게)을 부피로 나눈 값이다. 밀도의 기준은 바로 물이다. 원소의 밀도를 가장 쉽게 이해하기 위해서는 물의 밀도와 비교하면 된다. 원소가 물 위로 뜨면 물보다 밀도가 낮은 것이고, 가라앉으면 밀도가 더 높은 것이다.

원자 번호에 따른 밀도 변화

아래 차트는 밀도가 원자 번호(즉, 원자의 질량)에 따라 어떻게 변화하는지를 보여준다. 각각의 봉우리는 주기율표에서 주기, 혹은 가로줄을 나타낸다. 같은 주기 안에서 원소의 밀도는 중앙으로 갈수록 증가하다가 다시 감소하면서 주기의 마지막 원소에서 가장 낮아진다. 밀도의 최저점에 있는 원소들은 18족 비활성 기체들이다. 수소는 예외적으로 주기율표에서 가장 먼저 나오는 원소이면서 가장 밀도가 낮은 원소이다.

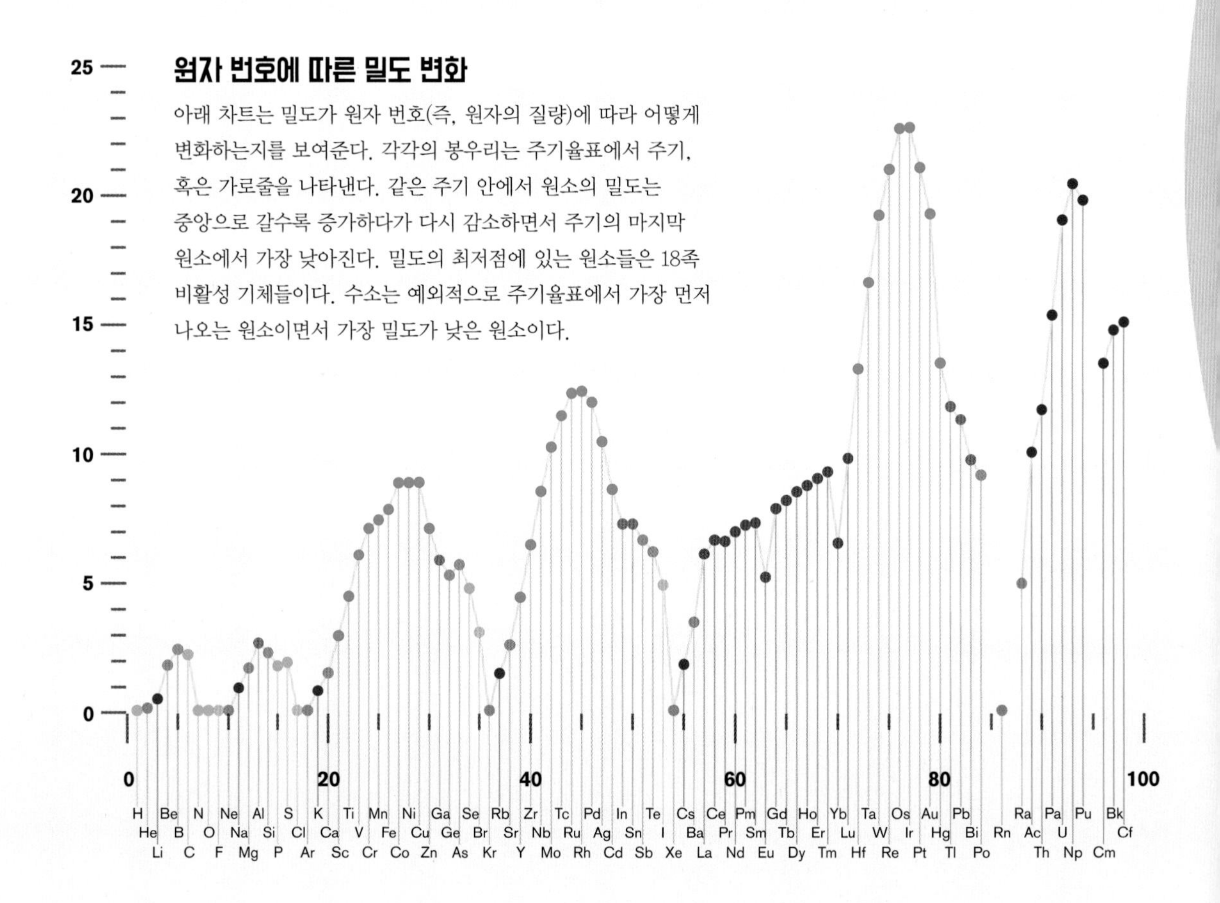

물과 밀도

질량과 부피는 각각 킬로그램(kg)과 리터(L)로 나타낸다. 1L는 1,000mL이고, 1mL는 1cc와 같다. 흥미롭게도 물 1L의 무게는 1kg이고, 그 결과 물의 밀도는 1kg/L이다(즉, 1g/cc). 다른 물질의 밀도도 이와 동일한 방식으로 측정한다. 이 도표는 물 1g과 같은 부피를 차지하는 여러 원소들의 질량을 비교한 것이다.

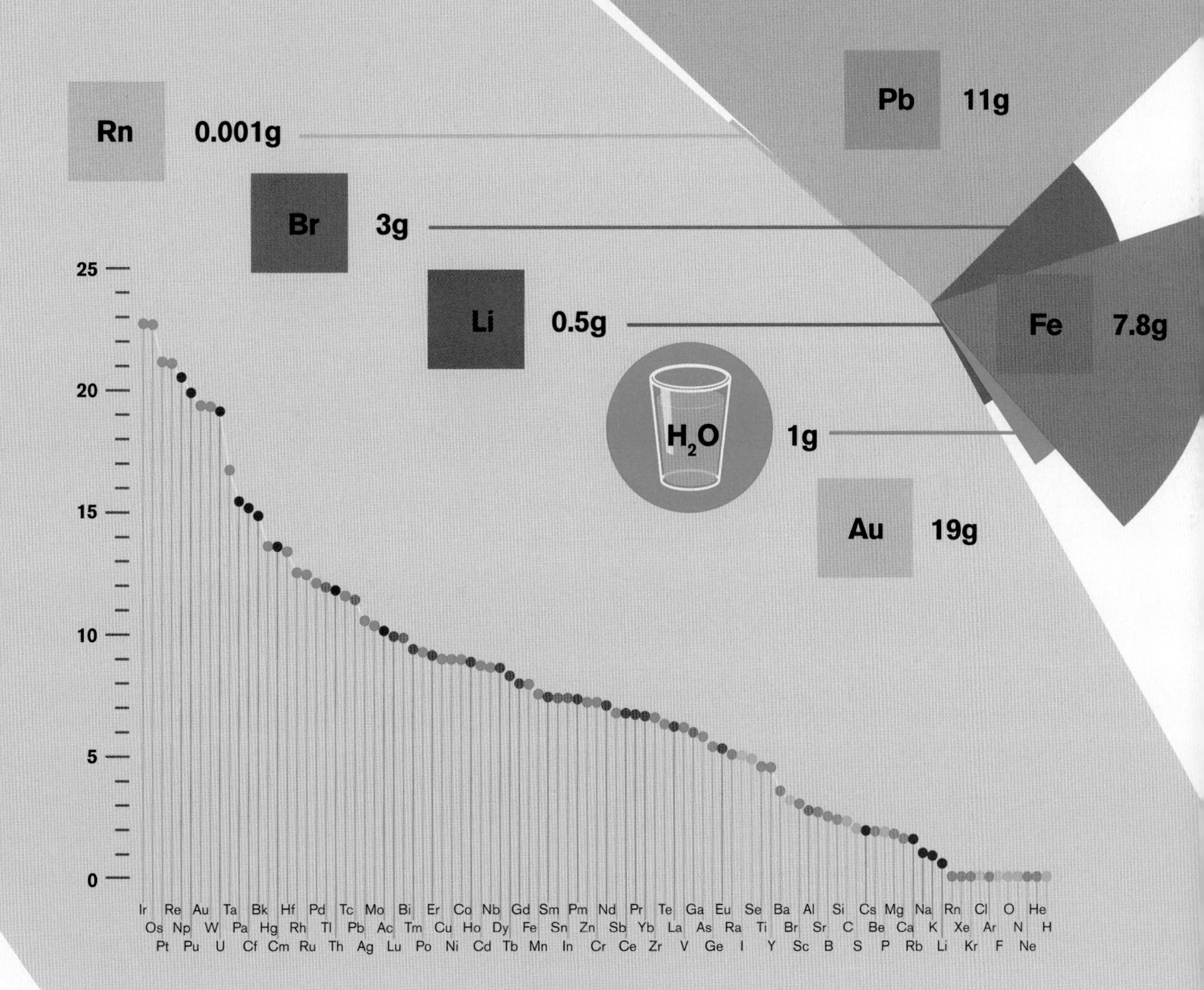

원소별 밀도 순위

이 도표는 원소를 밀도에 따라 배열한 것이다. d-구역과 f-구역의 금속 원소들이 주로 왼쪽을 차지하고, 기체 원소들이 오른쪽에 있다.

지구를 구성하는 원소

2

천문학자들은 지구에 존재하는 원소들이 우주에도 존재한다는 사실을 알아냈다. 그러나 이 원소들은 우주에 골고루 퍼져 있지는 않으며, 이는 지구에서도 마찬가지이다. 지구의 원소 구성은 지구 구조의 어느 부위냐에 따라 큰 차이를 보인다.

지구 내부는 중심핵, 맨틀, 지각이라는 세 부분으로 뚜렷이 구분된다. 중심핵은 무거운 금속 원소들로 이루어져 있는데, 이들은 처음 지구가 생성되던 시기 용융된 암석들이 끓을 때 무게 때문에 아래로 가라앉았던 원소들이다. 지구의 중심부는 여전히 용융 상태이다. 동시에 규소, 알루미늄, 산소 같은 상대적으로 가벼운 원소들은 지구의 표면 쪽으로 올라왔다. 이후 지구의 바깥쪽이 식으면서 이 원소들은 단단하게 굳어져 암석으로 된 견고한 지각을 형성했다. 지구의 표면은 물로 이루어진 바다로도 덮여 있다. 그리고 그 위는 두꺼운 공기층으로 이루어져 있다. 이들은 모두 각각 고유의 원소 구성 비율을 유지하고 있다.

대기

- N_2 78%
- O_2 20.9%
- Ar 0.9%

바다

- O 85.7%
- H 10.8%
- Cl 1.9%
- Na 1.1%
- Mg 0.1%

지각

- O 46%
- Si 27%
- Al 8.2%
- Fe 6.3%
- Ca 5.0%
- Mg 2.9%
- Na 2.3%
- K 1.5%

질량에 따른 원소 구성비

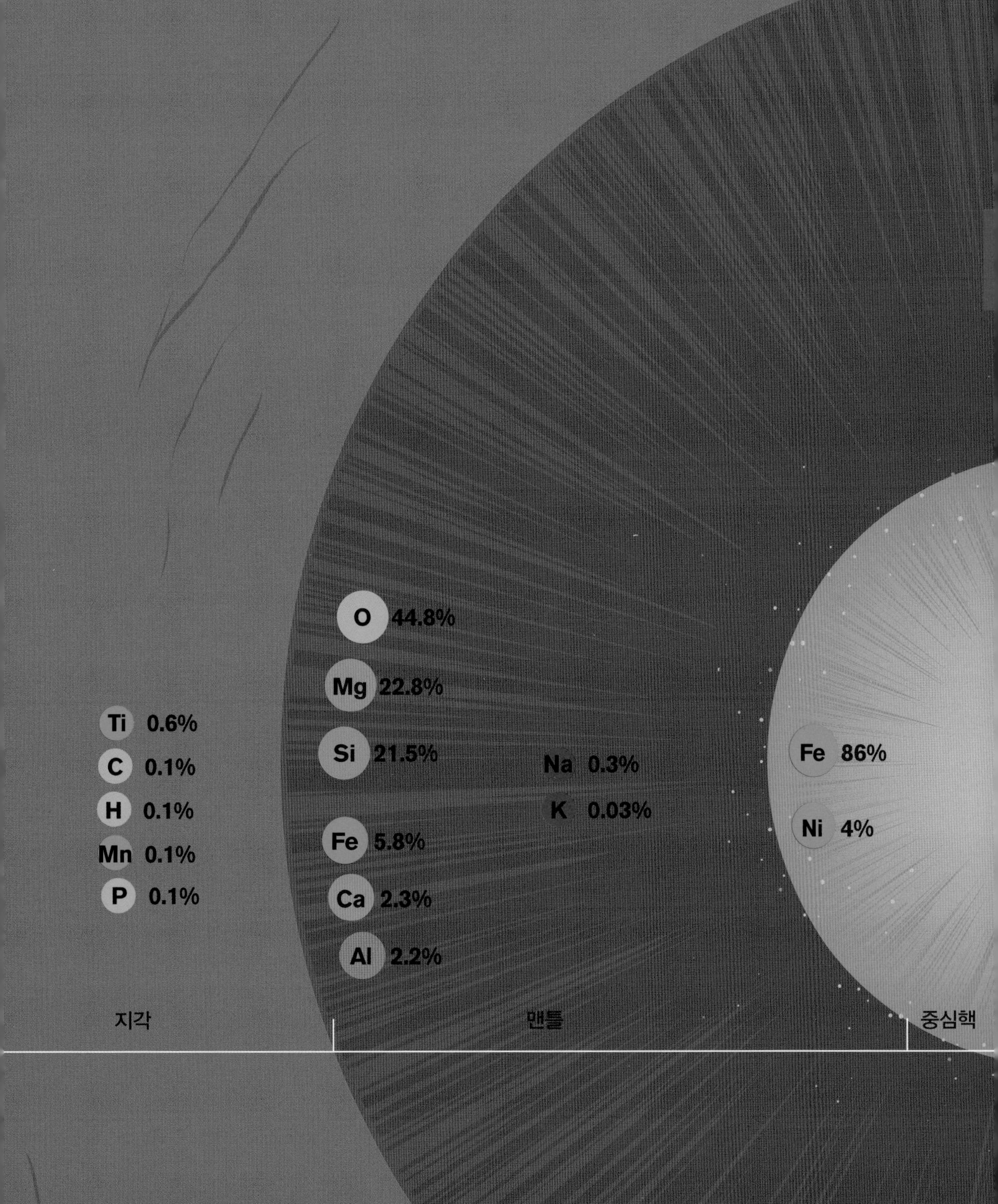
Ti 0.6%
C 0.1%
H 0.1%
Mn 0.1%
P 0.1%
O 44.8%
Mg 22.8%
Si 21.5%
Fe 5.8%
Ca 2.3%
Al 2.2%
Na 0.3%
K 0.03%
Fe 86%
Ni 4%
지각
맨틀
중심핵

인체의 원소 구성

2

다른 모든 물질들과 마찬가지로 인체 역시 화학물질들로 이루어져 있다. 1820년대 이전에는 화학과는 무관한 '생명력(vital force)'이 인체의 각종 프로세스들을 관장하는 것으로 여겨졌었다. 그러나 이제는 매우 복잡하기는 하지만 인체에서도 우리 주변의 다른 것들과 동일한 방식의 화학 반응이 일어난다는 사실을 알게 되었다.

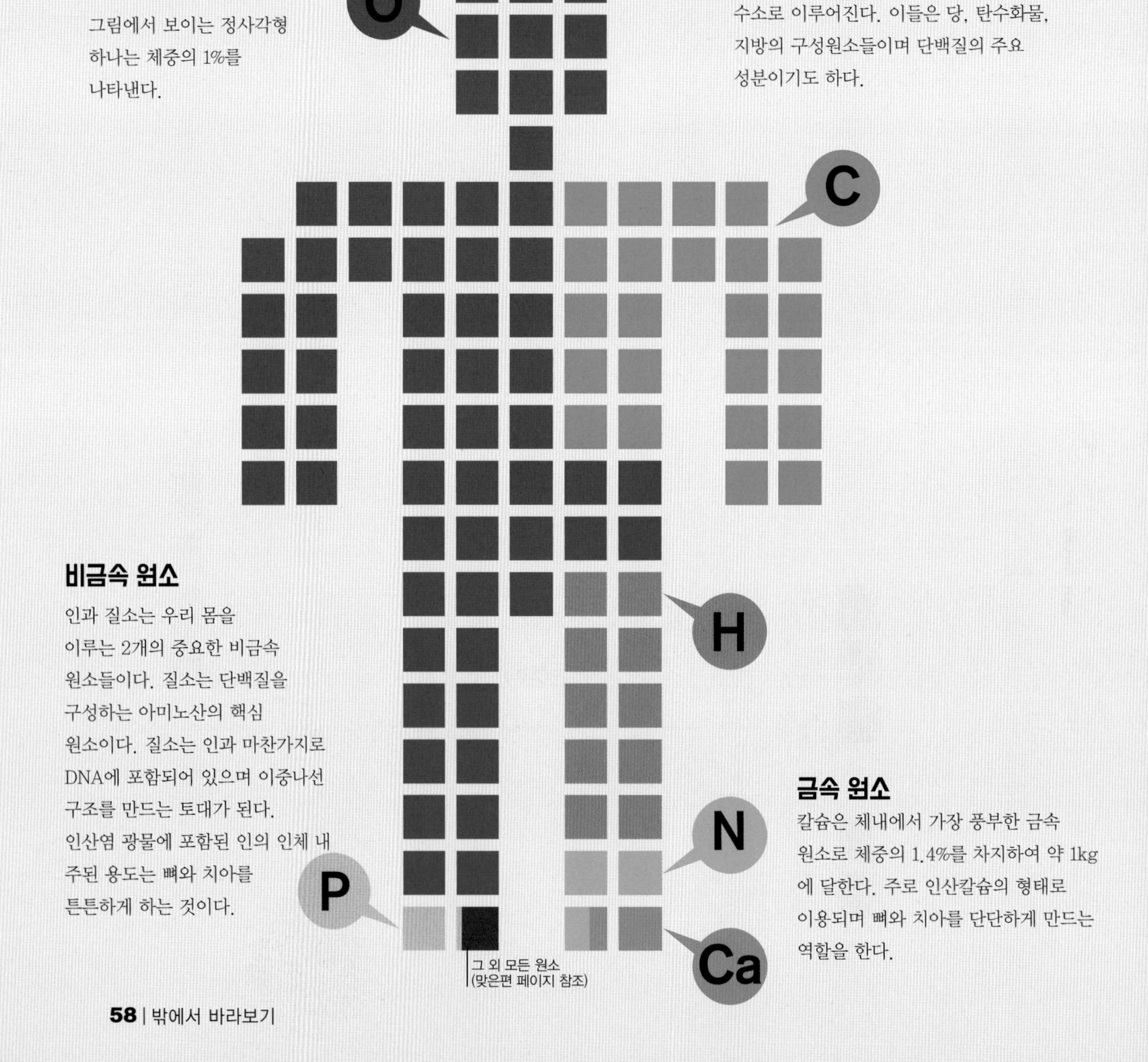

정사각형으로 정리

그림에서 보이는 정사각형 하나는 체중의 1%를 나타낸다.

체중의 94%는 산소와 탄소, 수소로 이루어진다. 이들은 당, 탄수화물, 지방의 구성원소들이며 단백질의 주요 성분이기도 하다.

비금속 원소

인과 질소는 우리 몸을 이루는 2개의 중요한 비금속 원소들이다. 질소는 단백질을 구성하는 아미노산의 핵심 원소이다. 질소는 인과 마찬가지로 DNA에 포함되어 있으며 이중나선 구조를 만드는 토대가 된다. 인산염 광물에 포함된 인의 인체 내 주된 용도는 뼈와 치아를 튼튼하게 하는 것이다.

금속 원소

칼슘은 체내에서 가장 풍부한 금속 원소로 체중의 1.4%를 차지하여 약 1kg에 달한다. 주로 인산칼슘의 형태로 이용되며 뼈와 치아를 단단하게 만드는 역할을 한다.

원소로 이루어진 인체

인체는 60종의 원소들로 구성된다. 이 중 산소, 탄소, 수소, 질소, 인, 칼슘의 여섯 원소가 체중의 99%를 차지한다. 0.85%는 포타슘, 황, 소듐, 염소, 마그네슘으로 이루어져 있고, 미량 원소로 알려진 나머지 49개 원소들이 나머지 0.15%, 즉 10g 가량만을 구성한다.

목적을 가진 원소들

미량 원소들 중 18가지는 그 기능이 밝혀졌거나 혹은 추정할 수 있는 것들이다. 비소, 코발트, 플루오린 등이 여기에 포함되는데, 모두 체내에 과량으로 존재할 경우 치명적인 원소들이다.

= 인체 내 중요한 기능(왼쪽 페이지 참고)

= 인체 내 알려진 기능

= 인체 내 기능 없음

= 인체 내 기능 추정

= 인체 내 부재

목적이 불분명한 원소들

나머지 31개의 미량 원소들은 그 역할이 밝혀지지 않았을 뿐 아니라 극소량만 존재한다. 금, 세슘, 우라늄 등이 여기에 포함되는데 음식물을 통해 지속적으로 유입되는 불순물로 보여진다.

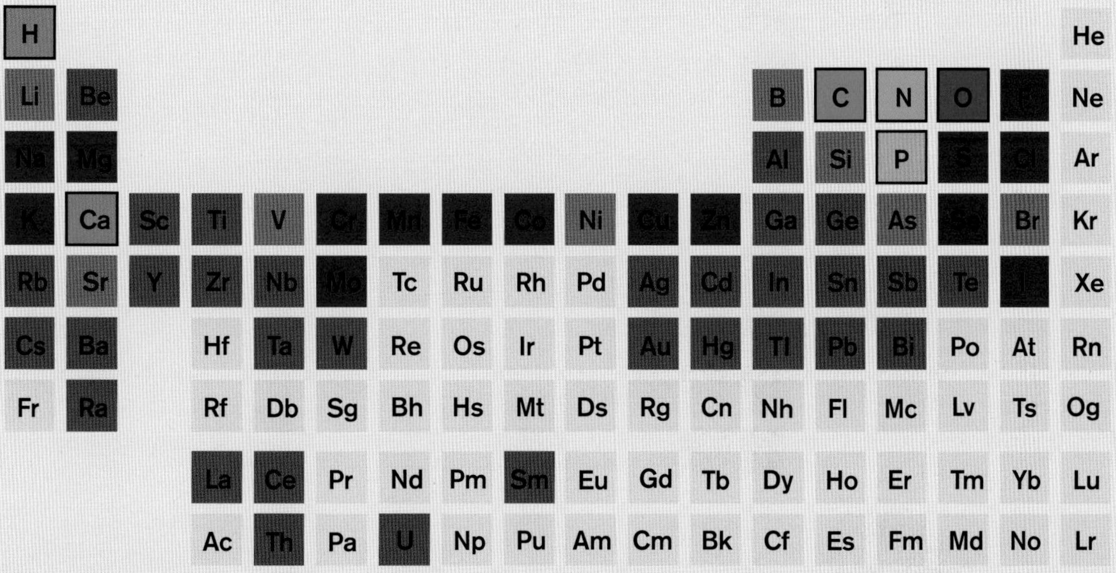

H																	He
Li	Be											B	C	N	O	F	Ne
Na	Mg											Al	Si	P	S	Cl	Ar
K	Ca	Sc	Ti	V	Cr	Mn	Fe	Co	Ni	Cu	Zn	Ga	Ge	As	Se	Br	Kr
Rb	Sr	Y	Zr	Nb	Mo	Tc	Ru	Rh	Pd	Ag	Cd	In	Sn	Sb	Te	I	Xe
Cs	Ba		Hf	Ta	W	Re	Os	Ir	Pt	Au	Hg	Tl	Pb	Bi	Po	At	Rn
Fr	Ra		Rf	Db	Sg	Bh	Hs	Mt	Ds	Rg	Cn	Nh	Fl	Mc	Lv	Ts	Og
			La	Ce	Pr	Nd	Pm	Sm	Eu	Gd	Tb	Dy	Ho	Er	Tm	Yb	Lu
			Ac	Th	Pa	U	Np	Pu	Am	Cm	Bk	Cf	Es	Fm	Md	No	Lr

상태 변화

2

모든 원소는 표준 상태 (25°C, 1기압)에서 고체, 액체 또는 기체 중 하나의 일정한 상태를 갖는다. 그러나 원소에 열 에너지를 가하거나 빼앗으면 원소는 녹거나 얼기도 하고, 끓거나 응결되면서 상태가 변화한다.

녹는점

아래 도표는 각 원소의 녹는점을 섭씨 (°C)로 나타낸다. 원소의 대다수는 녹는점이 25°C 이상(일부 원소들은 거의 25°C에서)으로 표준 상태에서는 고체이다. 일반적으로 무거운 전이금속의 녹는점이 높지만, 가장 높은 온도에서 고체 상태를 유지하는 원소는 바로 탄소이다. 탄소는 녹아서 액체가 되는 경우가 드물며 대개 고체에서 기체로 바로 승화한다. 고체에서 액체로 변하는 원소 중에서는 텅스텐의 녹는점이 가장 높다.

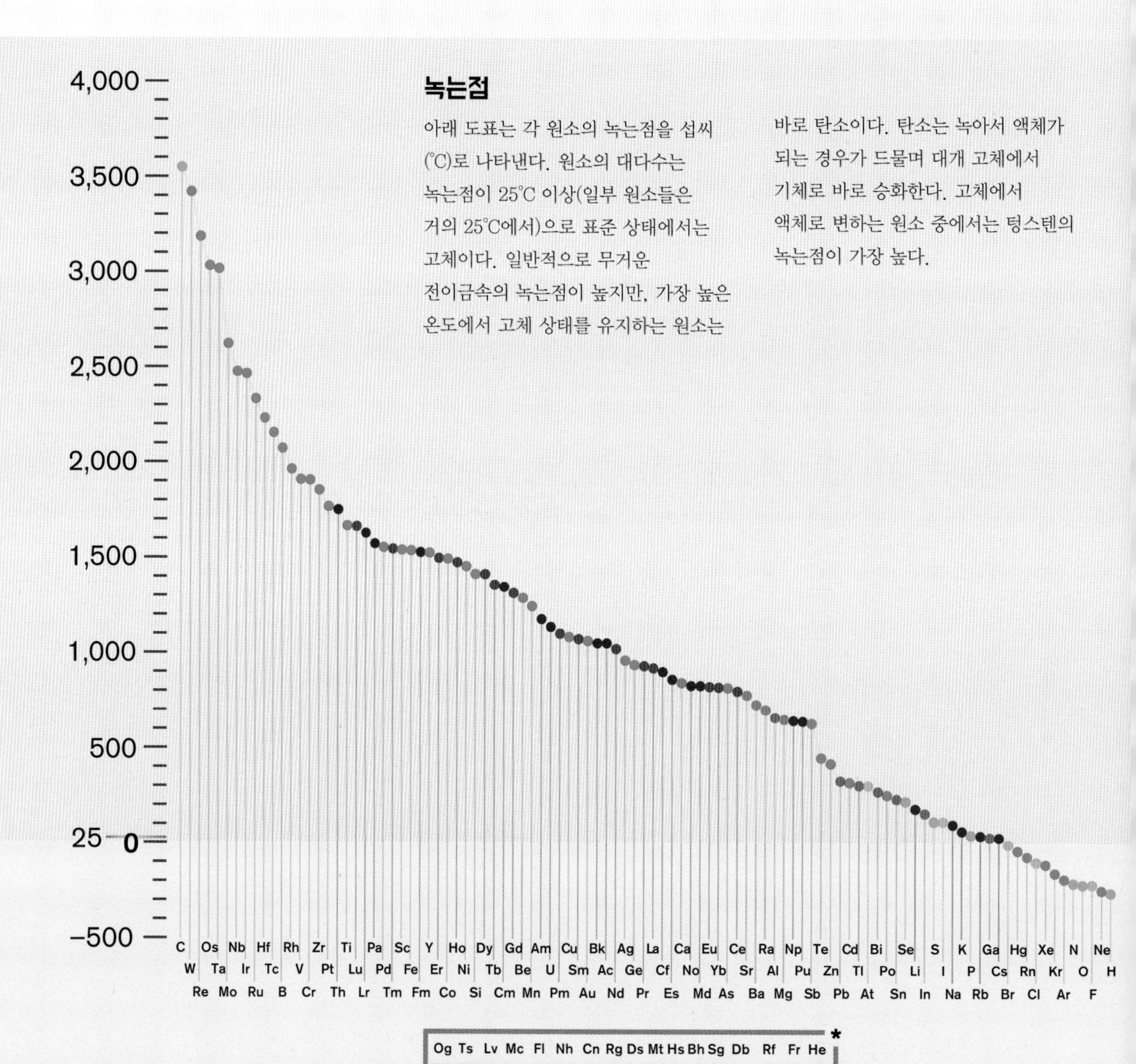

끓는점

아래 도표는 각 원소의 끓는점을 섭씨(℃)로 나타낸다. 끓는점이 25℃보다 낮은(대개 이보다 훨씬 낮음) 원소는 기체이다. 녹는점과 마찬가지로 밀도가 높은 전이금속들의 끓는점이 높은데, 치열한 경쟁 끝에 레늄이 근소한 차이로 텅스텐을 제치고 끓는점이 가장 높은 원소가 되는 영광을 차지했다.

희귀한 액체

이 도표를 자세히 들여다 보면 브로민과 수은 두 원소만 표준 상태에서 액체라는 사실을 알 수 있다.

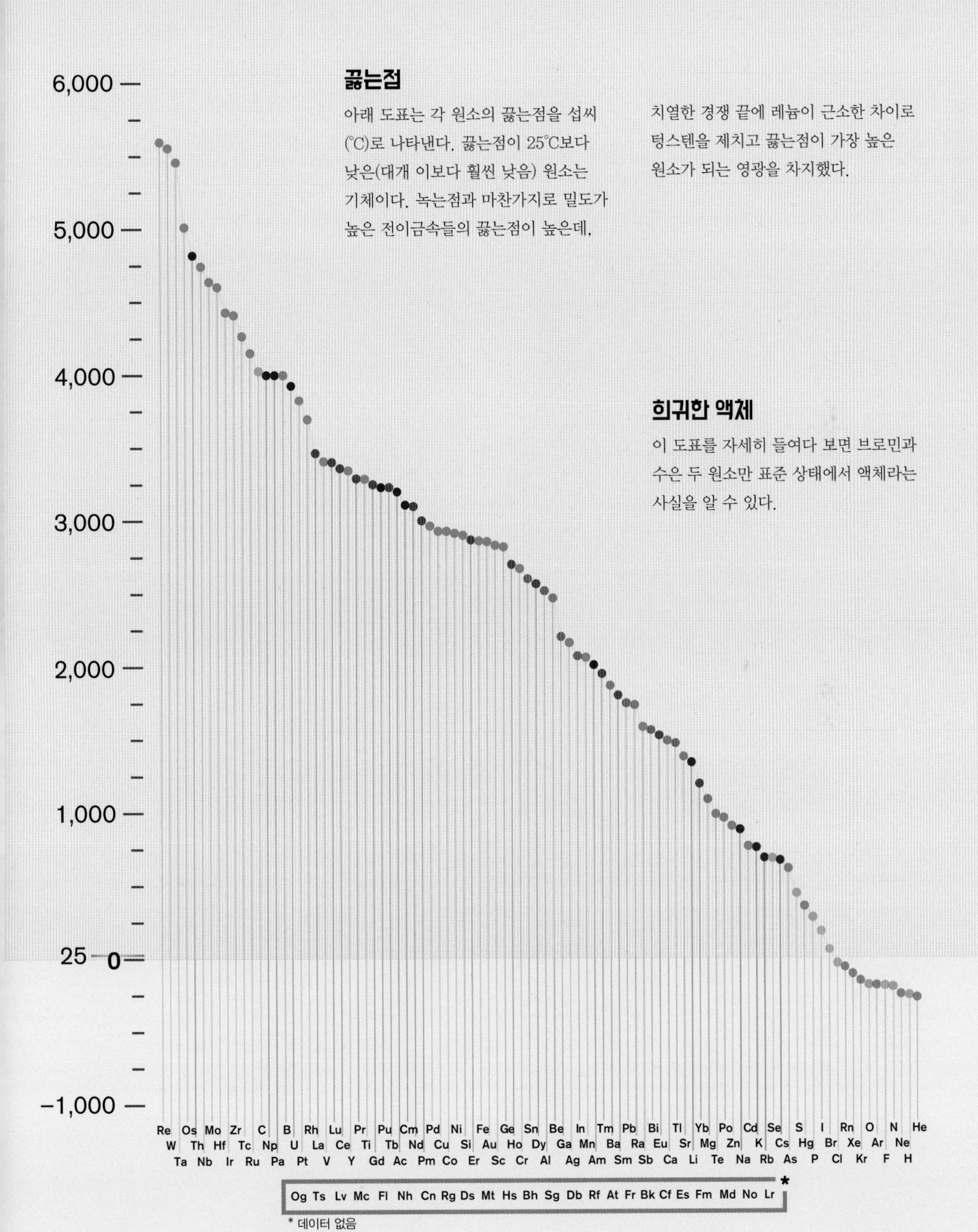

반응성

2

화학반응은 원소가 최외각 전자껍질에 전자를 가득 채우거나 최외각 전자껍질을 완전히 비우려는 성향으로 인해 일어난다. 비금속은 다른 원자에서 받은 전자로 최외각 전자껍질을 채워서 화학반응을 일으키지만, 금속의 화학반응은 최외각 전자를 주면서 일어난다. 가장 반응성이 큰 원소들은 가장 쉽게 전자를 주고 받을 수 있는 원소들이다.

물과 반응
산과 반응
산소와 반응

2.1 H
1.0 Li
1.5 Be
0.9 Na
1.2 Mg
0.8 K
1.0 Ca
1.3 Sc
1.5 Ti
1.6 V
1.6 Cr
1.5 Mn
1.8 Fe
1.9 Co
0.8 Rb
1.0 Sr
1.2 Y
1.4 Zr
1.6 Nb
1.8 Mo
1.9 Tc
2.2 Ru
2.2 Rh
0.7 Cs
0.9 Ba
1.3 Hf
1.5 Ta
1.7 W
1.9 Re
2.2 Os
2.2 Ir
0.7 Fr
0.9 Ra
Rf
Db
Sg
Bh
Hs
Mt
1.1 La
1.1 Ce
1.1 Pr
1.1 Nd
Pm
1.2 Sm
1.1 Ac
1.3 Th
1.5 Pa
1.4 U
1.4 Np
1.3 Pu

전기음성도

이 그림은 원소의 전기음성도를 나타낸다. 전기음성도란 원자가 전자를 받아들이려 하는 정도를 나타낸 것으로, 금속 원소들은 최외각 전자껍질에 전자가 거의 없기 때문에 전자를 더 받는 것을 주저한다. 반면 비금속 원소들은 최외각 전자껍질이 거의 다 차 있어서 전자를 더 받아 껍질을 가득 채우고 싶어한다.

금속의 반응성

아래 도표는 일부 금속 원소들의 상대적 반응성을 나타낸 것이다. 반응성이 큰 원소는 차가운 물과 산, 산소 모두와 반응하지만, 반응성이 가장 작은 원소는 어느 것과도 반응하지 않는다

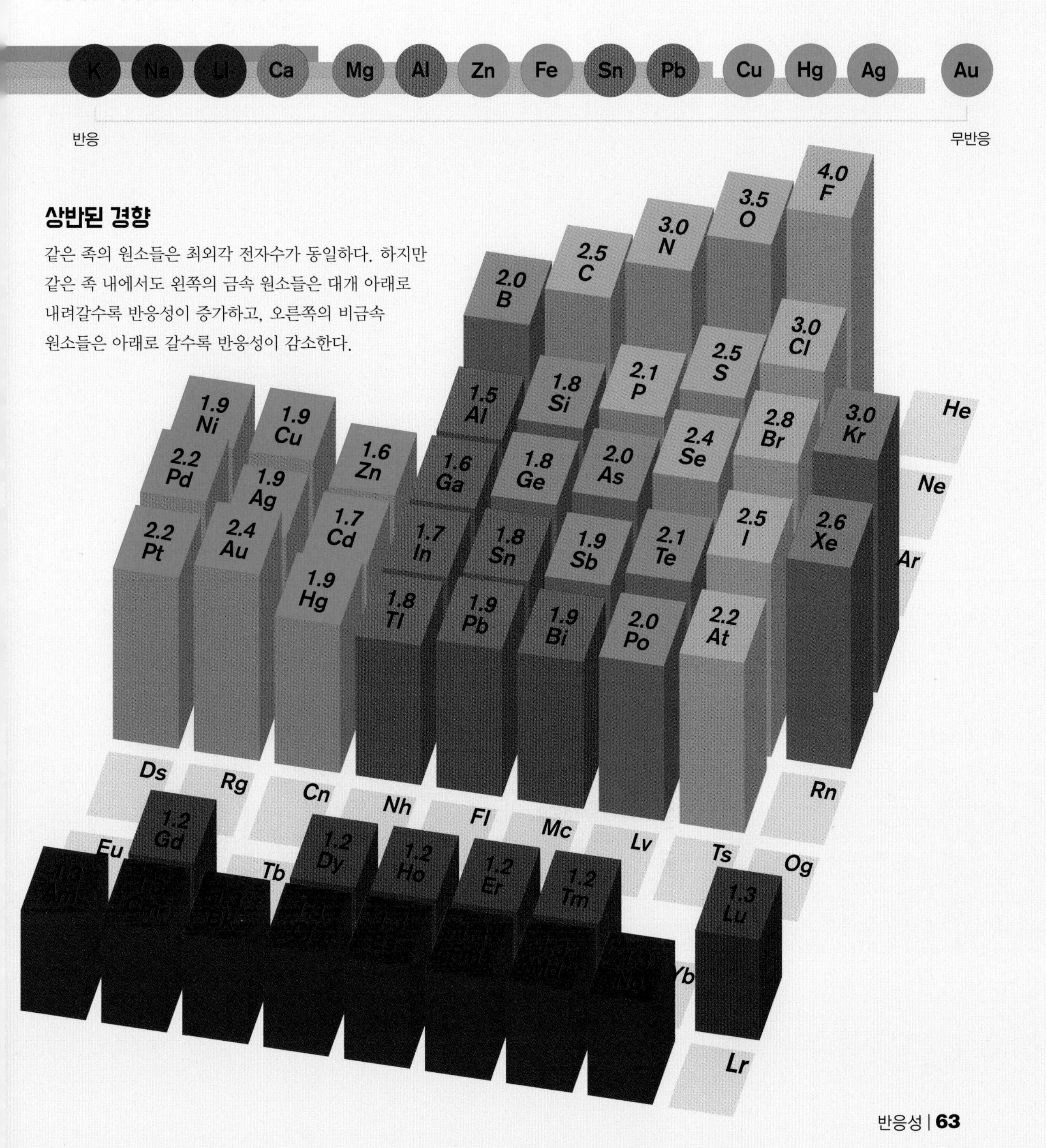

상반된 경향

같은 족의 원소들은 최외각 전자수가 동일하다. 하지만 같은 족 내에서도 왼쪽의 금속 원소들은 대개 아래로 내려갈수록 반응성이 증가하고, 오른쪽의 비금속 원소들은 아래로 갈수록 반응성이 감소한다.

경도

2

물질의 경도를 정량화하는 것은 쉽지 않은 일이기에 다양한 방법이 동원된다. 가장 간단한 방법은 모스 경도계(Mohs' Scale)를 이용하는 것인데, 이것은 자연에서 순수한 상태로 발견되는 열 개의 광물을 기준으로 물질의 경도를 비교하는 방법이다.

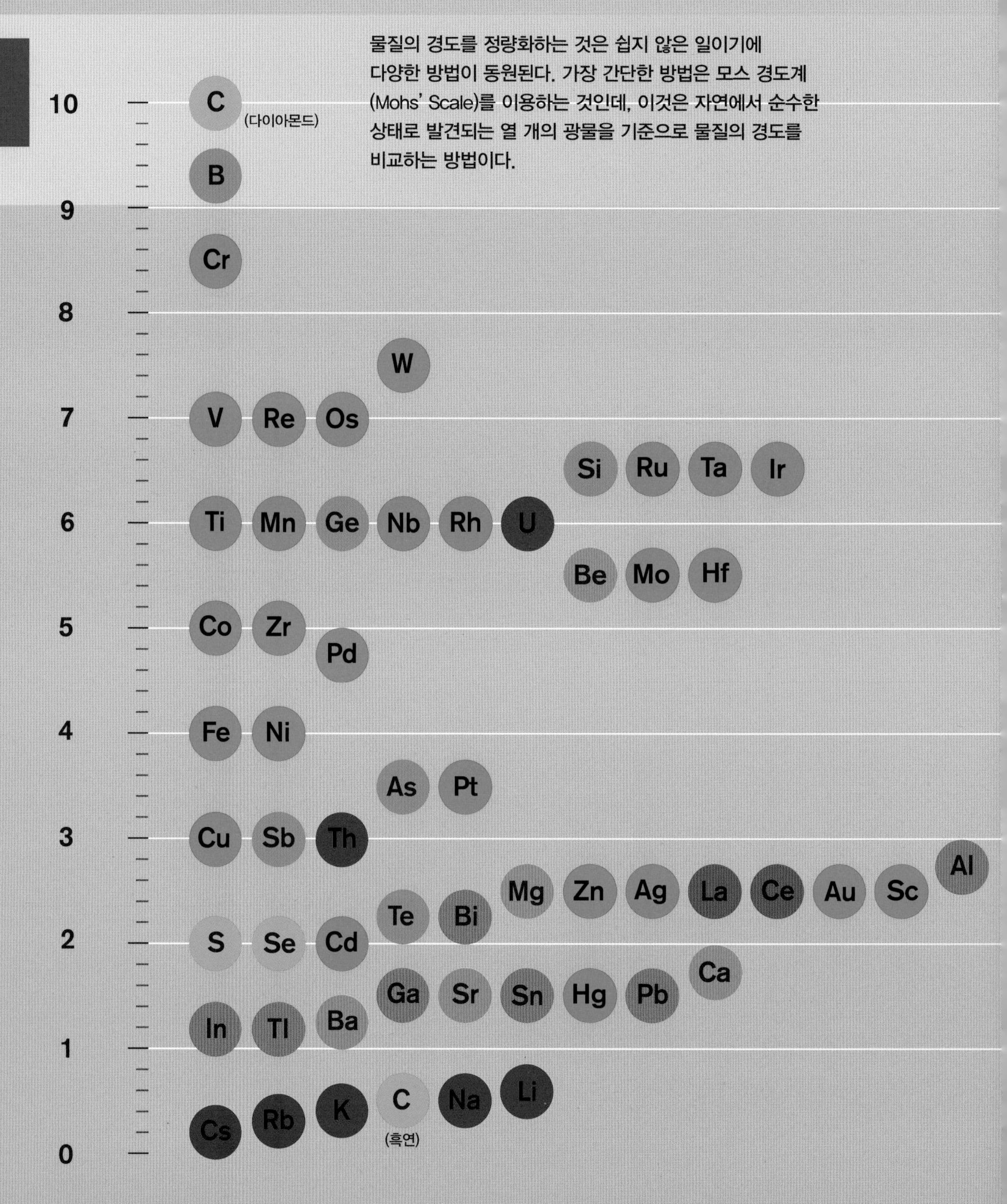

스크래치 테스트

기준이 되는 광물 중 하나를 골라 순수한 고체 원소 물질에 대고 긁어본다. 기준 광물에 스크래치가 생긴다면 원소가 기준 광물보다 더 단단하다는 뜻이므로 모스 경도계의 다음 단계 광물로 다시 해본다. 이런 식으로 하다 보면 결국 원소에 스크래치가 발생할 것이며, 원소의 대략적인 경도를 가늠할 수 있게 된다. 좀 더 정확한 결과를 얻기 위해서 다양한 다른 광물을 함께 이용해 본다.

측정이 아닌 비교

모스 경도계는 간단하고 효과적인 방법이지만 상대적인 비교만 가능할 뿐 정확한 값은 알기 어렵다. 실제로 활석(경도 1)은 다이아몬드(경도 10)보다 열 배가 아니라 수천 배 더 무르다. 모스 경도계는 고체 원소만을 대상으로 한다. 하지만 희귀하거나 방사능이 있어 이러한 방법을 적용하기 어려운 고체 원소도 많다.

활석

Cm	Am	Pu	Np	Pa	Ac	Rn	At	Po	Xe	I	Tc	Kr	Br	Ar	Cl	P	F	O	N	He	H
Cf	Bk	Og	Ts	Lv	Mc	Fl	Nh	Cn	Rg	Ds	Mt	Hs	Bh	Sg	Db	Rf	Lr	No	Md	Fm	Es

* 데이터 없음

강도

2

원소의 강도를 측정하는 것도 복잡한 일이다. 어떤 원소가 얼마나 강한지 측정하는 데에는 크게 두 가지 방법이 있는데, 하나는 (당기듯이) 장력을 주고 측정하는 것이고, 다른 하나는 (쥐어짜듯) 압력을 주어 측정하는 것이다. 금속은 장력과 압력 모두에 강하지만, 비금속은 압력에만 견딜 수 있다.

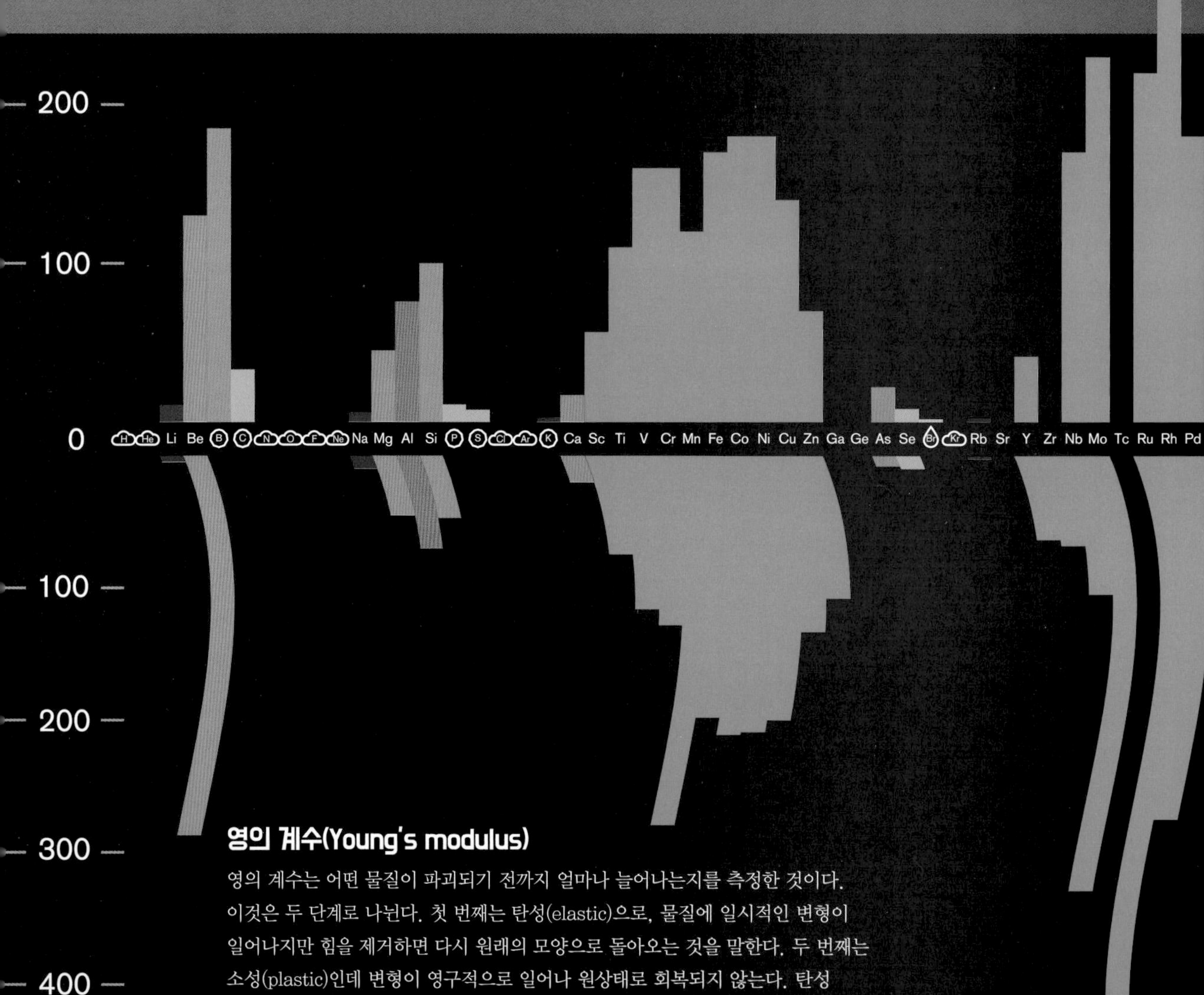

영의 계수(Young's modulus)

영의 계수는 어떤 물질이 파괴되기 전까지 얼마나 늘어나는지를 측정한 것이다. 이것은 두 단계로 나뉜다. 첫 번째는 탄성(elastic)으로, 물질에 일시적인 변형이 일어나지만 힘을 제거하면 다시 원래의 모양으로 돌아오는 것을 말한다. 두 번째는 소성(plastic)인데 변형이 영구적으로 일어나 원상태로 회복되지 않는다. 탄성 변형에서 소성 변형으로 변하는 지점을 항복점(yield point)이라 한다. 진정한 의미의 탄성 원소는 세상에 존재하지 않는다. 금과 같이 연성이 높은 금속은 항복점을 훨씬 넘어서도 늘어나면서 부러지지 않는다. 반면 철과 같이 취성(brittle)이 높은 금속은 변형이 시작되고 얼마 지나지 않아 더 이상 늘어나지 않고 부러진다.

부피 탄성 계수(Bulk modulus)

물체 표면에 가해지는 압력 증가에 따른 부피 감소의 정도를 비교하여 압축강도를 측정한 수치이다. 구체적으로는 부피 1% 감소에 필요한 압력을 가리킨다.

Ag Cd In Sn Sb Te I Xe Cs Ba La Ce Pr Nd Pm Sm Eu Gd Tb Dy Ho Er Tm Yb Lu Hf Ta W Re Os Ir Pt Au Hg Tl Pb Bi Po At Rn Fr Ra Ac Th Pa U Np Pu

다른 종류의 강도 측정과는 달리, 부피 탄성 계수는 액체에 대해서도 의미 있는 결과를 부여하며, 심지어는 기체 혼합물의 성질을 비교하는 데에도 쓰인다. 액체, 기체 및 결정성 고체의 영의 계수를 측정하는 것은 의미가 없다.

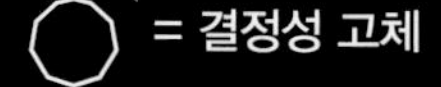
= 결정성 고체

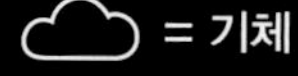
= 기체

= 액체

= 방사성 원소

전도율

2

전도율에는 전기 전도율과 열 전도율 두 가지가 있다. 어떤 원소가 전기와 열 중 한 가지에 대해 좋은 전도체라면, 다른 것에 대한 전도율도 좋을 가능성이 높다. 그러나 이 규칙에는 몇 가지 예외가 존재하는데, 이들이 과학과 기술 분야 그리고 일상 생활에 큰 영향을 끼쳐왔다.

열의 전달

열은 원자의 움직임이라 할 수 있다. 어떤 원소가 점점 뜨거워진다면 이 원소의 원자가 더 활발하게 움직인다는 뜻이다. 원자들이 서로 결합해 있는 고체 원소가 뜨거워지면, 원자들은 앞뒤로 더욱 격렬히 진동하게 된다. 그러므로 열 전도율이 좋은 물질이란, 이러한 원자의 진동이 이웃하는 다른 원자로 잘 전달되는 물질을 의미한다.

전류의 흐름

전기란 어떤 물질을 통과해 흐르는 전하의 움직임을 뜻한다. 대개 음전하를 갖는 전자가 파동의 형태로 물질을 통과하게 된다. 금속은 가장 좋은 전기 전도체인데, 금속 원자들은 최외각 전자가 몇 개 없어서 이들이 쉽게 떨어져 나와 전류를 형성할 수 있기 때문이다. 비금속 원자들은 좀 더 강하게 전자를 붙잡고 있기 때문에 이들이 떨어져 나와 전류를 형성하려면 훨씬 더 많은 전기적 힘, 즉 전압이 필요하다.

47 Ag 은 | 29 Cu 구리

가장 전도율이 좋은 원소는 은과 구리이다. 금속은 열 전도율이 가장 좋은 편인데, 이는 금속 원자가 자유롭게 움직이면서 다른 원자로 에너지를 전달하기 쉽기 때문이다. 은과 구리 원자는 최외각 전자가 1개 밖에 없어서 쉽게 떨어져 나가 전류를 전달할 수 있다.

54 Xe 제논 | 86 Rn 라돈

밀도가 큰 기체인 제논과 라돈은 열 전도율이 가장 낮다. 이것은 이들 원자가 무겁고 움직임이 둔해서 다른 원자와 전혀 결합하지 않기 때문이다. 모든 기체 원소는 비금속이고 따라서 전기 전도율이 매우 낮다.

14 Si 규소 | 32 Ge 저마늄

규소와 저마늄은 다른 원소들과 뚜렷이 구분되는 특징을 지닌다. 이들은 금속처럼 열 전도율은 좋지만, 전기 전도율은 비금속과 마찬가지로 그다지 좋지 않다. 이들 원소들은 4개의 최외각 전자를 가지고 있으며, 금속과 비금속 사이에 위치해 있어서 반금속(semimetal)으로 불린다. 두 원소 모두 반도체 물질의 주 공급원이다. 반도체는 도체와 부도체 간의 변환이 가능한 특징으로 인해 전자공학과 컴퓨터 기술 발전의 근간이 된다. 반도체에 주석, 붕소와 같은 도펀트(dopant; 반도체에 의도적으로 첨가하는 미세한 불순물)를 소량 포함시켜 전류 흐름을 제어할 수 있다

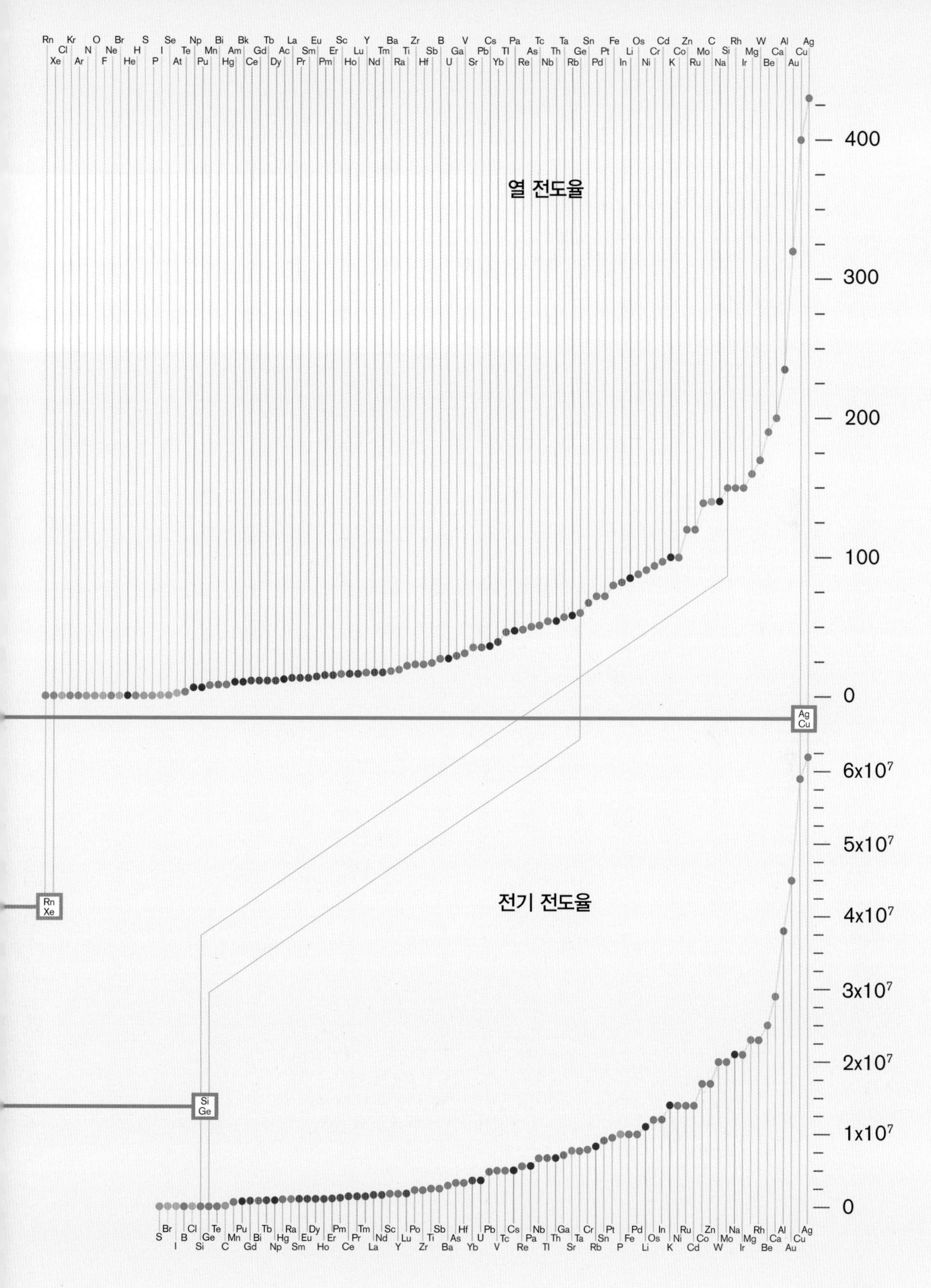
열 전도율
전기 전도율
400
300
200
100
0
6x10^7
5x10^7
4x10^7
3x10^7
2x10^7
1x10^7
0
Ag Cu
Rn Xe
Si Ge

자성

2

모든 원소에는 자성(magnetism)이 존재하지만 너무 약하기 때문에 일상 생활에서는 자각하기 어렵다. 네 가지 종류의 자기 효과가 있는데 이들은 강자성, 상자성, 반자성, 그리고 반강자성이다.

누적 효과

모든 원소에 있는 모든 원자들은 자기장을 만든다. 그러나 이 자기장은 매우 약하고 일정한 방향이 없기 때문에, 생성된 자력을 다 합쳐봐야 거의 없는 것이나 마찬가지이다. 하지만 만약 자기장 안에 원소를 둔다면 원자들은 방향을 바꾸어 일정한 방향으로 줄을 맞추는데, 이것이 원소의 자기적 성질을 나타낸다.

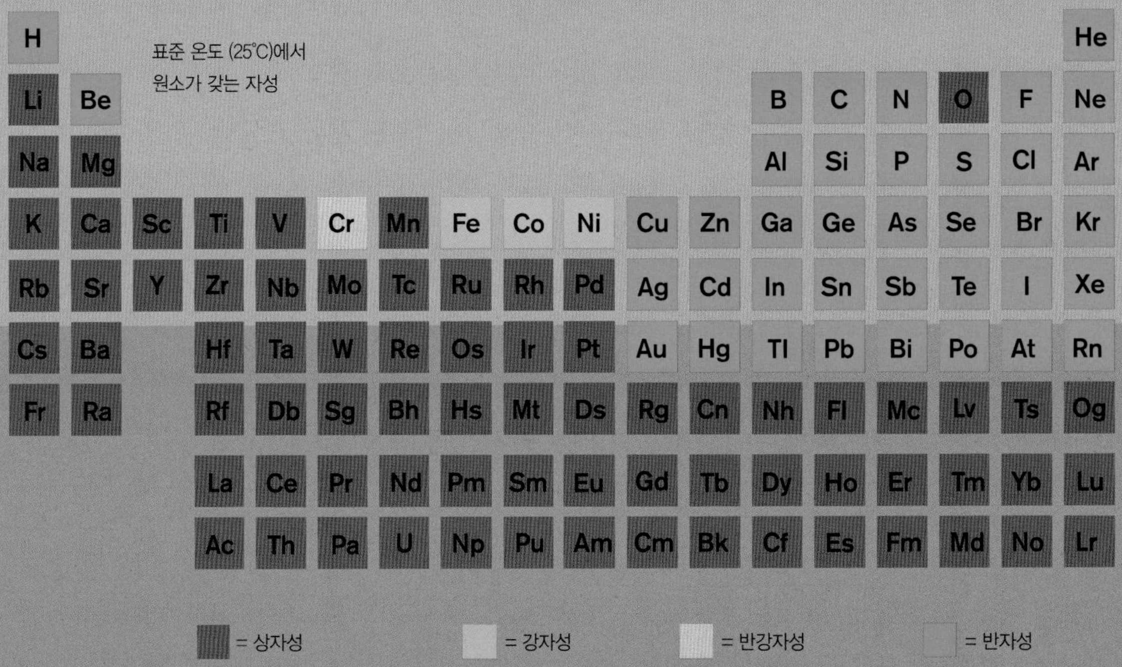

표준 온도 (25˚C)에서 원소가 갖는 자성

H																	He
Li	Be											B	C	N	O	F	Ne
Na	Mg											Al	Si	P	S	Cl	Ar
K	Ca	Sc	Ti	V	Cr	Mn	Fe	Co	Ni	Cu	Zn	Ga	Ge	As	Se	Br	Kr
Rb	Sr	Y	Zr	Nb	Mo	Tc	Ru	Rh	Pd	Ag	Cd	In	Sn	Sb	Te	I	Xe
Cs	Ba		Hf	Ta	W	Re	Os	Ir	Pt	Au	Hg	Tl	Pb	Bi	Po	At	Rn
Fr	Ra		Rf	Db	Sg	Bh	Hs	Mt	Ds	Rg	Cn	Nh	Fl	Mc	Lv	Ts	Og
			La	Ce	Pr	Nd	Pm	Sm	Eu	Gd	Tb	Dy	Ho	Er	Tm	Yb	Lu
			Ac	Th	Pa	U	Np	Pu	Am	Cm	Bk	Cf	Es	Fm	Md	No	Lr

= 상자성 = 강자성 = 반강자성 = 반자성

상자성 (paramagnetism)

원자들이 외부 자기장의 원천을 향해 자기장과 같은 방향으로 정렬한다. 자기장이 제거되면 원자들은 다시 뒤섞이고 자기적 인력을 잃는다.

강자성 (ferromagnetism)

원자들이 외부 자기장의 원천을 향해 자기장과 같은 방향으로 정렬한다. 자기장이 제거되더라도 원자배열은 그대로 유지되고 따라서 자기적 성질도 영구적으로 유지된다.

반강자성 (antiferromagnetism)

원자가 일정하게 배열하기는 하지만, 반은 외부 자기장과 같은 방향으로 나머지 반은 반대 방향으로 정렬한다. 이 두 힘이 서로 상쇄되어 전체적인 자기모멘트는 0이 된다.

반자성 (diamagnetism)

원자가 외부 자기장과 반대 방향으로 정렬한다. 자기장이 제거되면 자성도 모두 사라진다.

온도와 자성

원소의 자성은 온도에 따라 변화한다. 예를 들면, 홀뮴 원자는 자기 모멘트가 가장 강한 원소이지만 -254˚C에서는 강자성으로 바뀐다.

상자성 물질
강자성 물질
반강자성 물질
반자성 물질
정상 상태
자기장 존재 시
자기장 제거 시

빛은 원자에 의해 생성되는 복사에너지이다. 원자는 전자가 에너지를 잃을 때 빛을 방출하는데, 각 원소마다 고유의 파장과 색을 지닌 빛을 발생시킨다. 이러한 원자 고유의 스펙트럼을 이용하면 원자가 방출하는 색을 통해 원자들을 쉽게 구별할 수 있다.

불꽃 테스트

원소를 구별하기 위한 가장 간단한 방법은 원소에 불을 붙이는 것이다. 이 때 불꽃에서 나오는 빛은 그 스펙트럼의 고유한 색으로 이루어져 있다.

흡수

원자는 뜨거워지면 빛을 방출하지만, 차가울 때는 빛을 흡수한다. 천문학자들은, 별빛이 우주 저 멀리의 가스구름을 비출 때 이들이 흡수하는 색을 통해 가스구름 안에 있는 원소들을 구별할 수 있다.

원소 발견의 도구

많은 원소들이 원소의 스펙트럼에서 나오는 빛을 통해 발견되었는데, 이들 중 가장 유명한 것은 헬륨이다. 루비듐, 세슘, 탈륨을 비롯한 여러 원소들은 그들이 내는 색(각각 붉은색, 푸른색, 초록색)을 따서 이름을 붙인 원소들이다.

He

B C N O F Ne

Al Si P S Cl Ar

Ni Cu Zn Ga Ge As Se Br Kr

Pd Ag Cd In Sn Sb Te I Xe

Pt Au Hg Tl Pb Bi Po At Rn

Ds Rg Cn Nh Fl Mc Lv Ts Og

Eu Gd Tb Dy Ho Er Tm Yb Lu

Am Cm Bk Cf Es Fm Md No Lr

원소의 기원

2

모든 원소들이 처음부터 존재했던 것은 아니다. 어떤 원소들은 작은 원자들을 결합시켜 큰 원자로 만드는 핵반응을 통해 생겨났다.

큰 별

작은 별

우주 방사선

빅뱅

Tc V Ru Pm F Cr Pd Na Mn Sm C Mg Ag Li Fe Al Yb Cd Cu N Si P Zn In Hf H Be O Cl As Sn Ta He Ar Sr Ba W K Ne Y B La Ca Hg Zr S Sc Ce Tl Ti Nb Pr Mo Nd

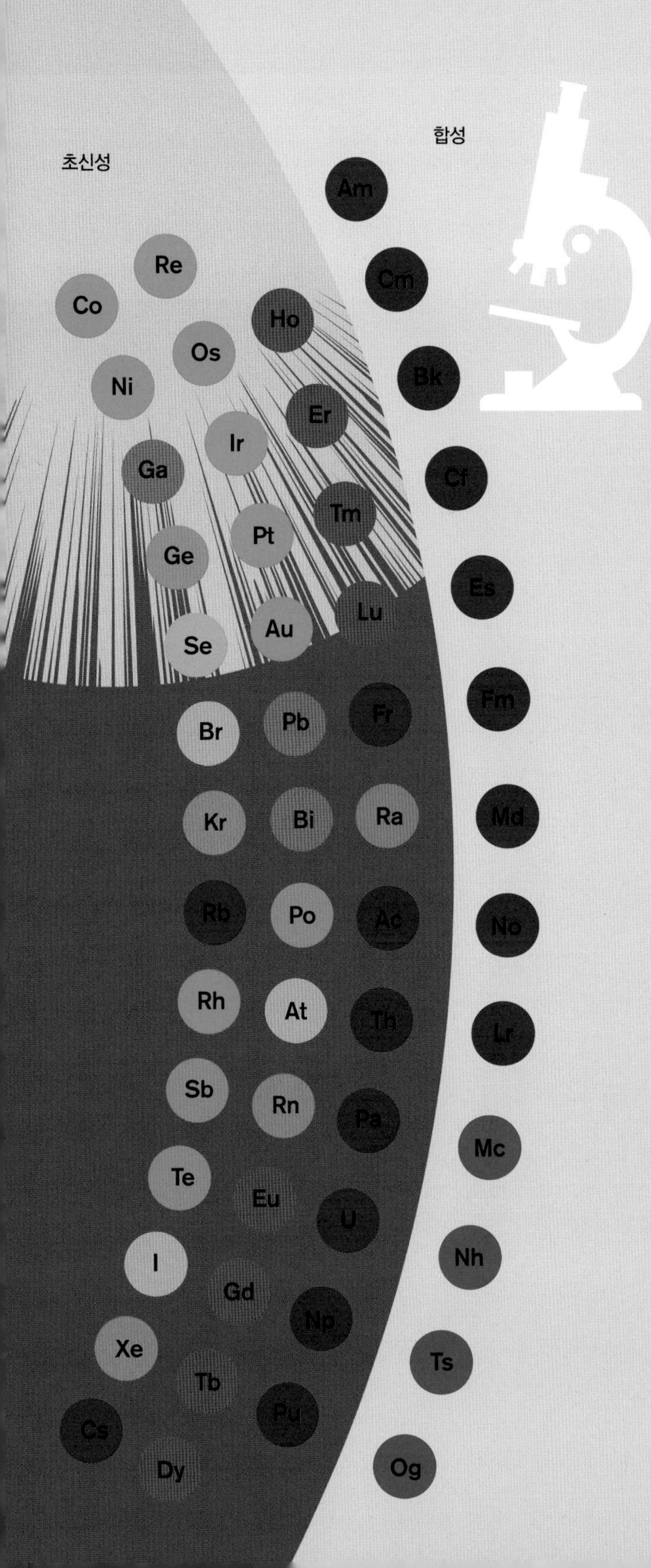

태초의 원소들

빅뱅 이후 생성된 가장 단순한 원자였던 수소의 원자핵이 융합하여 헬륨이 만들어졌다.

우주가 팽창하자, 빠른 속도로 움직이는 수소핵과 헬륨핵에 의한 우주 방사선(cosmic ray)이 서로 융합하여 더 큰 원소인 리튬, 베릴륨, 붕소를 형성했다

원자 공장

온도가 높아지고 스스로의 중력에 의해 압축된 수소가 거대한 공처럼 뭉쳐지면서 별들이 생성되었다. 별의 중심부에서는 핵융합이 일어나 헬륨이 만들어졌고, 수소가 고갈되면서 헬륨이 융합하여 더 무거운 원소들이 생성되었다. 붕소보다 무거운 원소들은 모두 별 안에서 만들어졌다.

태양과 같은 별은 네온처럼 큰 원소를 만들 수 있다. 그러면 이 별은 더 무거운 원소를 만들 수 있는 거대 항성으로 팽창한다. 최대로 커진 별들은 커다란 폭발을 일으키며 사멸하게 되는데, 이를 초신성(supernovae)이라 부른다. 이 같은 거대하고 격렬한 붕괴를 통해 자연에서 생성될 수 있는 가장 무거운 원소들이 만들어진다.

실험실의 원소들

플루토늄보다 큰 원소들이 초신성 폭발 시 만들어지기도 하지만, 수명이 짧기 때문에 자연에서는 발견되지 않는다. 대신 이들은 원자로와 입자 가속기를 이용해 인공적으로 합성된다

우주의 원소 존재비

2

우주에서 어떤 원소들은 다른 원소들보다 훨씬 더 풍부하다.
일반적으로 원자 번호가 작은 원소들이 가장 흔하고, 원자 번호가 커질수록 그 양이 점차적으로 감소하는 경향이 있다. 그러나 이것은 일반적인 경향일 뿐 전체를 설명하기에는 역부족이다.

리튬, 베릴륨, 붕소의 실재 존재량은 일반적인 경향에 따른 예측치에 비해 훨씬 적다. 이는 수소가 융합해서 헬륨이 되고 나면, 다시 융합해서 탄소와 같은 더 큰 원소를 생성하려고 하기 때문이다. 헬륨과 탄소 사이에 있는 세 원소는 초기 우주 시대에 자유롭게 돌아다니던 자유 양성자에 의해 대량으로 생산되었다. 그러나 최초의 별들이 생겨나자마자 리튬, 베릴륨, 붕소의 대부분을 소비해버리는 바람에 이들 세 원소들은 상대적으로 희귀하게 되어 버렸다.

초신성 폭발로 생성

철과 니켈도 대세를 거스른다. 즉, 짝수의 원자 번호를 감안하더라도 예상보다 훨씬 많은 양이 존재하는 것이다. 이는 이 정도 크기의 원소들이(주기율표의 앞쪽 3분의 1 정도에 위치) 초신성 폭발로 대량 생성되었기 때문이다.

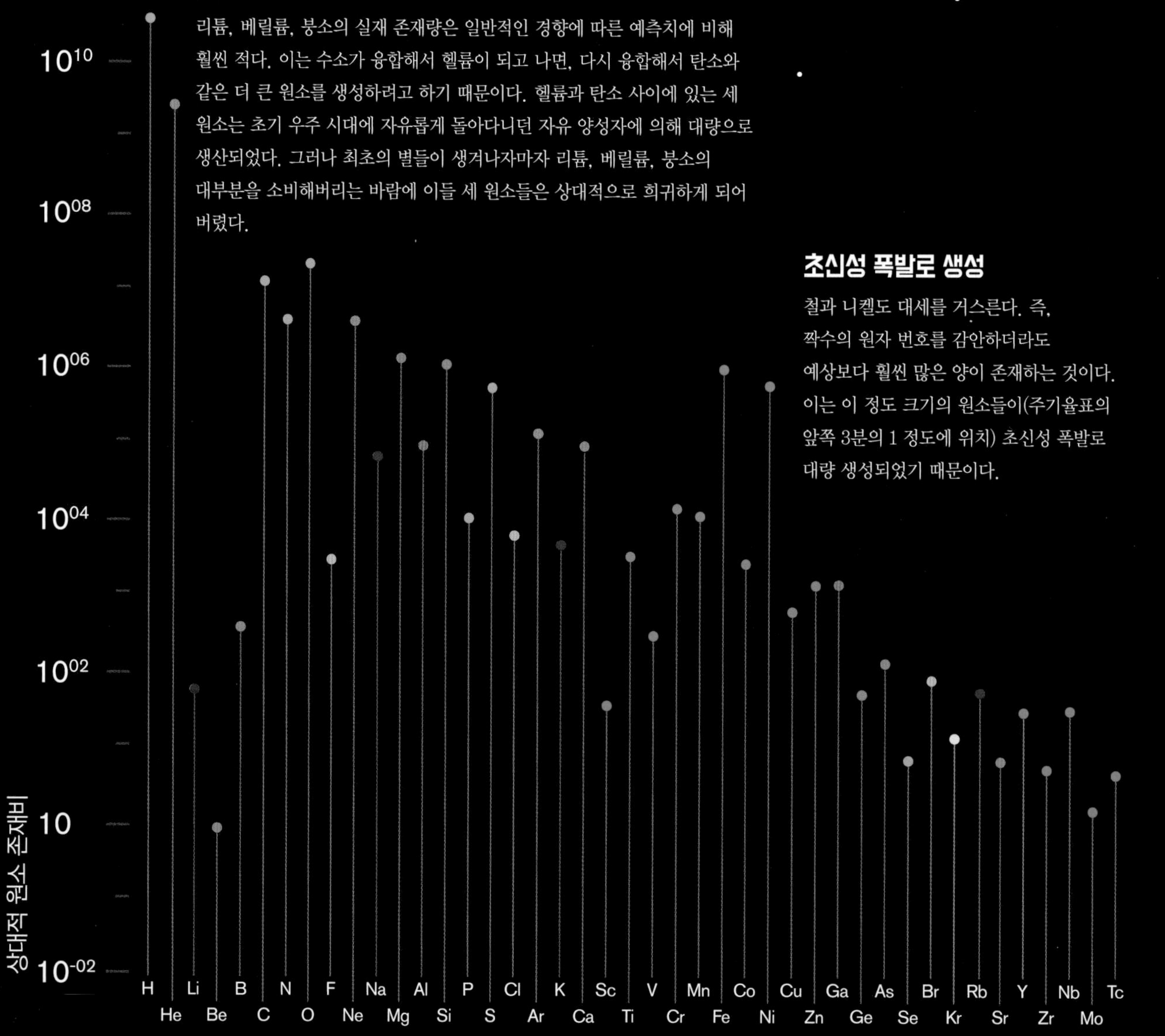

짝수의 우세

아래 도표는 우주에 존재하는 초기 원시 원소들의 양을 나타낸 것으로, 무거운 원소일수록 존재량이 감소하는 경향이 뚜렷하다. 그러나 짝수 원자 번호를 가진 원소들은 홀수 원자 번호의 원소들보다 더 풍부하다. 이것은 오도-하킨스의 법칙(Oddo-Harkins rule)에서 기인한다.

오도-하킨스의 법칙

홀수 원자 번호를 갖는 원소들이 앞뒤 짝수 원자 번호의 원소들에 비해 더 적게 존재한다는 법칙으로, 이는 원자핵 안에 있는 양성자가 짝을 이룰 때 가장 안정되기 때문이다. 원자 번호가 짝수인 경우 양성자도 짝으로 존재하지만, 원자 번호가 홀수이면 항상 혼자 있는 양성자가 있다. 이렇게 홀로 떨어져 있는 양성자는 별 안에서 핵반응이 일어나는 동안 원자핵 밖으로 튀어나가거나 다른 양성자와 만날 가능성이 높다. 그렇기 때문에 짝수 원소가 홀수 원소보다 더 많아지게 된다.

납

납은 원자 번호가 크고 가장 무거운 원소들 중의 하나이다. 그럼에도 불구하고 납은 자신보다 원자 번호가 작은 25개의 원소들보다 훨씬 풍부한데, 이는 방사성 붕괴 사슬의 가장 마지막에 납이 있기 때문이다. 불안정한 상태의 원소인 우라늄과 토륨은 안정한 상태인 납이 될 때까지 계속해서 붕괴한다. 우주 역사를 통틀어 납의 양은 지속적으로 증가해 왔다.

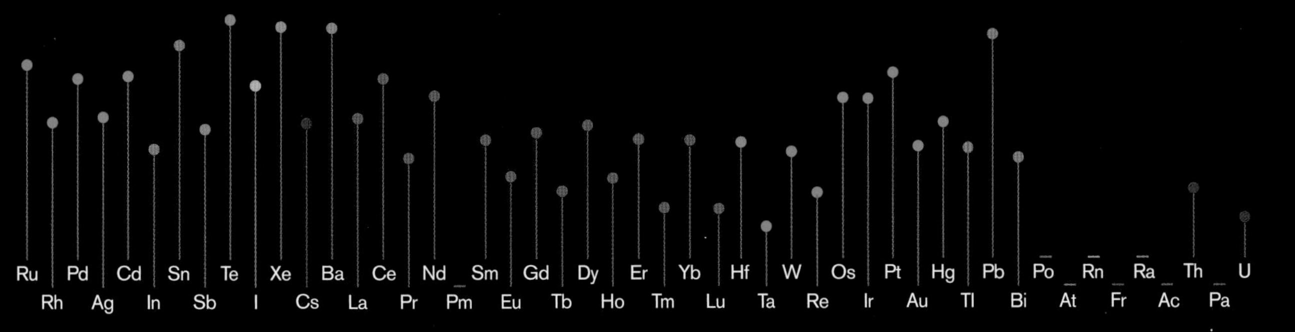

3

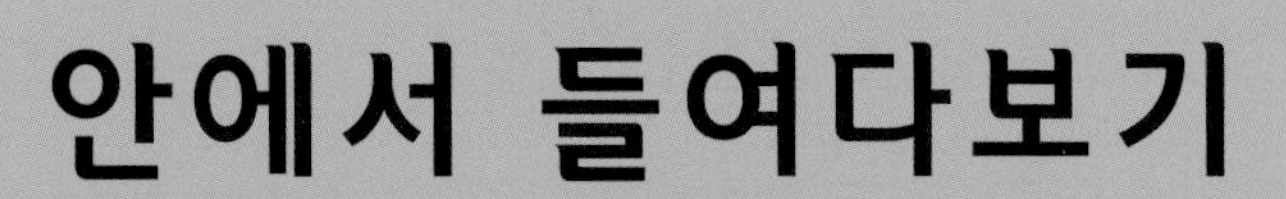

안에서 들여다보기

물질의 상태

3

모든 원소와 화합물은 고체, 액체, 기체 중 하나의 표준 상태를 지닌다. 이들은 특정 온도에서 상태가 변화하는데, 이를 녹는점 또는 끓는점이라 부른다. 이들 온도는 원자 간에 결합을 생성하거나 끊기 위해 얼마나 많은 에너지를 필요로 하는지에 의해 결정되며, 이 때 필요한 에너지의 양은 물질에 따라 차이가 크다.

물리적 변화

상태 변화는 물리적 변화이며, 물질의 화학적 특성을 바꾸지는 않는다. 따라서 증기(기체)가 화학반응을 통해 생성하는 화합물은 물(액체)이 생성하는 화합물과 동일하다. 그러나 증기는 물에 비해 에너지를 더 많이 가지고 있기 때문에 반응 속도가 더 빠르다.

기체

기체 상태에서는 원자나 분자 사이에 아무런 결합도 존재하지 않는다. 기체 입자는 자유롭게 움직여서 어떤 모양도 될 수 있으며, 퍼져 나가 어떤 크기의 공간도 채울 수 있다.

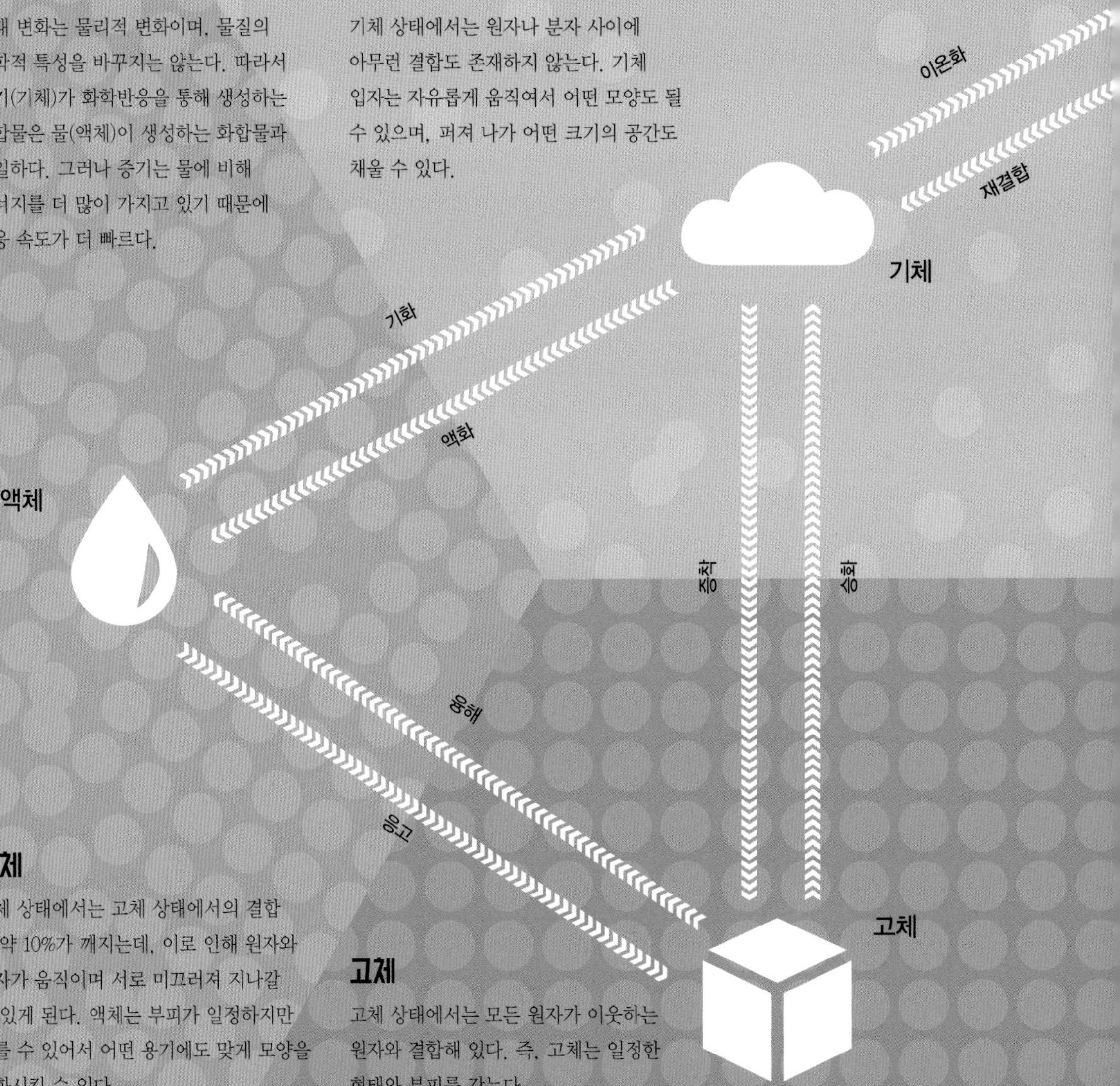

액체

액체 상태에서는 고체 상태에서의 결합 중 약 10%가 깨지는데, 이로 인해 원자와 분자가 움직이며 서로 미끄러져 지나갈 수 있게 된다. 액체는 부피가 일정하지만 흐를 수 있어서 어떤 용기에도 맞게 모양을 변화시킬 수 있다

고체

고체 상태에서는 모든 원자가 이웃하는 원자와 결합해 있다. 즉, 고체는 일정한 형태와 부피를 갖는다.

플라즈마

플라즈마

플라즈마는 물질의 네 번째 상태로 알려져 있으며, 기체에 더 많은 에너지(보통 열이나 전기)를 가해 만든다. 분자는 분해되며, 각각의 원자는 전자를 방출시켜 전하를 띠는 물질을 형성한다(태양은 대부분 플라즈마로 이루어져 있다). 플라즈마 상태가 되면 원소의 원자 구조가 변화하기 때문에 물리적, 화학적 성질 또한 달라진다.

온도 눈금

온도란 어떤 물질 안에 있는 모든 원자가 가진 열 에너지의 양을 평균적으로 나타낸 것이다. 온도 눈금은 영점(zero point)과 고온 고정점(upper fixed point)을 선택한 다음 그 차이를 나누어 도(degrees)로 표시한 것이다.

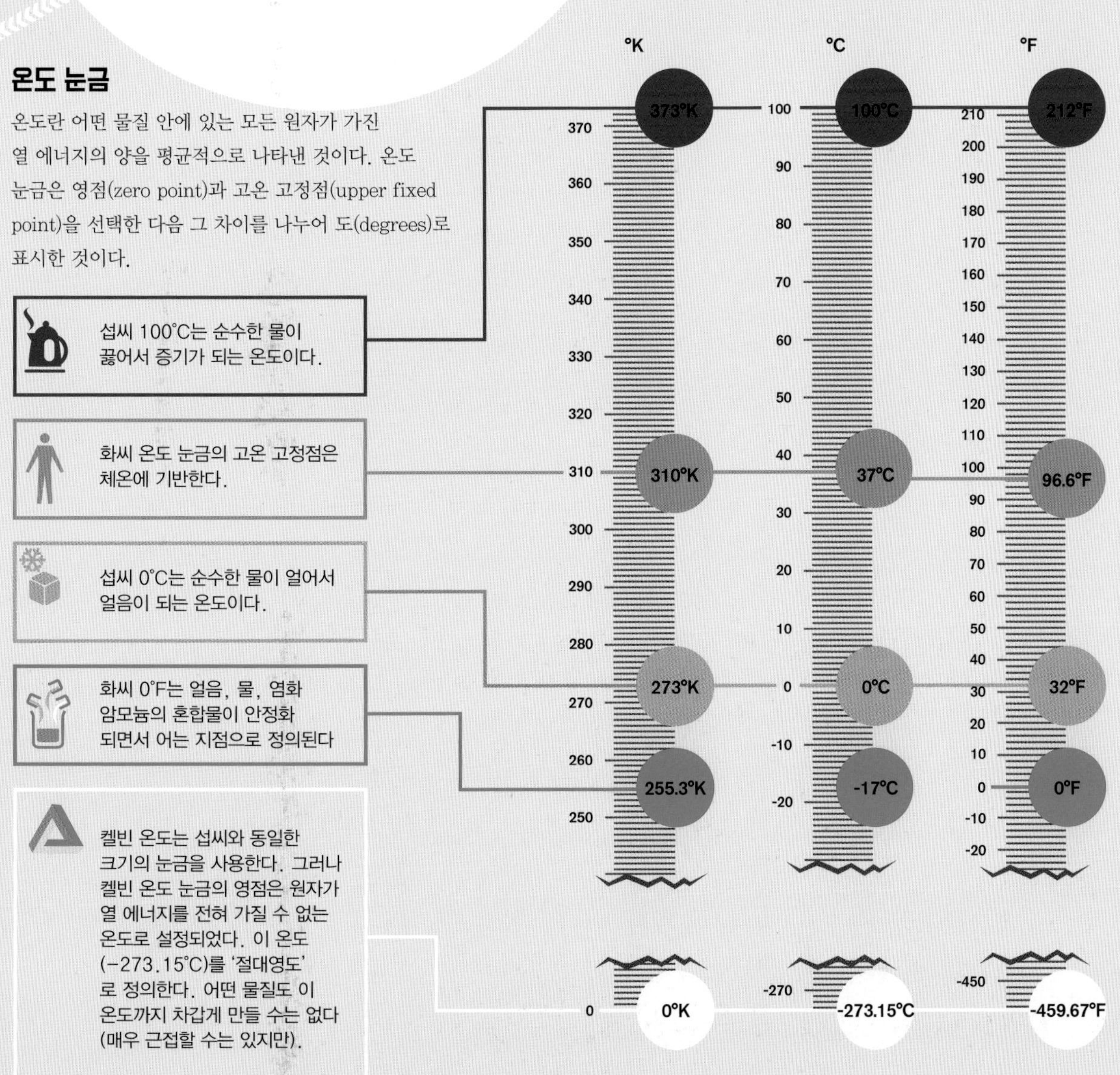
섭씨 100˚C는 순수한 물이 끓어서 증기가 되는 온도이다.
화씨 온도 눈금의 고온 고정점은 체온에 기반한다.
섭씨 0˚C는 순수한 물이 얼어서 얼음이 되는 온도이다.
화씨 0˚F는 얼음, 물, 염화 암모늄의 혼합물이 안정화 되면서 어는 지점으로 정의된다
켈빈 온도는 섭씨와 동일한 크기의 눈금을 사용한다. 그러나 켈빈 온도 눈금의 영점은 원자가 열 에너지를 전혀 가질 수 없는 온도로 설정되었다. 이 온도 (−273.15˚C)를 '절대영도' 로 정의한다. 어떤 물질도 이 온도까지 차갑게 만들 수는 없다 (매우 근접할 수는 있지만).
°K
°C
°F
373°K
100°C
212°F
310°K
37°C
96.6°F
273°K
0°C
32°F
255.3°K
-17°C
0°F
0°K
-273.15°C
-459.67°F

금속 결합

3

주기율표를 이루는 118개의 원소 중 금속 원소는 84개이다.
금속은 반짝이고 단단하며, 열과 전기를 잘 전도하고,
납작하게 누르거나 길게 늘일 수도 있다. 이러한 금속의
성질은 금속 원자의 결합 방식 때문에 생긴다.

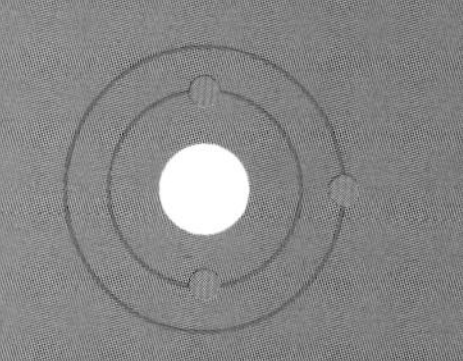

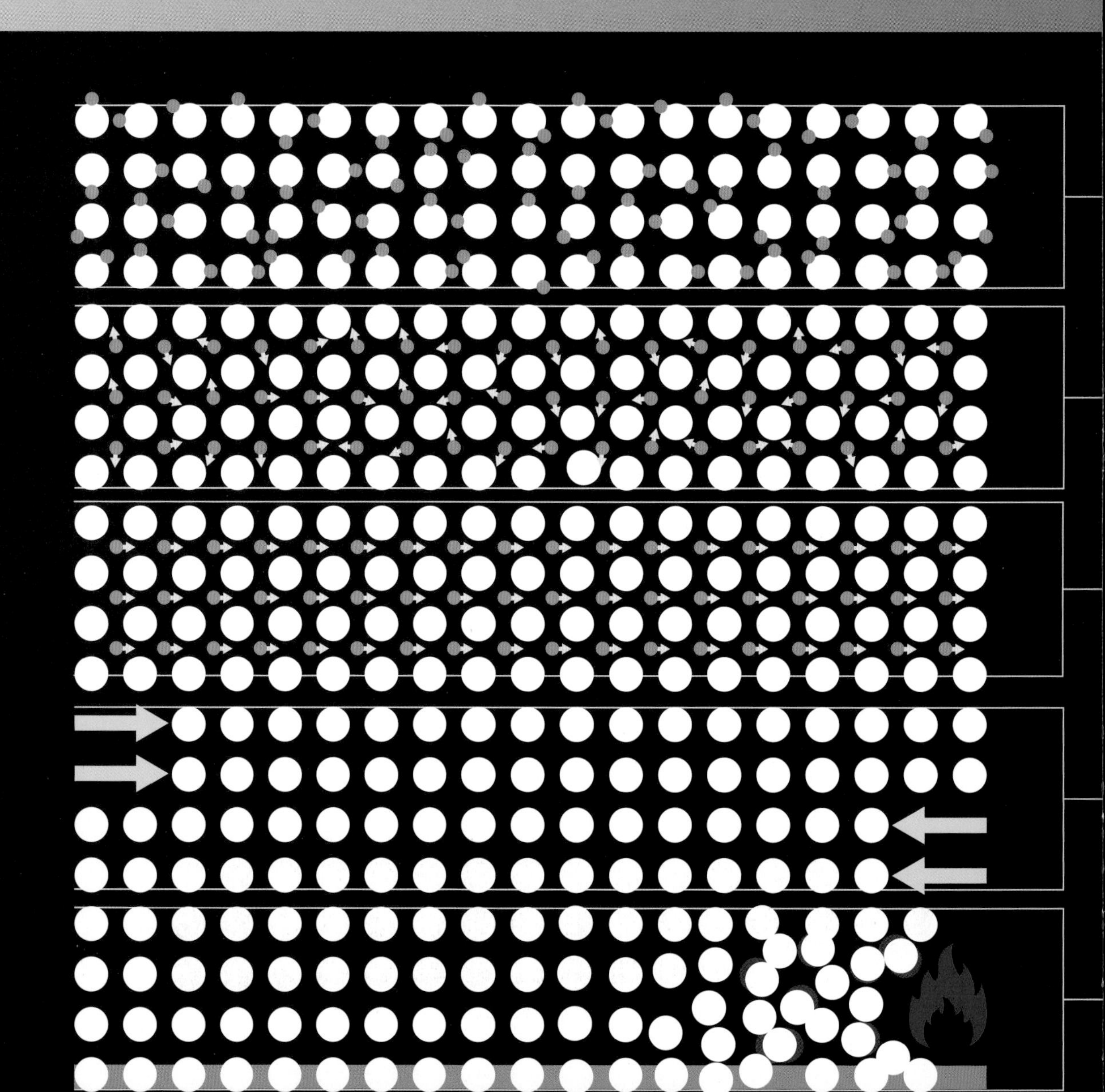

금속의 가열

고대로부터 금속 세공업자들은 색을 보고 금속의 온도를 가늠해 왔다. 오른쪽 도표는 온도에 따른 철과 강철의 색을 나타낸다. 색을 가진 빛은 원자에서 방출되는데, 원자의 에너지가 증가함에 따라 색이 변화한다. 결국 색을 보면 그 금속이 얼마나 강하게 결합되어 있는지를 알 수 있는 것이다.

1,093°C
1,038°C
982°C
927°C
871°C
816°C
760°C
704°C
649°C
593°C
538°C
427°C
302°C
282°C
271°C
260°C
249°C
241°C
229°C
199°C

자유전자

최외각 전자가 몇 개 없는 원소가 금속성을 갖는다. 일부 예외적인 경우도 있지만, 대부분의 금속은 1개 내지 2개의 최외각 전자를 갖는다. 이는 금속 원자의 바깥쪽 전자껍질이 대부분 비어 있다는 뜻이며, 따라서 원자는 가지고 있는 최외각 전자를 쉽게 방출할 수 있다. 자유전자를 공급할 수 있다는 점은 금속이 갖는 여러 가지 성질의 근본이 된다.

비편재화

고전적인 관점에서 본다면 원자는 일정한 개수의 전자를 갖는다. 그러나 고체 금속에서 최외각 전자는 골고루 분산되어 있고, 공유되기도 한다. 공유된 전자는 원자 주변에 전하의 '바다'를 만들어서 원자들끼리 서로 강하게 결합하게 한다.

전기 전도

금속 내부에 전하의 차이가 발생하는 경우, 예를 들어 한쪽 끝에 양전하가 많아지면, 비편재화된 전자(음전하임)는 다시 전하의 균형을 맞추기 위해 양전하가 많은 쪽으로 흐른다. 이것이 전류의 기본이다.

전성과 연성

비편재화된 전자에 의해 형성된 금속 원자 간의 결합은 강하지만 뻣뻣하지는 않다. 원자는 분리되지 않은 상태로 다른 원자 사이를 미끄러져 움직일 수 있는데, 이것이 금속이 전성(두들겨 납작하게 만들어짐)과 연성(잡아당겨 선처럼 길게 늘어남)을 가지는 이유이다.

열 전도

열은 비금속에서보다 금속에서 훨씬 더 빨리 전달된다. 이는 금속 원자의 움직임이 더 자유롭기 때문이다. 한쪽 끝에 열을 가하면 그쪽에 있는 원자가 더 빠르게 진동한다. 이러한 움직임이 이웃한 원자로 계속 전달되기 때문에 결국 금속 전체로 열이 전도된다.

이온 결합

3

2개 이상의 원소의 원자가 결합하면 화합물이 만들어지는데, 이것은 원래의 원소와는 완전히 다른 성질을 갖는다. 금속 원소와 비금속 원소가 결합해 만들어진 화합물은 대개 이온 결합으로 이루어진다.

전자의 이동

두 원자가 서로 결합하는 이유는 이 결합으로 인해 이들 두 원자의 전자가 보다 적은 에너지를 요하는 더욱 안정된 상태가 되기 때문이다. 이온 결합은 최외각 전자의 이동을 통해 두 원자를 결합시킨다. 금속 원자는 대개 1개 내지 2개의 최외각 전자를 가지고 있는데, 이들이 없어지면 원자가 안정적인 상태가 된다. 비금속은 반대로 작용한다. 즉, 이들은 최외각 전자껍질에 전자를 추가해서 안정성을 높이는 것이다. 옆의 그림에서는 소듐 원자의 최외각 전자가 염소 원자 쪽으로 이동했다. 원자가 전자를 얻거나 잃으면 이온이 된다. 이온은 원자와 유사한 입자로 전하를 띤다. 소듐 이온은 1가 양이온이고, 염소 이온은 1가 음이온이다. 두 이온의 반대 전하가 서로를 끌어당겨서 전기적으로 중성인 염화소듐 분자를 만든다 (염화소듐은 흔히 소금으로 불린다).

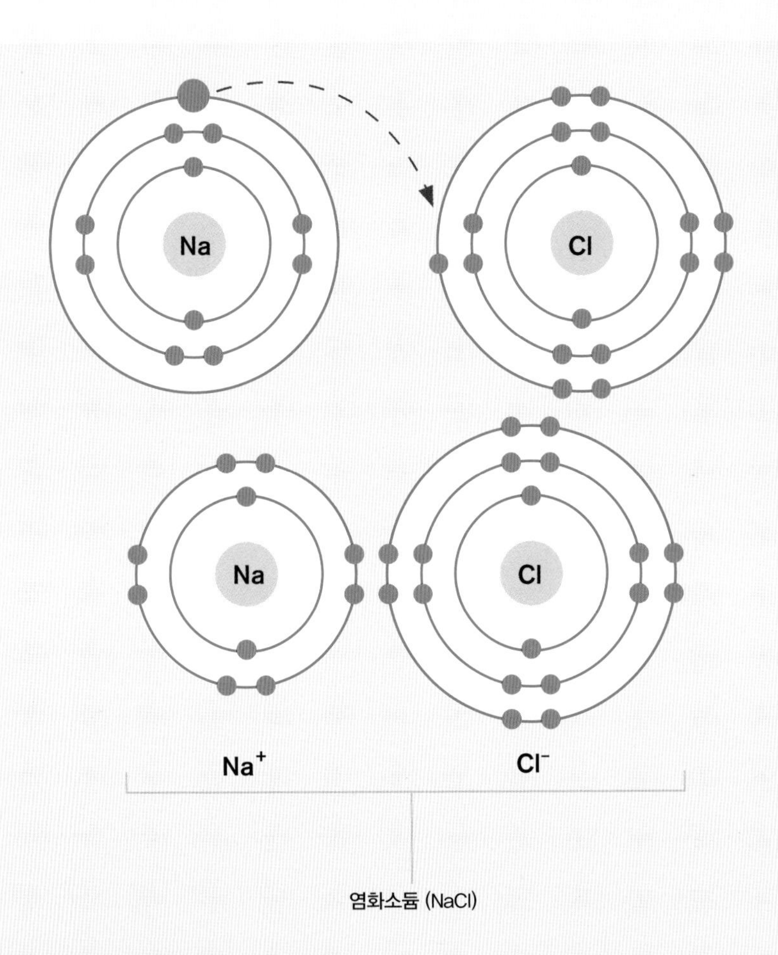

염화소듐 (NaCl)

중성을 유지하기

전기적으로 중성인 분자를 만들기 위해서는 이온 결합에 관여하는 전하의 합이 0이 되어야 한다. 예를 들어, 소듐이 산소와 결합하여 산화소듐(Na_2O, 유리를 만드는 물질)을 형성할 때 2개의 소듐 이온이 1개의 산소 이온과 결합한다. 산소는 최외각 전자껍질에 2개의 전자가 더 들어갈 수 있는 공간이 있기 때문에 산소 이온은 2가 음이온이 된다.

작아지는 양이온

전자를 잃은 원자는 전기적으로 양전하를 띠는 이온, 즉 양이온(cation)이 된다. 이 때 최외각 전자껍질 전체를 잃기 때문에 원래의 원자 크기보다 훨씬 작아진다.

커지는 음이온

전기적으로 음전하를 갖는 이온을 음이온(anion)이라 부른다. 이들은 전자를 더 얻어서 최외각 전자껍질을 가득 채우고, 추가로 생긴 음전하는 원자핵에 의해 밖으로 밀려난다. 따라서 음이온은 원래의 원자보다 커진다.

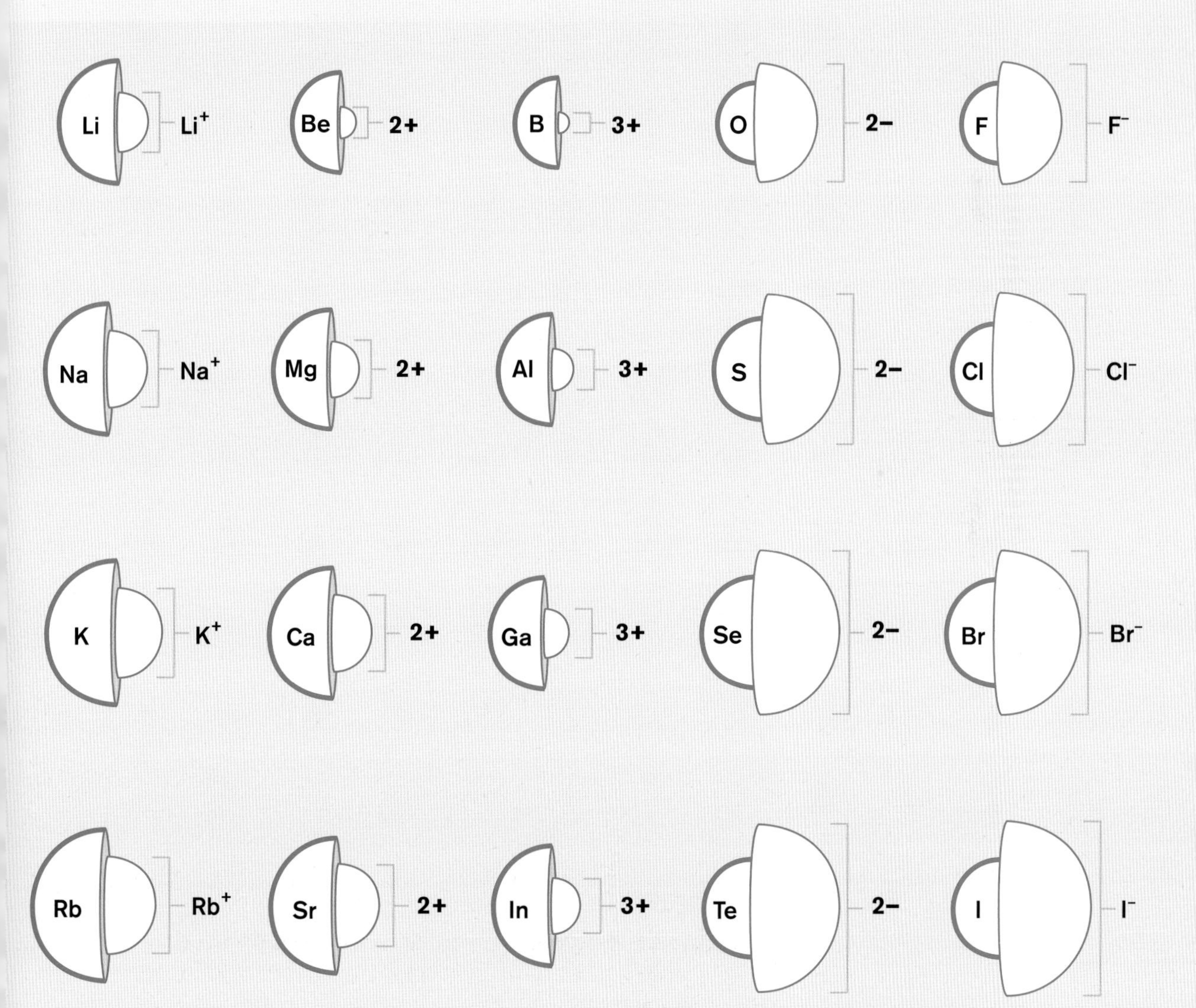

공유 결합

3

비금속으로 이루어진 화합물은 대개 공유 결합을 통해 만들어진다. 공유 결합에서는 전자를 주고 받는 대신 공유한다. 이렇게 전자를 공유하게 되면 두 원자의 최외각 전자껍질(원자가 전자껍질이라고도 불림)이 합쳐지면서 분자를 형성한다.

전자 8개 채우기

대부분의 최외각 전자껍질에는 전자가 8개 들어간다(수소와 헬륨만 최외각 전자껍질에 2개의 전자가 들어간다). 염소와 같은 원자는 하나의 전자쌍만 만들면 안정된 상태의 염소 분자가 된다. 그러나 산소는 전자 2개가 더 들어갈 공간이 있기 때문에, 수소와 결합해 물을 만들 때처럼 쌍을 이룰 2개의 전자를 찾아야 한다. 질소는 3개의 전자쌍을 만들고, 탄소는 4개의 전자쌍을 만든다.

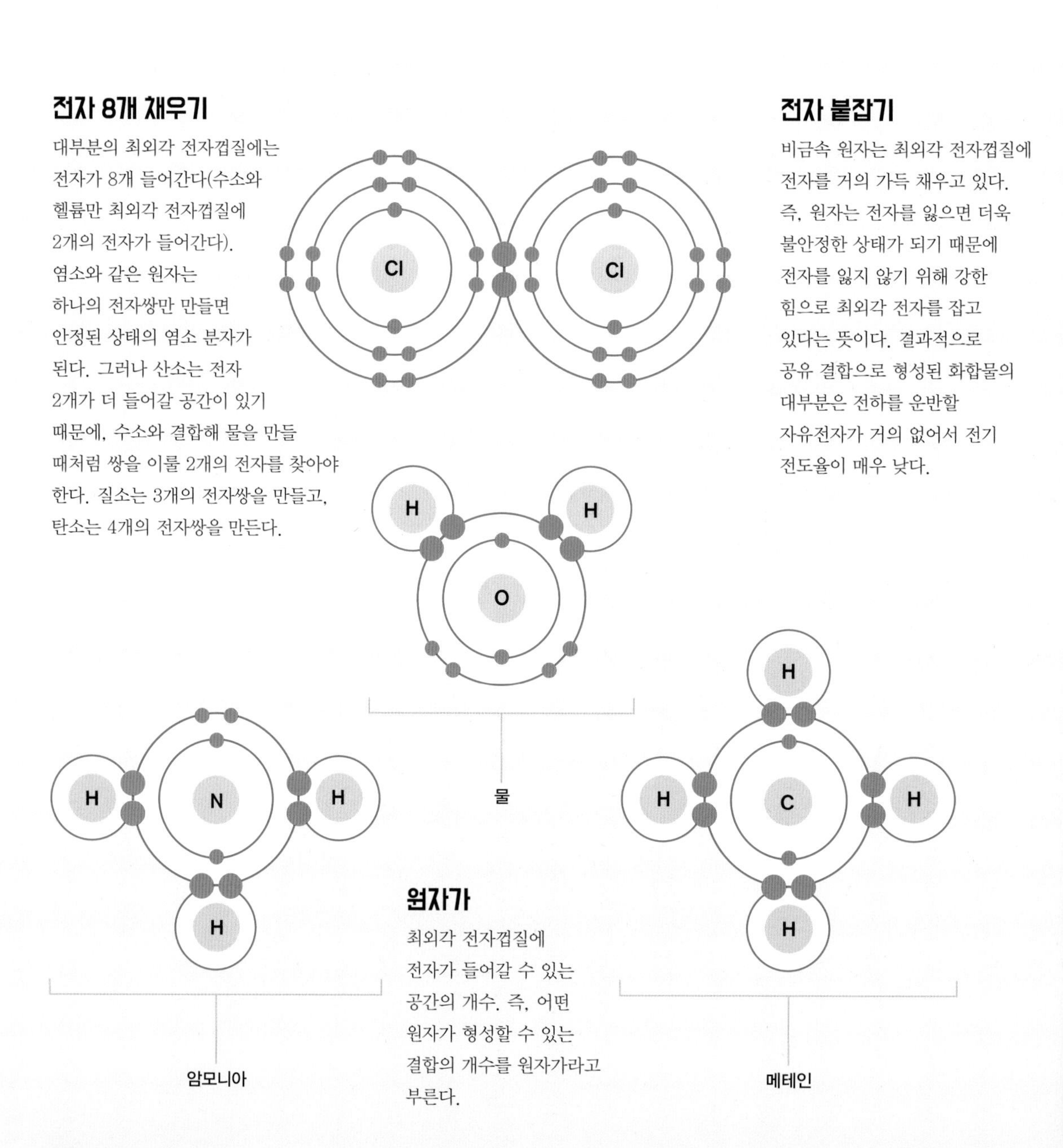

전자 붙잡기

비금속 원자는 최외각 전자껍질에 전자를 거의 가득 채우고 있다. 즉, 원자는 전자를 잃으면 더욱 불안정한 상태가 되기 때문에 전자를 잃지 않기 위해 강한 힘으로 최외각 전자를 잡고 있다는 뜻이다. 결과적으로 공유 결합으로 형성된 화합물의 대부분은 전하를 운반할 자유전자가 거의 없어서 전기 전도율이 매우 낮다.

원자가

최외각 전자껍질에 전자가 들어갈 수 있는 공간의 개수. 즉, 어떤 원자가 형성할 수 있는 결합의 개수를 원자가라고 부른다.

상호 반발

공유 결합에서 공유 전자쌍은 서로 밀어내는 반발력을 갖는다. 반발력은 전자쌍을 가능한 멀리 떨어지게 밀어내는데, 전자쌍이 배치된 형태가 곧 분자의 모양이 된다.

고립 전자쌍

분자 모양은 결합이 일어나기 전 원래 있던 비공유 전자쌍에 의해서도 결정된다. 비공유 전자쌍은 서로를 밀어낼 뿐만 아니라 공유 전자쌍도 밀어낸다. 각기 다른 원소들로 구성된 분자라 할지라도 그들이 가진 고립 전자쌍의 작용에 의해 비슷한 모양을 지니기도 한다. 왼쪽의 그림에서는 고립 전자쌍의 작용이 나타나 있는데, 이들은 결합된 원자들처럼 확장하지는 않는다.

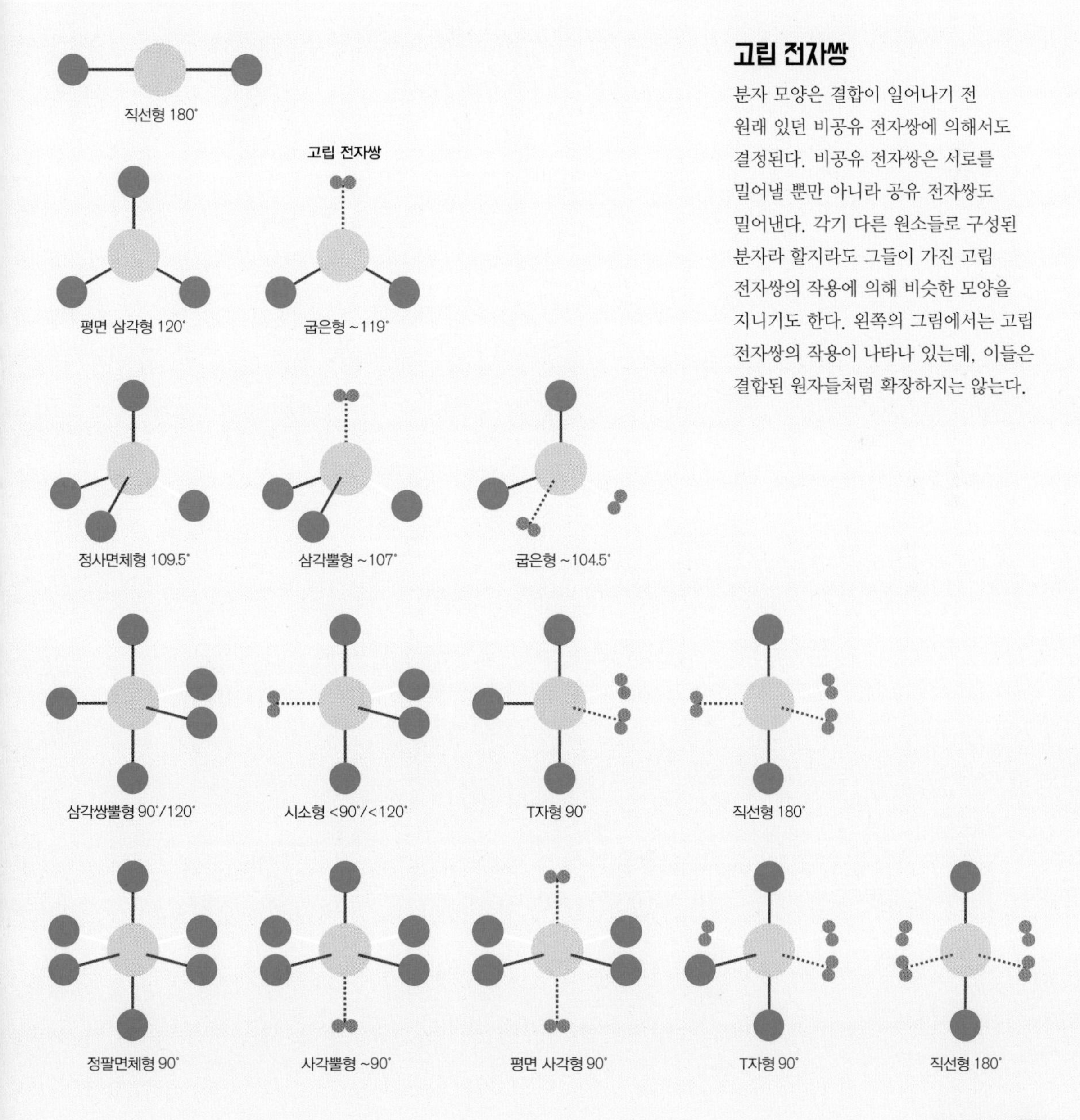

반응

3

하나 이상의 원소 혹은 화합물로 이루어진 반응물질이 새로운 물질, 즉 생성물로 변화하는 과정을 화학반응이라고 한다. 반응이 일어나는 동안 기존의 화학 결합이 깨지기도 하고 새로 생성되기도 하는데, 이를 통해 원래의 반응물질보다 더 안정적인 물질이 만들어진다.

활성화 에너지

모든 반응이 시작되기 위해서는 넘어야 하는 에너지 장벽이 있다. 이것을 '활성화 에너지'라 하는데, 보통 반응물질을 가열해서 에너지를 얻는다.

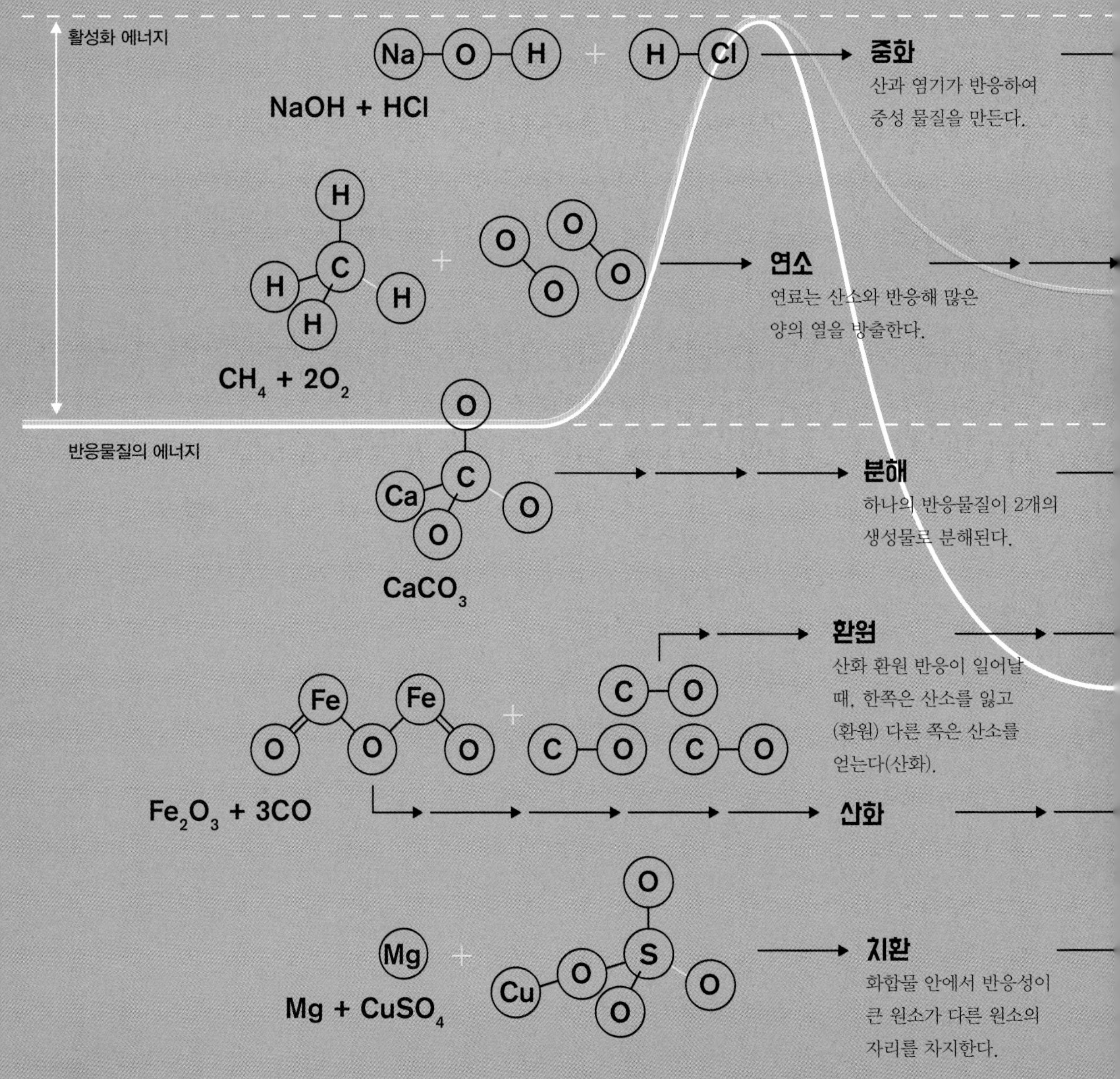

에너지 방출

반응이 일어나는 동안 화학 결합이 끊어지면 에너지가 방출되는데, 이 에너지는 생성물 안에서 새로운 결합을 형성하는 데 쓰인다. 이때 필요한 에너지의 양이 방출된 에너지보다 적다면, 이 반응은 남는 열을 내보낼 것이다. 이를 발열반응이라 한다. 반대로 흡열반응은 방출된 에너지보다 많은 양의 에너지를 필요로 하기 때문에 생성물은 온도가 낮다.

촉매

촉매란 반응에 참여하는 물질이지만 그 자신이 반응에 쓰이지는 않는다. 촉매의 역할은 활성화 에너지의 양을 감소시켜 반응이 좀 더 쉽게 일어나도록 하는 것이다.

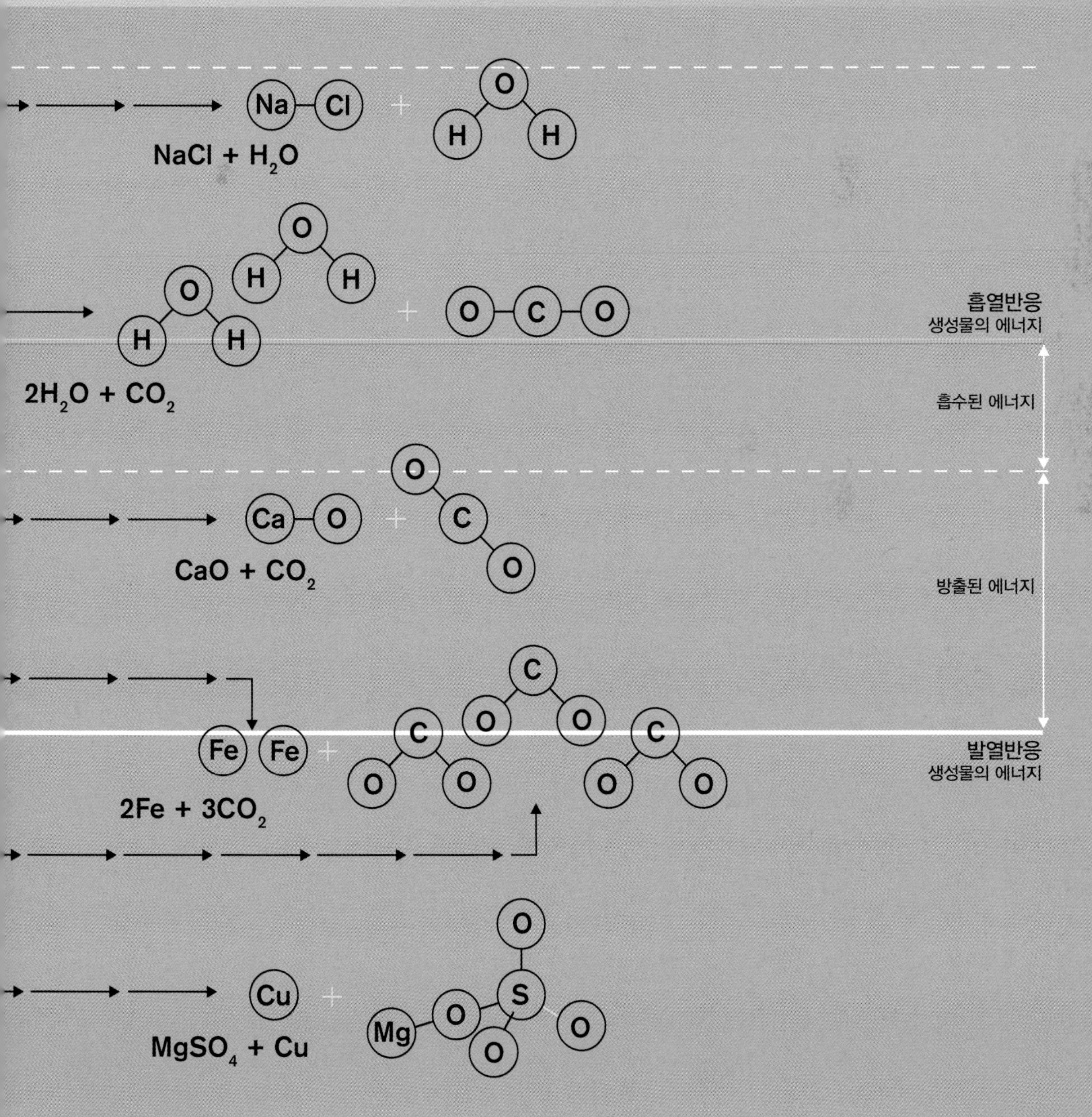

혼합물

3

일상에서 접하는 많은 물질은 혼합물이다. 그러나 화학반응을 통해서만 원래의 물질로 분리되는 화합물과 달리, 혼합물을 이루는 물질들 사이에는 화학 결합이 없다. 그렇기 때문에 이들은 물리적 방법만으로도 분리가 가능하다.

불균일 혼합물

가장 단순한 형태의 혼합물로 성분 물질들이 고르지 않게 분산되어 있어 쉽게 구별 가능하다. 여러 종류의 동전을 섞어 놓은 경우가 이에 해당되며, 불균질 혼합물(heterogeneous mixture)이라고도 한다.

혼합물 분리

혼합물을 분리하는 방법은 몇 가지가 있다. 용해된 고체는 혼합물의 액체 성분을 증발시켜 분리할 수 있고, 부피가 큰 고체는 필터를 사용해 작은 고체와 구분한다. 혼합 액체를 분리할 때는 증류를 이용하는데, 액체를 가열해 끓는점이 낮은 액체를 증발시킨 후 이것을 식히면 순수한 액체로 응축된다.

균일 혼합물

균질 혼합물(homogeneous mixture)이라고도 불린다. 혼합물을 이루는 물질들이 매우 잘 섞여 있어서 각각의 구성 성분은 눈에 보이지 않는다. 이 때 구성 물질 중 하나가 나머지 물질이 섞이게 하는 매질(medium)이 된다. 고체, 액체, 기체 상태 모두 혼합이 가능하다. 균일 혼합물의 세 가지 주요 형태로 현탁액(suspension), 콜로이드(colloid) 또는 에멀전(emulsion), 그리고 용액(solution)이 있다.

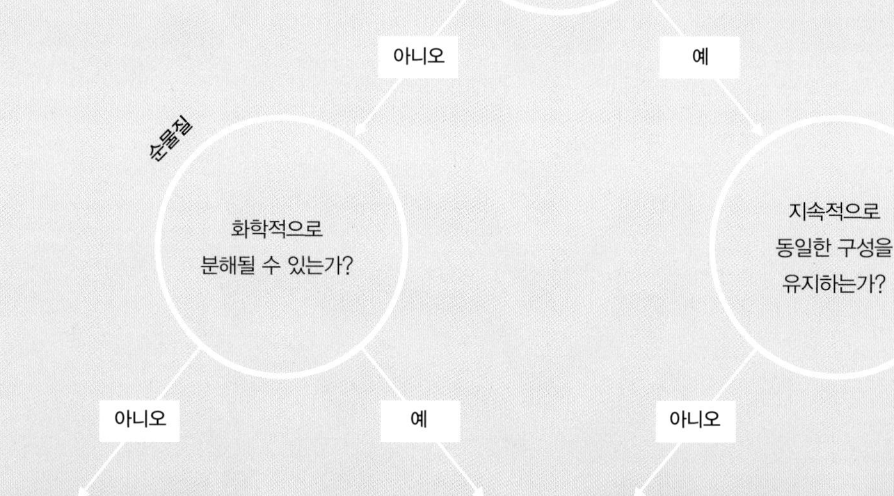

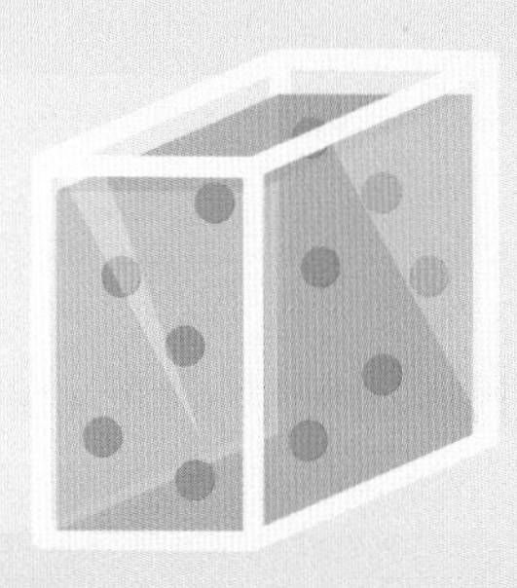

현탁액

분산질(dispersed phase)이 분산매(dispersion medium)에 비해 매우 크며, 시간이 지나면 가라앉는다. 흙탕물은 현탁액이다.

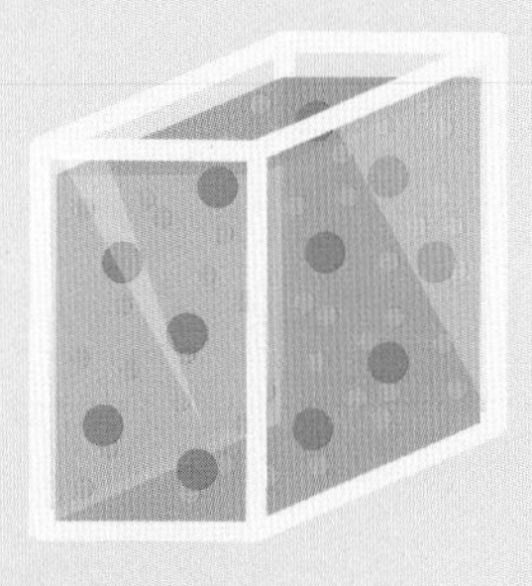

콜로이드 용액

분산질이 매우 작지만 분산매의 분자보다는 여전히 크다. 샴푸는 콜로이드 용액이다.

용액

분산질이 용해되어 있다. 즉, 분산질의 분자가 분산매의 분자와 함께 골고루 섞여 있다. 소금물은 용액이다.

폼(foam)

휘저은 계란 흰자, 면도용 크림, 휘핑크림, 크림소다

분산질 기체

분산매 액체

고체폼(solid foam)

마시멜로, 스펀지 고무

분산질 기체

분산매 고체

액체 에어로졸

구름, 안개, 헤어스프레이, 탈취스프레이

분산질 액체

분산매 기체

에멀전

우유, 마요네즈, 혈액

분산질 액체

분산매 액체

젤(gel)

치즈, 버터, 마가린

분산질 액체

분산매 고체

방사능

3

모든 원소는 방사성이 있는 형태, 즉 동위원소를 가지고 있는데, 이 중 38개 원소는 안정한 상태의 동위원소를 가지고 있지 않다. 방사능은 원자핵이 불안정할 때 발생한다. 원자핵이 쪼개져 분리되면, 즉 붕괴되면 매우 큰 에너지를 가진 입자를 방출한다.

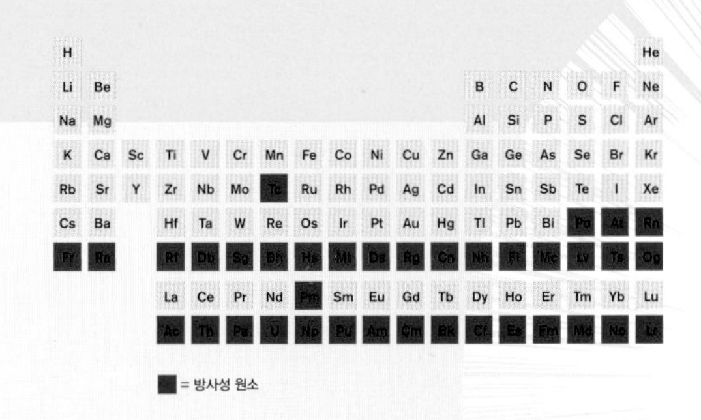

원자핵 분열

방사능 붕괴의 드문 형태로 원자핵이 비슷한 크기의 두 조각으로 쪼개질 때 일어나며, 매우 많은 양의 에너지를 방출한다. 최초의 핵분열이 일어나면서 추가 분열이 가능한 상태가 되면 연쇄 반응이 일어나게 되고, 이 반응을 제어할 수 없는 경우 핵폭발이 일어난다. 원자로는 연쇄 반응을 통제해서 핵분열에서 발생하는 에너지를 동력원으로 사용하는 장치이다. 핵분열이 주로 일어나는 동위원소는 우라늄-238인데, 이는 크립톤과 바륨 원자로 쪼개진다.

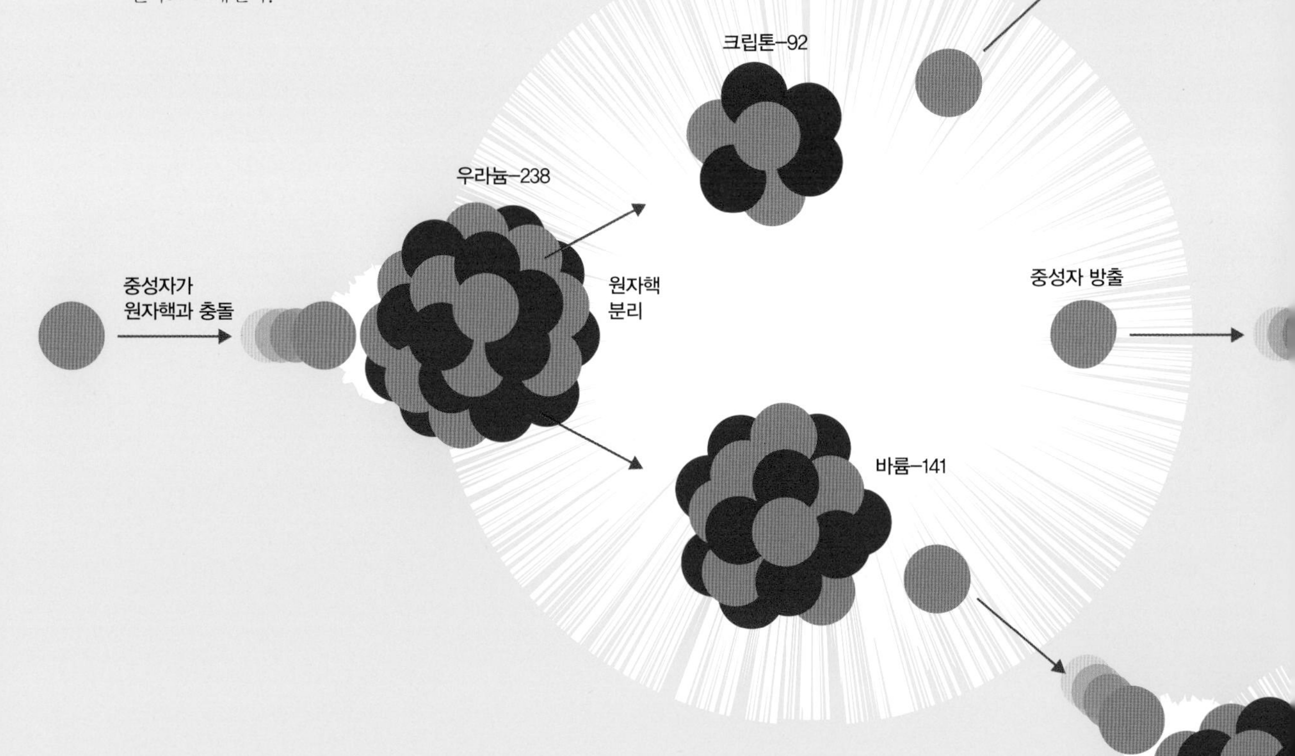

붕괴 형태

방사성 붕괴는 원자핵의 원자 번호를 변화시킨다. 즉, 원자가 새로운 원소의 원자로 바뀌는 것이다.

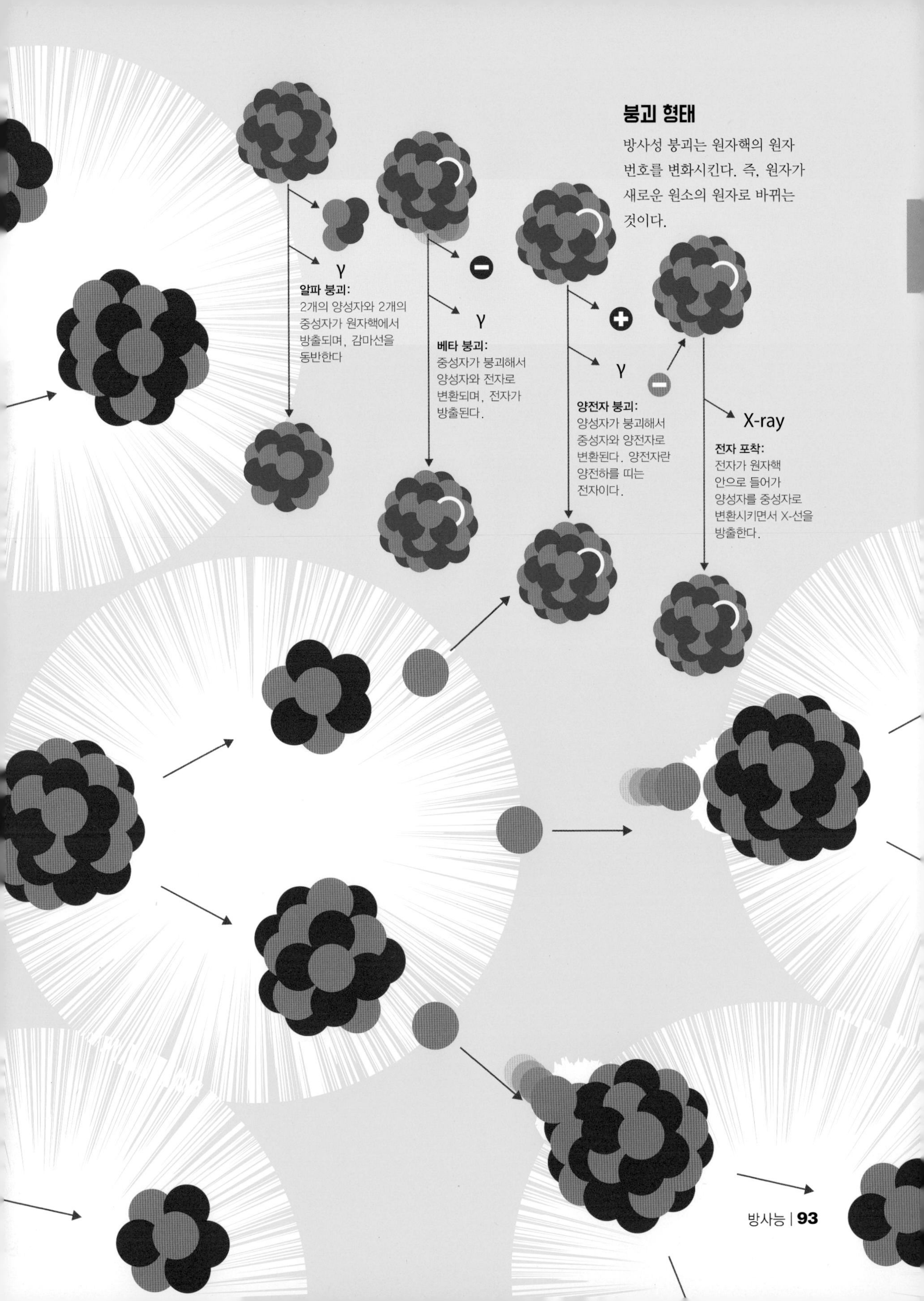

γ
알파 붕괴:
2개의 양성자와 2개의 중성자가 원자핵에서 방출되며, 감마선을 동반한다
γ
베타 붕괴:
중성자가 붕괴해서 양성자와 전자로 변환되며, 전자가 방출된다.
γ
양전자 붕괴:
양성자가 붕괴해서 중성자와 양전자로 변환된다. 양전자란 양전하를 띠는 전자이다.
X-ray
전자 포착:
전자가 원자핵 안으로 들어가 양성자를 중성자로 변환시키면서 X-선을 방출한다.

방사선량

3

방사능은 매우 자연스러운 현상이다. 암석과 대기에는 물론이고, 심지어 음식과 인체에도 방사성 동위원소가 존재한다. 이들의 자연 방사선(background radiation)은 낮은 수준이지만 발전 시설, 의학, 무기 등에 이용되는 정제된 방사능 물질에 추가적으로 노출되는 경우에는 주의 깊게 관찰할 필요가 있다.

방사능 노출

방사능 노출량은 시버트(siverts; Sv)로 표시한다. 이것은 체중 1kg에 존재하는 방사능 에너지의 양을 측정한 것이다. 밀리시버트(10^{-3}Sv)는 mSv로, 마이크로시버트(10^{-6}Sv)는 μSv로 표기한다.

● = 0.05 μSv ● = 0.02 mSv ● = 10mSv

다른 사람 옆에서 잘 때 (0.05μSv)

원자력발전소 반경 80km 이내에서 1년간 살 때 (0.09μSv)

바나나 1개 섭취 (0.1μSv)

석탄 화력발전소 반경 80km 이내에서 1년간 살 때 (0.3μSv)

치아 혹은 손의 X-선 (5μSv)

평균적인 성인이 하루 동안 받는 자연 방사선의 양 (10μSv)

뉴욕에서 LA까지 이동하는 비행기 안 (40μSv)

돌, 벽돌, 혹은 콘크리트로 지어진 건물에서 1년간 살 때 (70μSv)

환경보호국(EPA: Environmental Protection Agency)에서 정한 원자력발전소의 연간 허용량 (250μSv)

체내 포타슘으로부터의 연간 자연 방사능 노출량 (390μSv)

연간 평균 자연 방사능 노출량. 이 중 약 85%는 자연에서, 나머지 15%는 대부분 의료용 영상검사에서 발생 (~3.65mSv).

누적 효과

방사성 물질은 체내에 축적된다.
아래 도표는 일정 기간 동안 누적되는
방사능의 양을 나타낸다.

미국 방사능 작업 근로자들에게 허용되는 연간 최대 노출량 (50mSv)

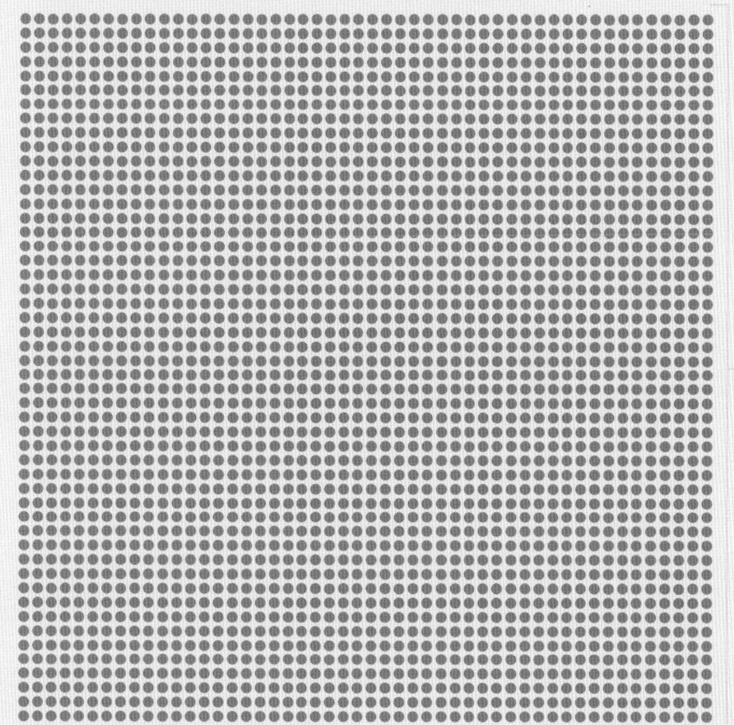

암 발생률 증가와 뚜렷한 연관을 보이는 연간
최소 노출량 (100mSv)

비상사태 시 인명 구조 작업을 하는
근로자들에게 허용되는 한계치 (250mSv)

치료를 받더라도 치명적인 양 (8Sv)

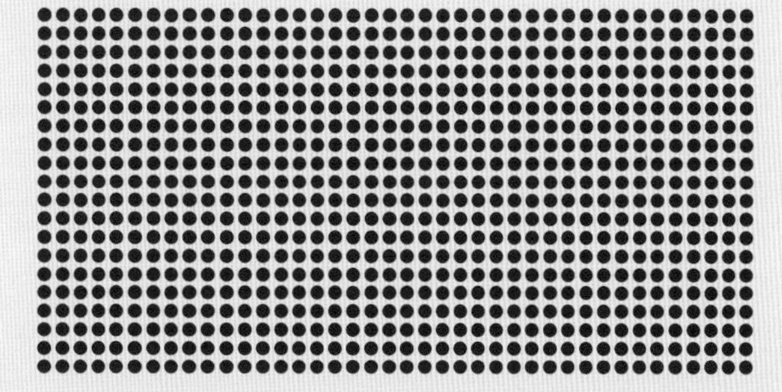

생물학적 영향

체내에서 방사능 붕괴가 일어날 때
방출되는 에너지는 대사에 관여하는
여러 복잡한 화학물질을 변화(또는 변성)
시킬 수 있다. 인체는 이렇게 손상된
화학물질을 파악해서 제거할 수 있는
능력을 가지고 있으나 여기에는 한계가
있다. 방사능에 과도하게 노출되면
암 발생률이 높아지며 방사선병이
유발될 수 있다. 이 질환은 전신에
발생하는데, 특히 위 내벽, 피부,
골수, 생식기 등 지속적으로 성장하고
세포교체주기가 빠른 조직에 치명적인
영향을 미친다. 방사능 물질에 결합하여
이들을 제거하는 화학물질이 치료제로
사용된다.

안정성

모든 원자핵에는 반감기가 있다. 반감기란 원자핵이 붕괴되어 반으로 줄어드는 데 걸리는 시간을 말한다. 방사성이 강한 원자핵은 반감기가 100만 분의 수 초 정도로 붕괴 속도가 매우 빠르다. 비방사능 원소의 반감기는 수조 년에 이른다.

안정적인 원자핵

이론적으로는 모든 원자핵이 반감기를 가지지만, 비방사능 원소의 반감기는 우주 나이보다 길다.

양성자-중성자 비율

이 도표는 우리가 알고 있는 모든 원자핵의 중성자(N)와 양성자(Z)의 수를 비율로 나타낸 것이다. 각 원자핵의 반감기를 색으로 표시했다. 지구와 우주를 구성하는 원소의 원자핵은 매우 안정적이며, 도표의 중앙에 짙은 색 띠를 이루고 있다.

증가하는 비율

크기가 작은 원소의 경우, 중성자와 양성자의 수가 대략 비슷하지만, 원자핵의 질량이 증가할수록 이 비율은 중성자 쪽으로 기울어진다. 이는 큰 원자핵 안에서는 양성자들이 멀리 떨어져 있으면서 서로를 밀어내려는 경향이 더 강하기 때문이다. 안정성을 유지하기 위해서는 전기적으로 중성인 중성자를 늘려서 양성자들끼리 밀어내는 힘을 희석한다.

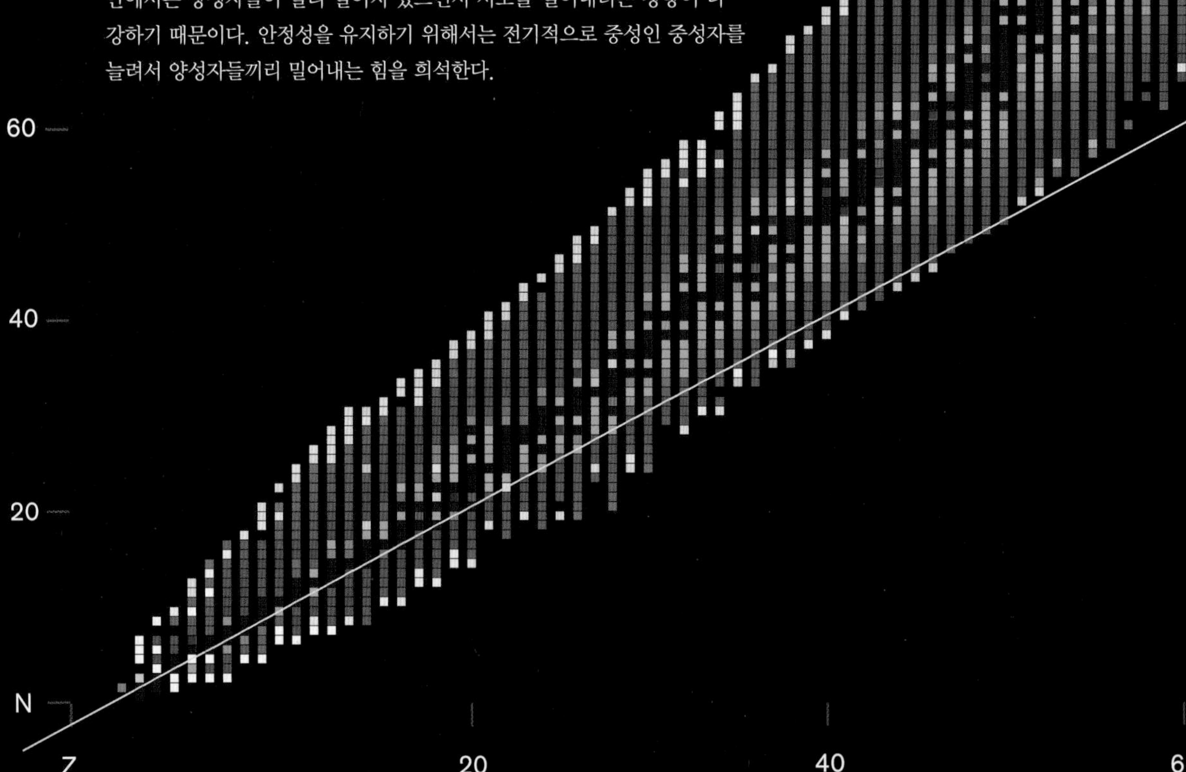

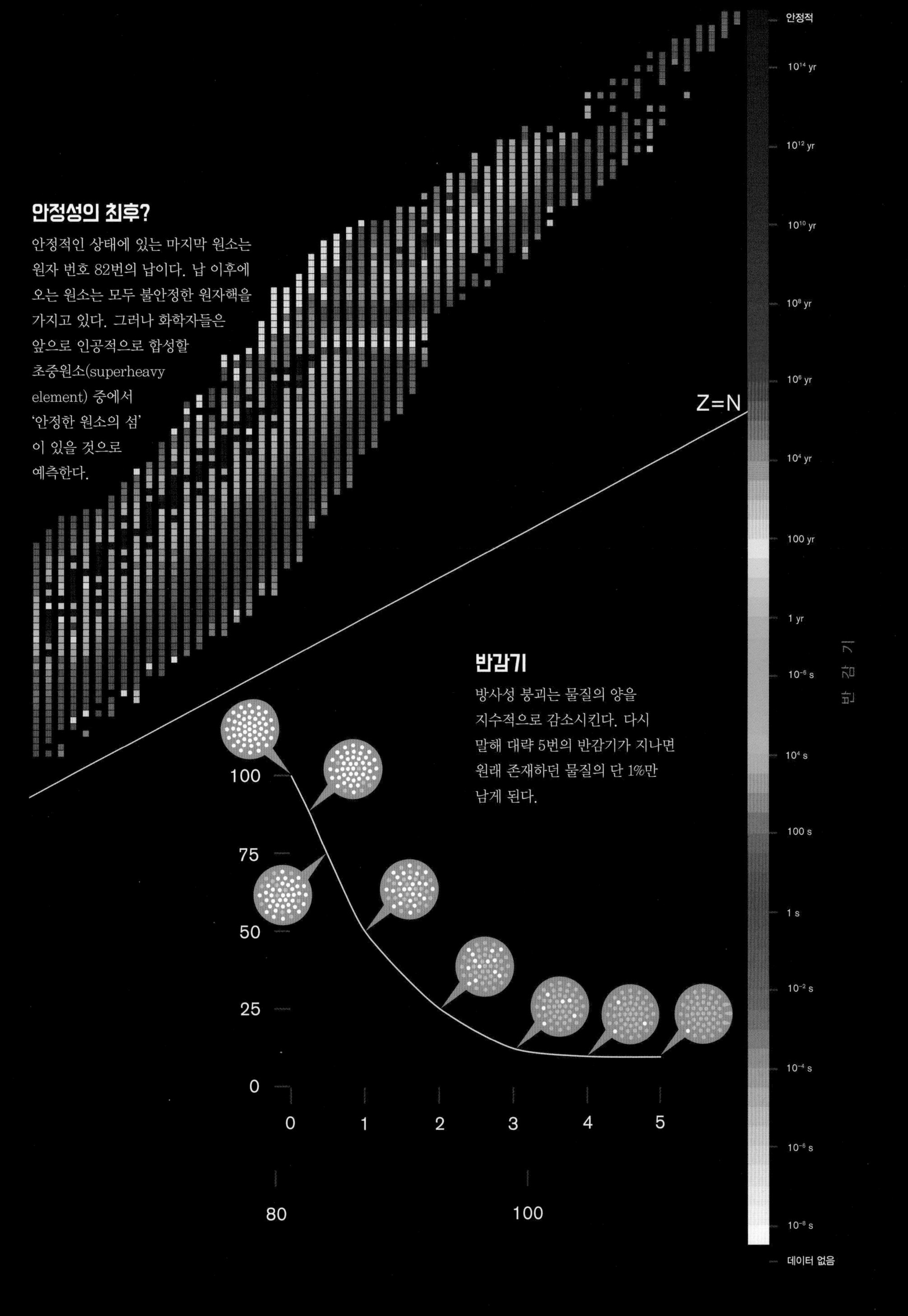

안정성의 최후?
안정적인 상태에 있는 마지막 원소는 원자 번호 82번의 납이다. 납 이후에 오는 원소는 모두 불안정한 원자핵을 가지고 있다. 그러나 화학자들은 앞으로 인공적으로 합성할 초중원소(superheavy element) 중에서 '안정한 원소의 섬'이 있을 것으로 예측한다.
Z=N
반감기
방사성 붕괴는 물질의 양을 지수적으로 감소시킨다. 다시 말해 대략 5번의 반감기가 지나면 원래 존재하던 물질의 단 1%만 남게 된다.
100
75
50
25
0
0
1
2
3
4
5
80
100
안정적
10¹⁴ yr
10¹² yr
10¹⁰ yr
10⁸ yr
10⁶ yr
10⁴ yr
100 yr
1 yr
10⁻⁶ s
10⁴ s
100 s
1 s
10⁻² s
10⁻⁴ s
10⁻⁶ s
10⁻⁸ s
데이터 없음
반 감 기

새로운 원소는 어떻게 만들어지는가?

3

방사성 금속 원소인 우라늄은 자연에 상당량 존재하는 원소 중 가장 무겁다. 그러나 1930년대 이후 과학자들은 새로운 원소를 만들면서 주기율표를 확장해 왔다.

초우라늄

인공적으로 만들어진 원소의 대부분은 우라늄보다 무겁기 때문에 초우라늄 원소라고 불린다.

원자 충돌

인공원소의 제작은 정교함과 무차별적인 대입이 잘 조합되어야 가능하다. 이 과정을 간단히 설명하면 다음과 같다. 일단 일련의 작은 원자핵(A), 즉 전자를 모두 제거한 원자를 좀 더 큰 원자핵(B)으로 이루어진 목표물을 향해 발사한다. 대개의 경우에는 아무런 효과도 나타나지 않지만, 가끔 이들 두 원자핵이 일직선상에서 완벽하게 정렬하면 큰 원자핵이 작은 원자핵을 포획하며 합쳐진다. 더 크고, 완전히 새로운 원소(C)가 생성되는 것이다.

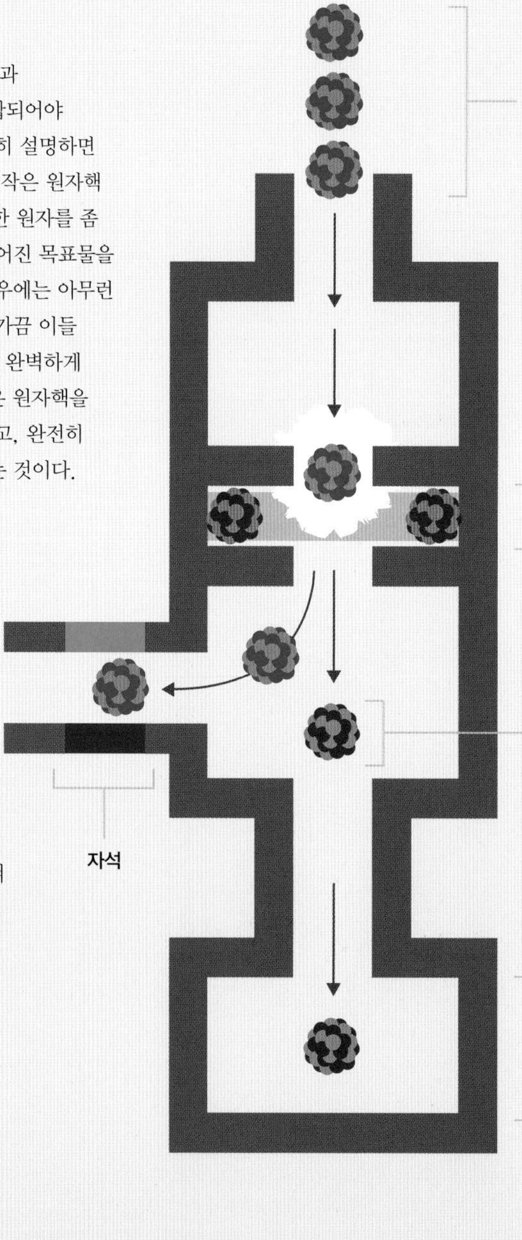

원소A

전기장을 사용해 원소A의 빔을 가속하고, 자기장을 이용해 목표물을 향해 조준한다.

원소B

목표물은 원소B가 포함되어 있는 아주 얇은 포일로 되어 있다. 원소A의 대부분은 이것을 그대로 통과해 지나간다.

원소C

아주 드물긴 하지만 원소A가 원소B와 합쳐져서 더 큰 원자핵을 만들기도 한다.

자석

세심하게 조정된 자기장은 가벼운 원자핵을 끌어 당겨 탐지기로 들어가지 않도록 하고, 무거운 원자핵은 내려가도록 놔둔다.

탐지기

새로운 원소는 매우 불안정한 동위원소일 가능성이 높기 때문에 재빨리 분석해야 한다.

폭발의 부산물

아인슈타이늄을 비롯하여 초창기의 많은 인공원소는 핵무기 실험으로 인한 거대한 폭발의 부산물로 만들어졌다.

구성 요소 목록

아래 도표는 어떤 작은 원소가 서로 충돌하여 보다 큰 초중원소의 핵을 만드는지 보여준다. 과학자들은 종종 인공원소의 원자핵을 이용해 더 무거운 원자핵을 만든다.

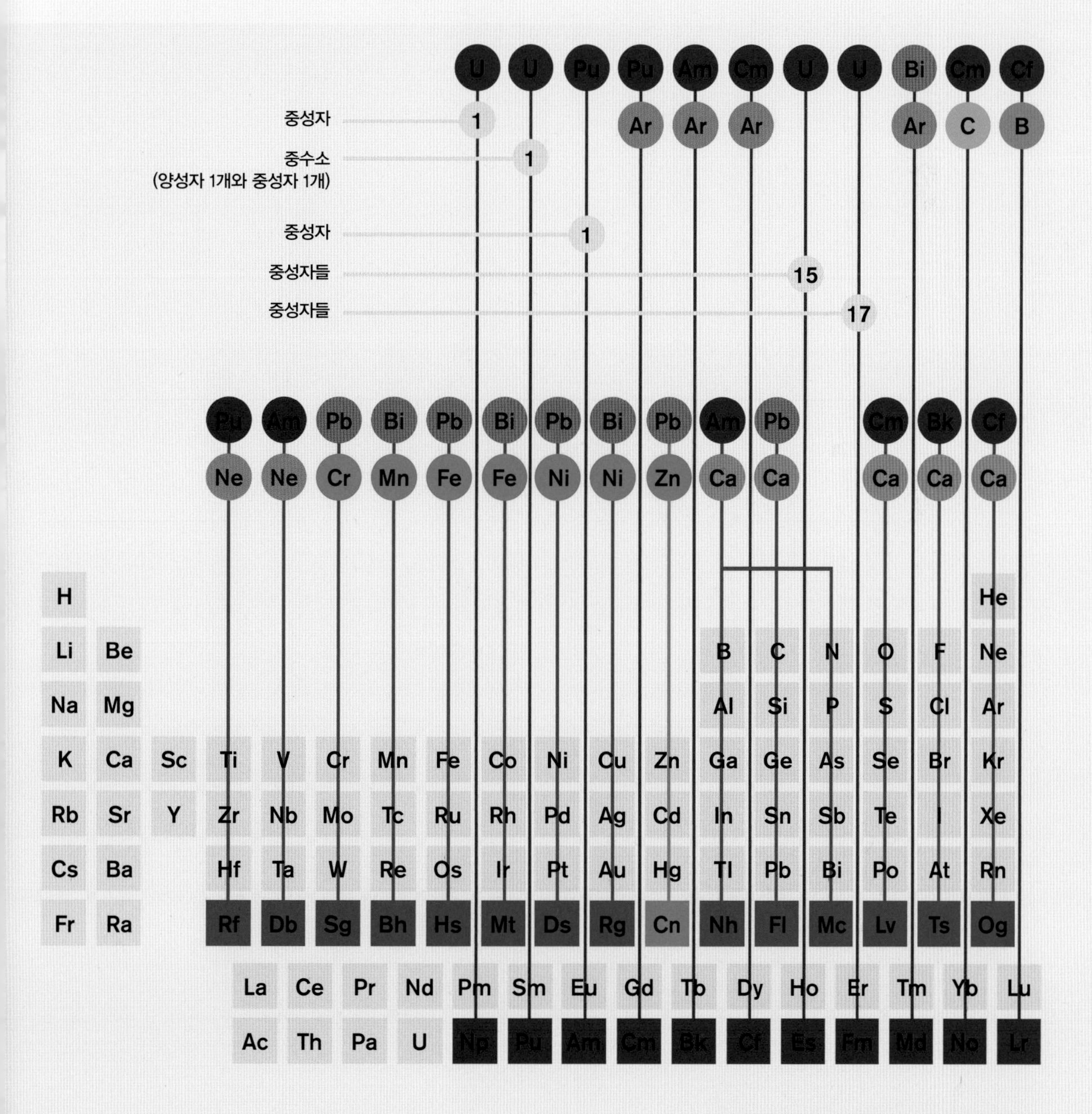

유기 화학

3

지금까지 분석된 수천만 개의 화합물 중 90% 가량이 탄소를 포함한다. 탄소 원자는 동시에 4개의 결합을 이룰 수 있기 때문에 매우 다양한 탄소 화합물이 생성되는 것이다. 탄소 화학을 '유기 화학'라고도 하는데, 이는 많은 탄소 화합물이 살아있는 생명체로부터 만들어졌거나 파생되었기 때문이다.

탄화수소

탄소와 수소로만 이루어진 가장 단순한 유기 화합물이다. 주로 연료로 사용된다.

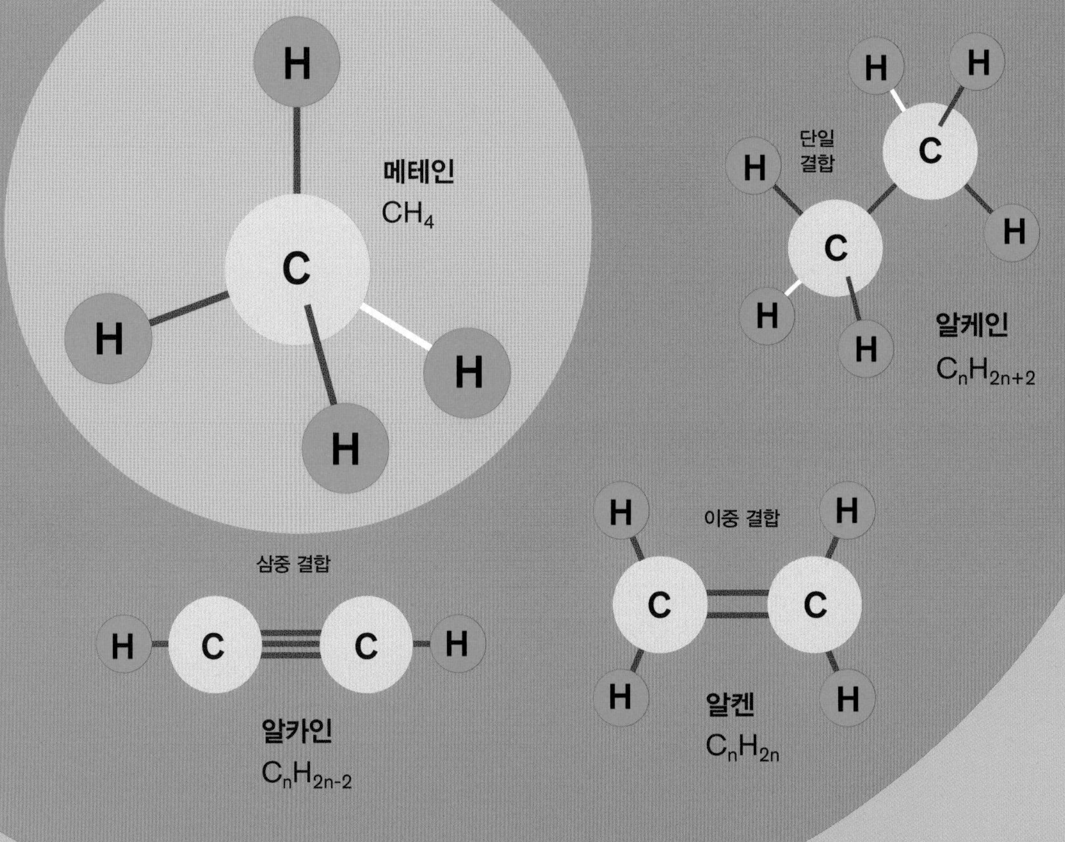

명명법

유기 화합물의 명칭은 일정한 체계를 따른다. '–에인(–ane)', '–엔(–ene)', '–아인(–yne)' 같은 접미사는 화합물의 종류를 나타내며, 접두사는 결합한 탄소의 숫자를 의미한다.

1	Meth	Methane(메테인)	CH_4
2	Eth	Ethane(에테인)	C_2H_6
3	Prop	Propane(프로페인)	C_3H_8
4	But	Butane(뷰테인)	C_4H_{10}
5	Pent	Pentane(펜테인)	C_5H_{12}
6	Hex	Hexane(헥세인)	C_6H_{14}
7	Hept	Heptane(헵테인)	C_7H_{16}
8	Oct	Octane(옥테인)	C_8H_{18}
9	Non	Nonane(노네인)	C_9H_{20}
10	Dec	Decane(데케인)	$C_{10}H_{22}$

C_4H_{10}

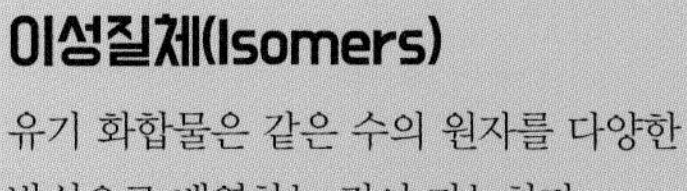

이성질체(Isomers)

유기 화합물은 같은 수의 원자를 다양한 방식으로 배열하는 것이 가능하다. 이렇게 분자식은 동일하지만 화학적 구조가 다른 물질을 이성질체라고 한다.

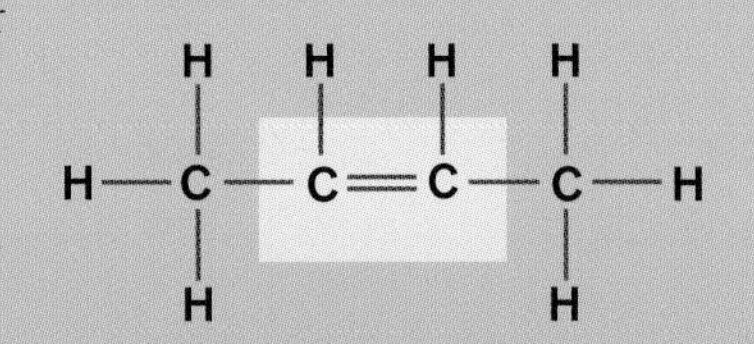

시스형-트랜스형(Cis-Trans)

이성질현상(isomerism)에 있어 치환기의 방향성도 중요하다. 트랜스 이성질체에서는 치환기가 다른 방향을 향하고, 시스 이성질체에서는 같은 방향을 향한다.

C_4H_8

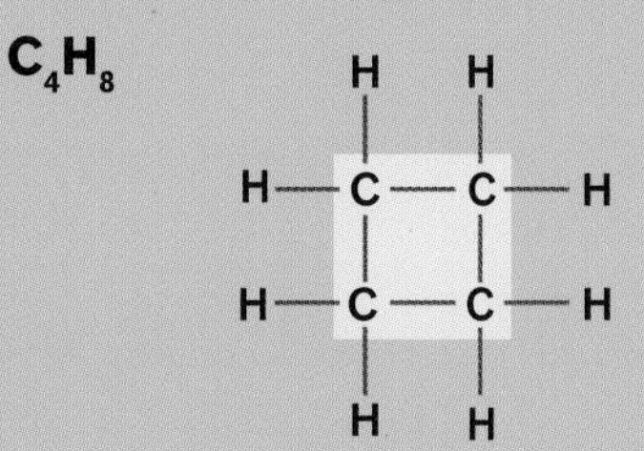

손대칭성(Handedness)

이성질체는 손대칭성(카이랄성이라고도 불림)을 지닐 수 있다. 손대칭성을 지니는 두 이성질체는 서로 거울에 비친 모습과 같다.

흔한 화학물질

우리에게 친숙한 화학물질의 대다수는 유기 화합물이다.

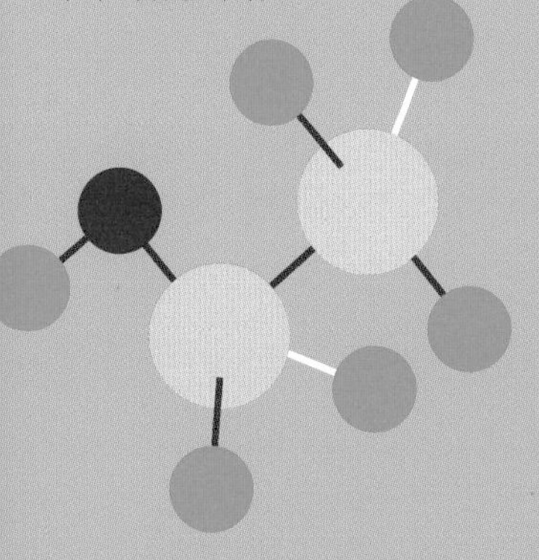

알코올 분자(예, 에탄올)는 하이드록시기(−OH)를 포함한다.

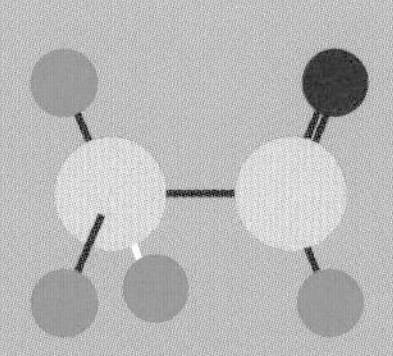

알데히드(예, 포름알데히드)는 보존제로 사용된다.

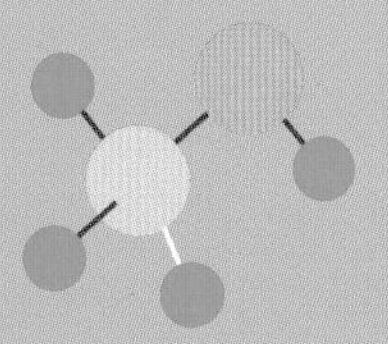

티올은 황을 포함하고 있으며, 톡 쏘는 향이 난다.

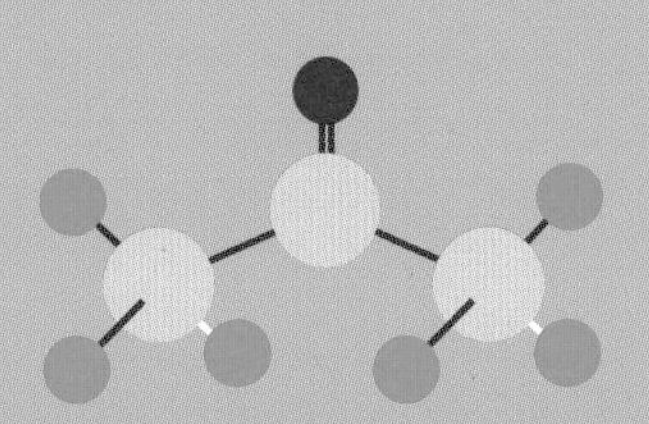

케톤은 용제(solvent)로 사용된다.

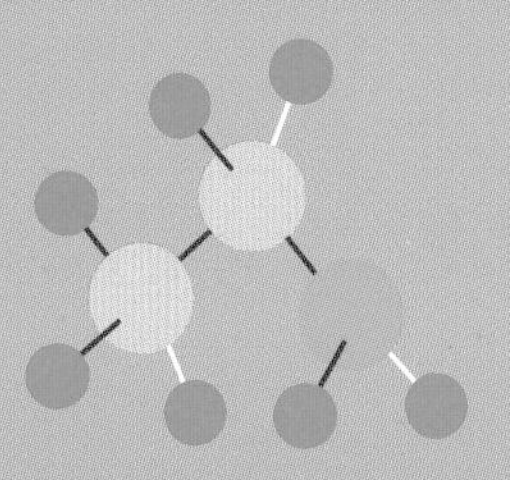

아민은 질소를 포함하며 '고기'향을 낸다.

pH 차트

3

산과 염기의 강도는 pH 척도로 표시한다. 이것은 0부터 14까지의 숫자로 나타내는데, pH 7은 산성도 염기성도 띠지 않는 중성 물질을 의미한다. pH 7을 기준으로 이보다 작으면 산성, 높으면 염기성을 띤다. 로그 스케일이므로 pH 척도 1의 차이는 강도에 있어서 10배 차이를 나타낸다.

산

pH는 '수소이온 농도 지수(potential hydrogen)'의 약어이다. 산은 수소이온(H^{+})을 내주면서 반응이 일어나는 화학물질이다. 산성이 강할수록 더 많은 수소이온을 제공하며, 반응도 더욱 격렬해진다.

염기

염기는 산의 반대 개념이다. 염기는 수산화이온(OH^-)을 내주면서 반응을 일으키며, 수소이온과 반응해 물을 만든다. 따라서 산과 염기가 반응해서 생성되는 물질에는 반드시 물이 포함된다.

지시약

용액의 pH를 나타내기 위해 색이 있는 화학물질을 사용한다. 이러한 색은 만능지시약(universal indicator)을 기준으로 한다.

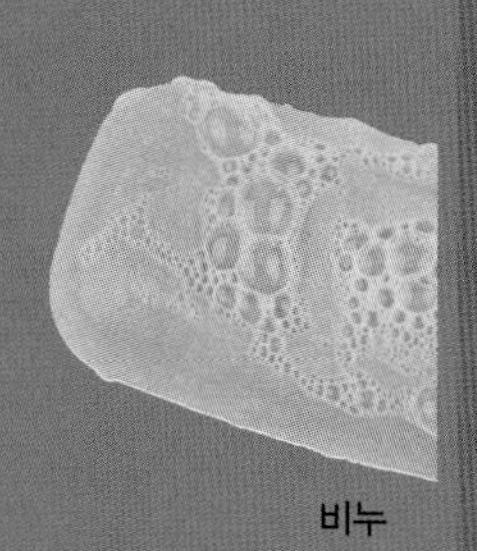

비누

소화제

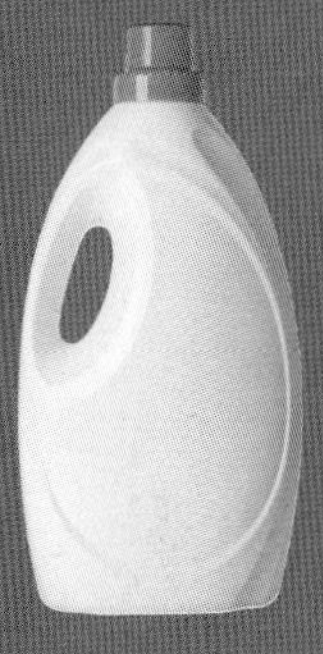

표백제

암모니아

배수구 청소제

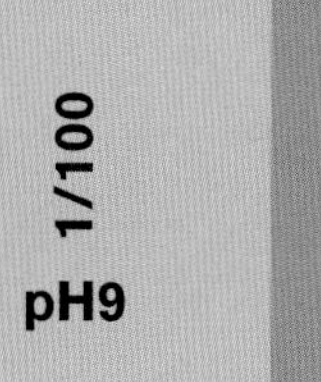

베이킹 소다

1/10	1/100	1/1,000	1/10,000	1/100,000	1/1,000,000	1/10,000,000
pH8	pH9	pH10	pH11	pH12	pH13	pH14

염기성

증류수와 비교한 수소 이온의 농도

보석의 화학

3

보석은 귀하게 여겨지는 결정체로 몇 가지 공통적인 성질을 갖는다. 이들은 모두 단단해서 충격이나 긁힘에 쉽게 손상되지 않으며, 빛을 투과시키므로 적절하게 절단할 경우 자체 광택으로 반짝거린다. 그러나 보석을 진정 돋보이게 하는 것은 바로 색깔이다.

반사

보석의 색은 어떤 빛이 반사되는지에 따라 결정된다. 반사되는 빛을 제외한 모든 빛은 결정 격자에 의해 흡수된다.

사파이어

화합물: 산화알루미늄
불순물: 타이타늄

다이아몬드

순수한 탄소

터키석

화합물: 수산화알루미늄
불순물: 구리

옥

화합물: 규산알루미늄소듐
불순물: 크로뮴, 철

페리도트

화합물: 규산마그네슘
불순물: 철

가넷

화합물: 규산알루민산마그네슘
불순물: 철

자수정

화합물: 이산화규소
불순물: 철

황수정

화합물: 이산화규소
불순물: 알루미늄

격자 구조

보석의 격자 구조는 원자를 견고하고 반복적인 망(network) 안에 가둔다. 이것이 보석이 단단한 이유이다.

주요 불순물

아래 도표에서 알 수 있듯이 보석은 대개 서로 유사한 (동일한 것도 있음) 광물 화합물이며, 이들 대부분은 무색이다. 보석이 매력적인 색채를 지니는 것은 미량의 불순물 덕분이다.

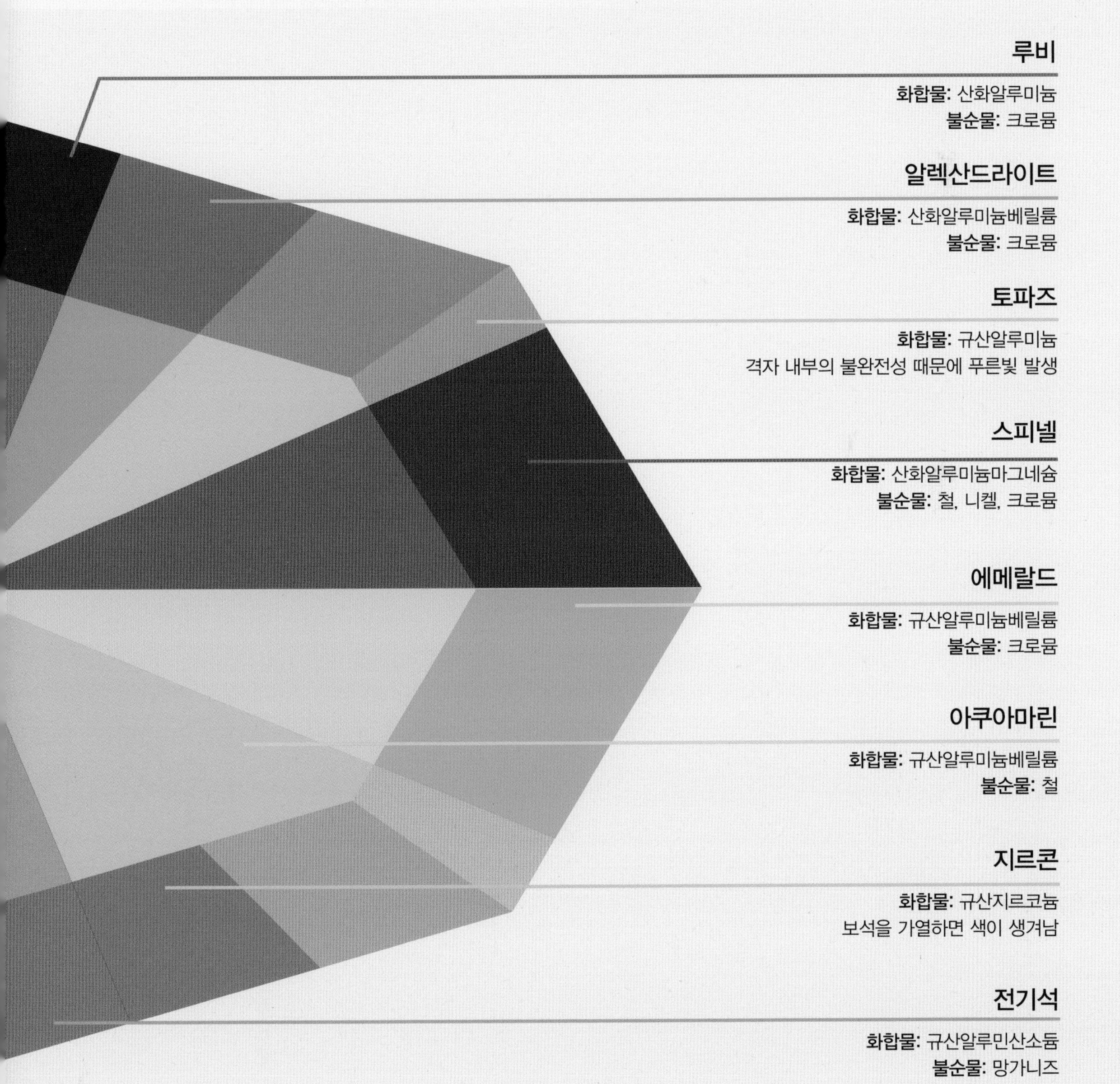

4

원소별로 살펴보기

수소

H 1

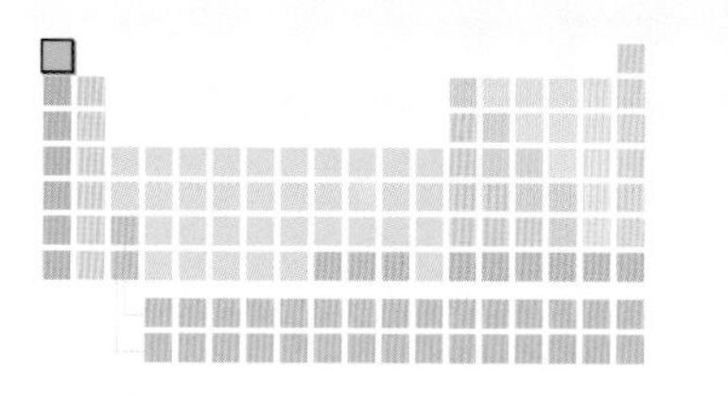

수소는 주기율표의 첫 번째 원소이다. 모든 원소들 중에서 가장 단순한 원자구조를 가지고 있는 수소는, 1개의 양성자로 이루어진 원자핵과 이를 둘러싼 궤도(orbit)에 1개의 전자를 갖는다. 수소는 1족 원소이지만 다른 1족 원소들과는 달리 금속이 아니라 매우 가벼운 기체이다. 수소 이온이 포함된 화합물을 산(acids)이라 한다.

수소의 중요성

수소는 우주에 가장 풍부한 원소인데 이는 수소가 우주에서 가장 먼저 생성되었기 때문이다. 그럼에도 불구하고 빅뱅(Big Bang) 이후 수소 원자가 형성될 정도로 우주가 식기까지에는 38만년이라는 긴 시간이 걸렸다.

25%

75%

가시적 우주

별, 행성, 그리고 은하와 같이 우리가 우주에서 눈으로 볼 수 있는 것들은 모두 원소로 이루어져 있다. 이들 가시적 우주의 4분의 3을 차지하는 물질이 바로 수소이다. 그리고 다른 92개 정도의 원시 원소가 나머지 4분의 1을 구성한다.

암흑의 세계로

1930년대 천문학자들은 눈에 보이지도 않고 원소로부터 만들어진 것도 아닌 미지의 '암흑 물질(dark matter)'을 발견했다. 1990년대 후반에는 중력에 대항하여 우주를 밀어내는 '암흑 에너지(dark energy)'도 발견했다. 우주의

96%

가 암흑 물질과 암흑 에너지로 이루어져 있다. 수소는 매우 풍부한 원소임에도 불구하고 전체 우주의 겨우 3%를 차지하고 있을 뿐이며, 다른 원소들이 남은 1%를 구성한다.

원자량: 1.00794
색: 해당 없음
상태: 기체
녹는점: −259°C (−434°F)
끓는점: −253°C (−423°F)
결정구조: 해당 없음

분류: 비금속
원자 번호: 1

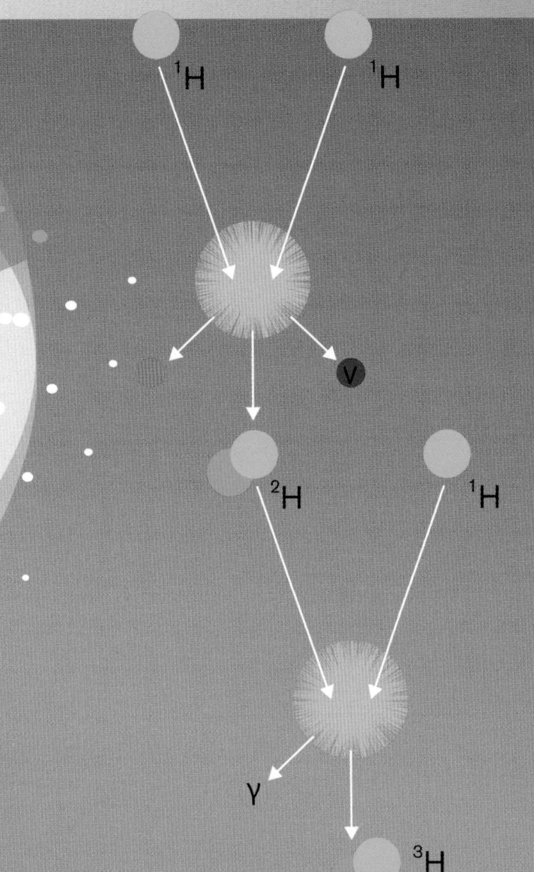

4%

융합 에너지

대부분의 별들과 마찬가지로 태양은 둥근 공 모양의 수소 플라즈마로 자체 중력으로 인해 점차 붕괴되고 있다. 태양 중심부에서는 높은 압력으로 인해 수소 원자들의 융합이 일어난다. 먼저 2개의 수소 원자가 결합하여 1개의 중수소(deuterium, ^{2}H)를 만드는데, 이는 수소의 동위원소로 원자핵 안에 중성자와 양성자를 각각 1개씩 갖는다. 다음으로 수소와 중수소가 융합하여 2개의 중성자를 지닌 동위원소인 삼중수소(tritium, ^{3}H)를 만든다. 그리고 최종적으로 삼중수소 2개가 결합해 두 번째로 가벼운 원소인 헬륨(^{4}He) 원자 하나를 만든다.

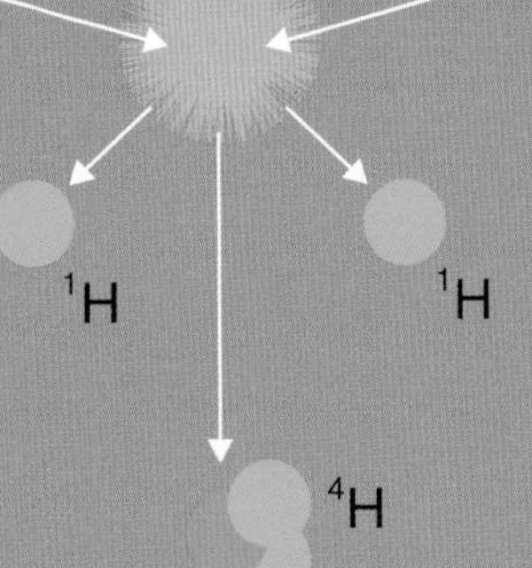

핵융합으로 열과 빛이 방출되어 별이 밝게 빛난다. 이 과정에서 원자 질량의 4%가 순수한 에너지로 변환된다. 태양은 핵융합을 통해 스스로를 서서히 갉아먹고 있는 것이다.

헬륨

He 2

원자량: 4.002602
색: 해당 없음
상태: 기체
녹는점: −272°C (−458°F)
끓는점: −269°C (−452°F)
결정구조: 해당 없음

분류: 비활성 기체
원자 번호: 2

헬륨은 비활성 기체 그룹의 가장 처음에 있는 원소이다. 비활성 기체란 화학적으로 활발하지 못하여 다른 '일반' 원소들과 결합하지 않기 때문에 붙여진 이름이다. 헬륨은 최초로 발견된 비활성 기체였는데, 특별한 장소, 즉 태양 빛에서 발견되었다. 1868년의 개기일식 당시 천문학자들은 태양 주변을 둘러싼 고리 모양의 빛나는 기체인 코로나를 연구하고 있었다. 그들은 이 빛에서 당시까지 알려지지 않았던 새로운 색의 스펙트럼을 발견했다. 이것은 태양이 새로운 원소를 포함하고 있음을 의미하는 것으로, '태양의 금속'이라는 뜻에서 헬륨이라 명명했다. 1895년, 화학자들은 지구에서 발견되는 헬륨이 방사성 암석이나 화산에서 나오는 매우 가벼운 기체라는 사실을 알게 되었다.

헬륨의 발광 스펙트럼

끽끽 소리

헬륨은 여러 용도로 쓰이는 중요한 원소이다. 그다지 중요한 용도는 아니지만 헬륨을 이용해 끽끽거리는 목소리를 낼 수도 있는데, 이러한 현상은 공기보다 밀도가 낮은 헬륨에서 소리의 속도가 3배 정도 빨라지기 때문에 일어난다.

공기

헬륨

리튬

원자량: 6.941
색: 은백색
상태: 고체
녹는점: 181°C (358°F)
끓는점: 1,342°C (2,448°F)
결정구조: 체심입방체

분류: 알칼리 금속
원자 번호: 3

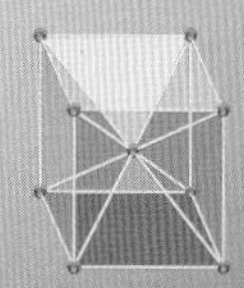

리튬은 주기율표에 처음 등장하는 금속 원소이다. 이것은 양극성 장애(조울증)와 같은 기분 장애의 치료제로 사용되고, 열핵무기, 즉 수소폭탄의 폭파 장치로도 이용된다. 그러나 리튬이 가장 많이 이용되는 분야는 소형 2차 전지로, 현재 휴대전화에 널리 사용되고 있으며 미래 전기자동차의 배터리로도 각광받고 있다.

칠레
12,900톤

호주
13,000톤

소금 광산

리튬은 대개 암석에 섞여 발견되지만, 리튬을 주로 채굴하는 곳은 소금 평야, 특히 남아메리카 대륙의 안데스 지역에 있는 소금 평야이다. 이 도표에는 나와 있지 않지만 전 세계 매장량의 반을 차지하고 있는 볼리비아가 머지 않아 리튬의 최대 생산국이 될 것이다.

중국
5,000톤

짐바브웨
1,000톤

아르헨티나
2,900톤

아르헨티나
570톤

아르헨티나
400톤

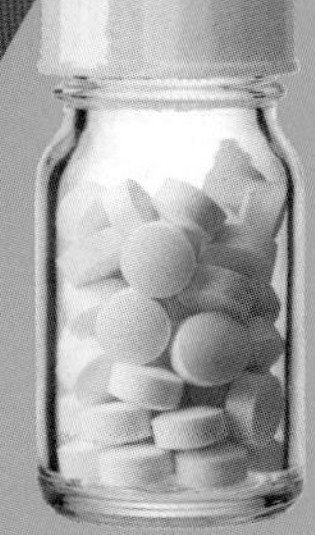

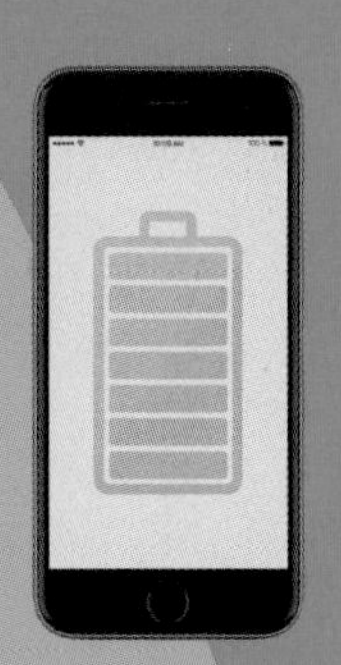

베릴륨

Be 4

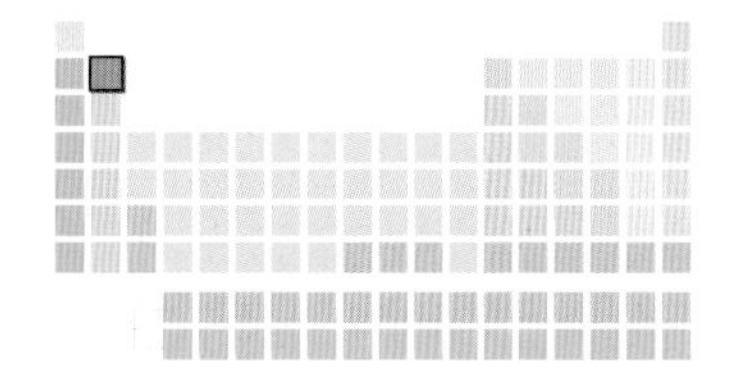

원자량: 9.012182
색: 은백색
상태: 고체
녹는점: 1,287°C (2,349°F)
끓는점: 2,469°C (4,476°F)
결정구조: 육방체

분류: 알칼리 토금속
원자 번호: 4

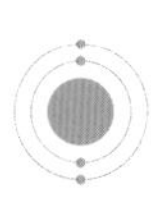

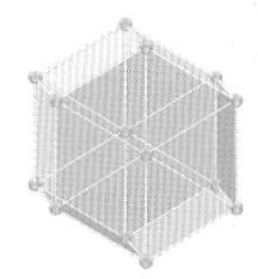

베릴륨은 반응성이 낮은 금속으로 열에 대해 매우 안정적이다. 즉, 이 금속은 가열해도 팽창하거나 휘지 않는다.

제임스 웹 우주 망원경

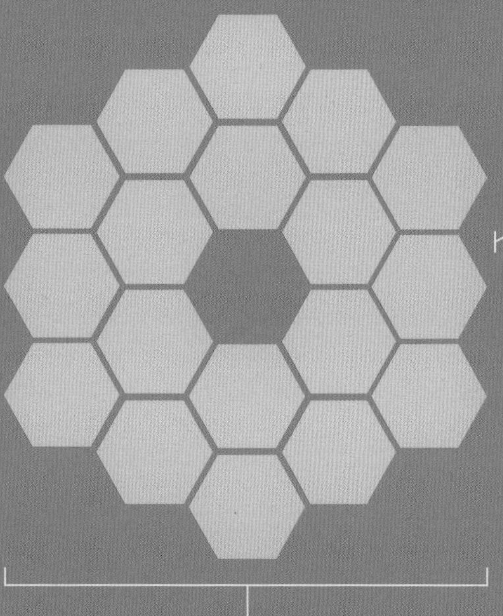

6.5m

1,300만 광년

열 반사경

베릴륨은 제임스 웹 우주 망원경(James Webb Space Telescope: JWST)의 반사경을 만드는 데 사용되었다. 이 반사경은 지금까지 우주로 발사된 것 중에서 가장 크며, 우주로부터 빛이 아니라 열선(heat ray)을 관측하기 위해 만들어졌다.

1,200만 광년

허블 우주 망원경

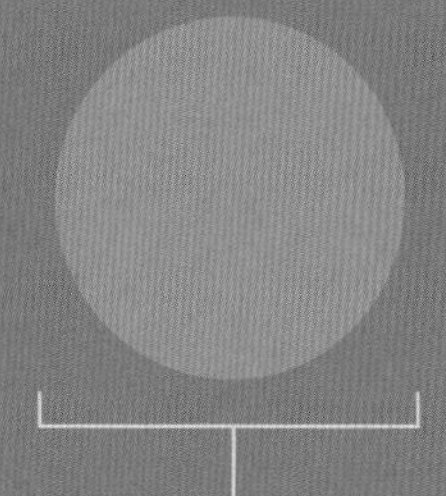

2.4m

빛의 확장

가장 오래되고 가장 멀리 있는 별에서 나오는 빛은 매우 긴 시간 동안 우주를 통과해 오면서 눈에 보이지 않는 적외선 영역까지 확장되었다. 허블 우주 망원경은 빛만 감지할 수 있는 반면, JWST는 가시광선보다 긴 파장까지 관측이 가능하기 때문에 100만 광년 이상 더 멀리 있는 별도 볼 수 있다.

붕소

전투기 애프터버너 점화장치

원자량: 10.8111
색: 다양
상태: 고체
녹는점: 2,076°C (3,769°F)
끓는점: 3,927°C (7,101°F)

결정구조: 능면체
분류: 준금속
원자 번호: 5

5
B

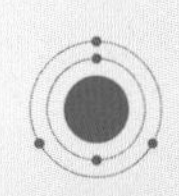

붕소는 짙은 색의 단단한 고체로 광택이 거의 없다. 이름(boron)과 달리 이 금속은 결코 지루하지(boring) 않으며 매우 다양한 용도로 쓰인다.

원자로의 제어봉

제어봉 안에 있는 붕소는 핵분열이 일어날 때 방출되는 중성자를 흡수한다. 원자로 안에 제어봉을 삽입하면 연쇄 반응의 속도를 낮추기 때문에 핵분열의 감속재로 쓰인다.

내열유리

TV 광석

붕산염 광물인 울렉사이트(ulexite)는 투과율이 무척 좋기 때문에 선명한 이미지를 만들 수 있다.

실리 퍼티
(찰흙 같은 장난감으로 신축성이 뛰어남)

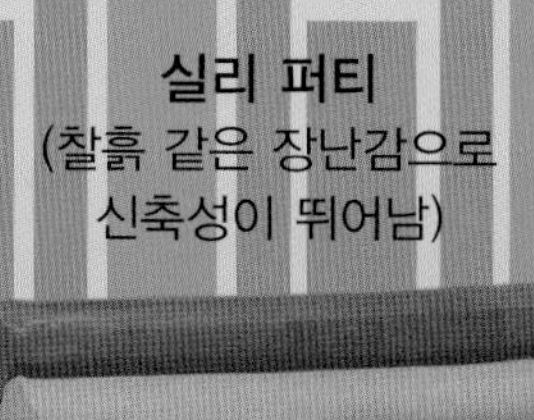

방탄복

탄소

C 6

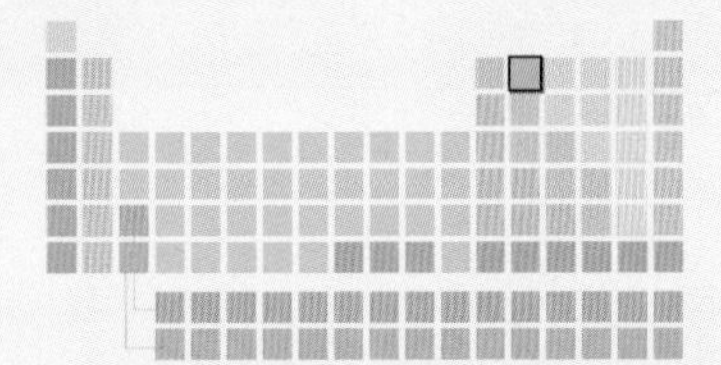

원자량: 12.0107
색: 투명(다이아몬드), 검정색(흑연)
상태: 고체
녹는점: 해당 없음 – 녹기 전에 바로 증기로 변함(승화)
승화점: 3,642°C (6,588°F)
결정구조: 육방체(흑연), 면심입방체(다이아몬드)
분류: 비금속
원자 번호: 6

탄소는 생명체에서 발견되는 모든 화학물질의 기본으로, 탄소 순환(carbon cycle)을 통해 생물권(biosphere)에서 순환한다.

기체 순환

식물은 이산화탄소(CO_2)를 이용해 당을 만드는 광합성을 한다. 이 기체는 호흡을 거쳐 대기로 되돌아오는데, 호흡이란 식물과, 식물을 먹이로 하는 동물이 당을 연소(분해)시키고 에너지를 방출하는 과정을 말한다.

화석 연료

동물의 사체가 미생물에 의해 분해되면서 CO_2의 형태로 탄소가 배출된다. 사체의 일부는 땅 속으로 들어가 암석에 포함되며, 탄소가 풍부한 물질은 석탄이나 석유, 석유가스를 생성한다.

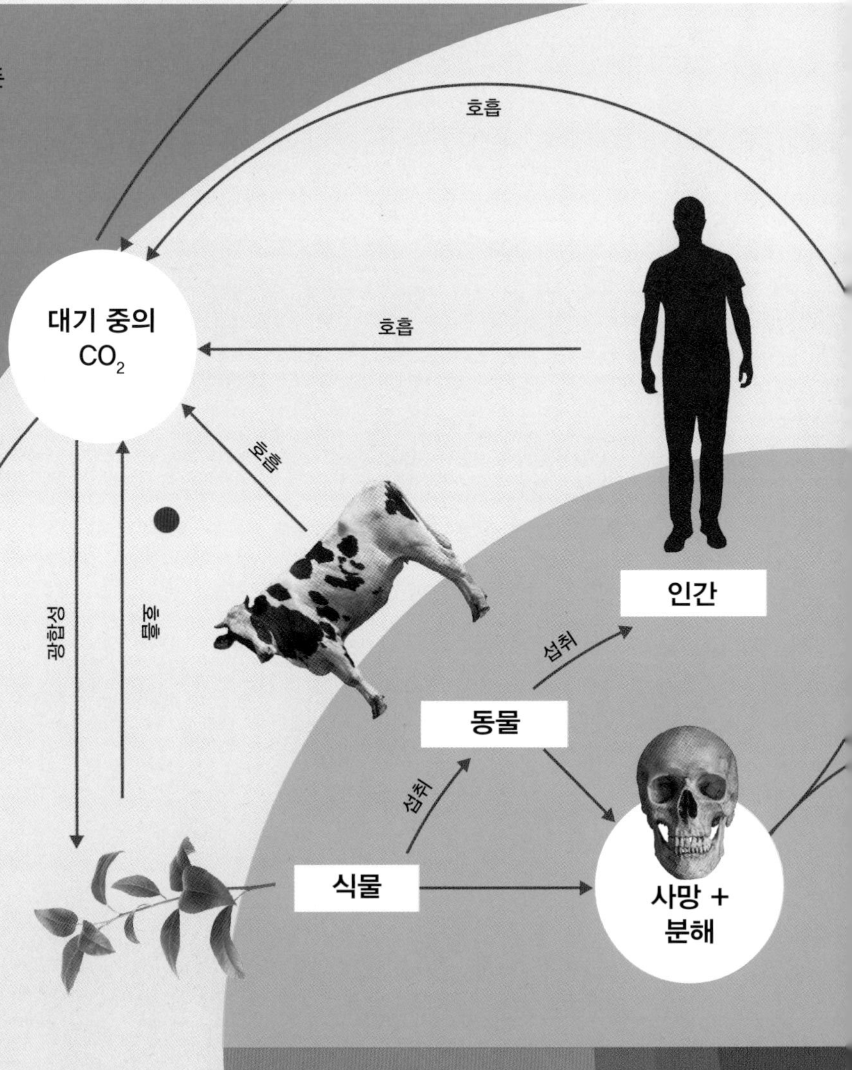

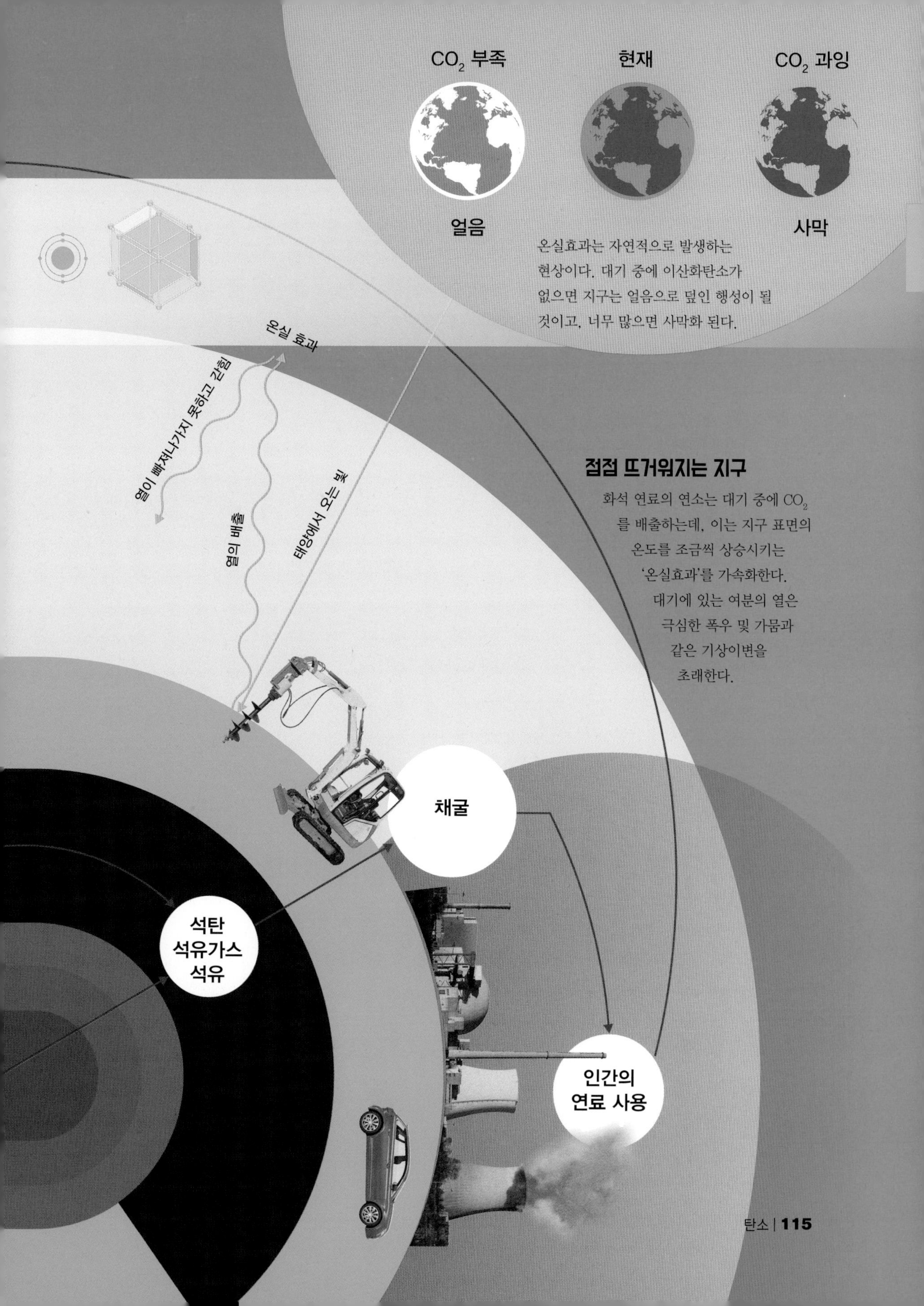
CO_2 부족
현재
CO_2 과잉
얼음
사막
온실효과는 자연적으로 발생하는 현상이다. 대기 중에 이산화탄소가 없으면 지구는 얼음으로 덮인 행성이 될 것이고, 너무 많으면 사막화 된다.
온실 효과
열이 빠져나가지 못하고 갇힘
열이 배출
태양에서 오는 빛
점점 뜨거워지는 지구
화석 연료의 연소는 대기 중에 CO_2 를 배출하는데, 이는 지구 표면의 온도를 조금씩 상승시키는 '온실효과'를 가속화한다. 대기에 있는 여분의 열은 극심한 폭우 및 가뭄과 같은 기상이변을 초래한다.
채굴
석탄
석유가스
석유
인간의
연료 사용

질소

N 7

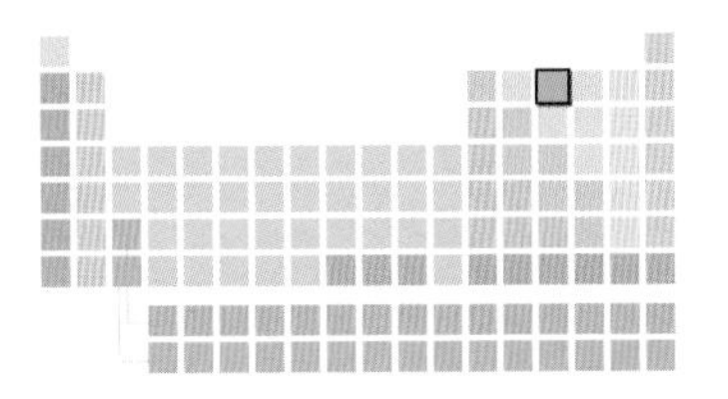

질소는 반응성이 약한 기체로 우리가 호흡하는 공기의 80%를 차지하고 있다. 질소는 또한 세포를 구성하는 단백질을 만드는 데 사용되는 필수 원소이기도 하다. 현대의 산업형 농업에서는 생산량을 늘리기 위해 식물의 성장을 촉진시키는 질소 비료가 반드시 필요하다. 전 세계 인구의 3분의 1 가량이 인공 질소원이 함유되어 있는 음식을 섭취하고 있다.

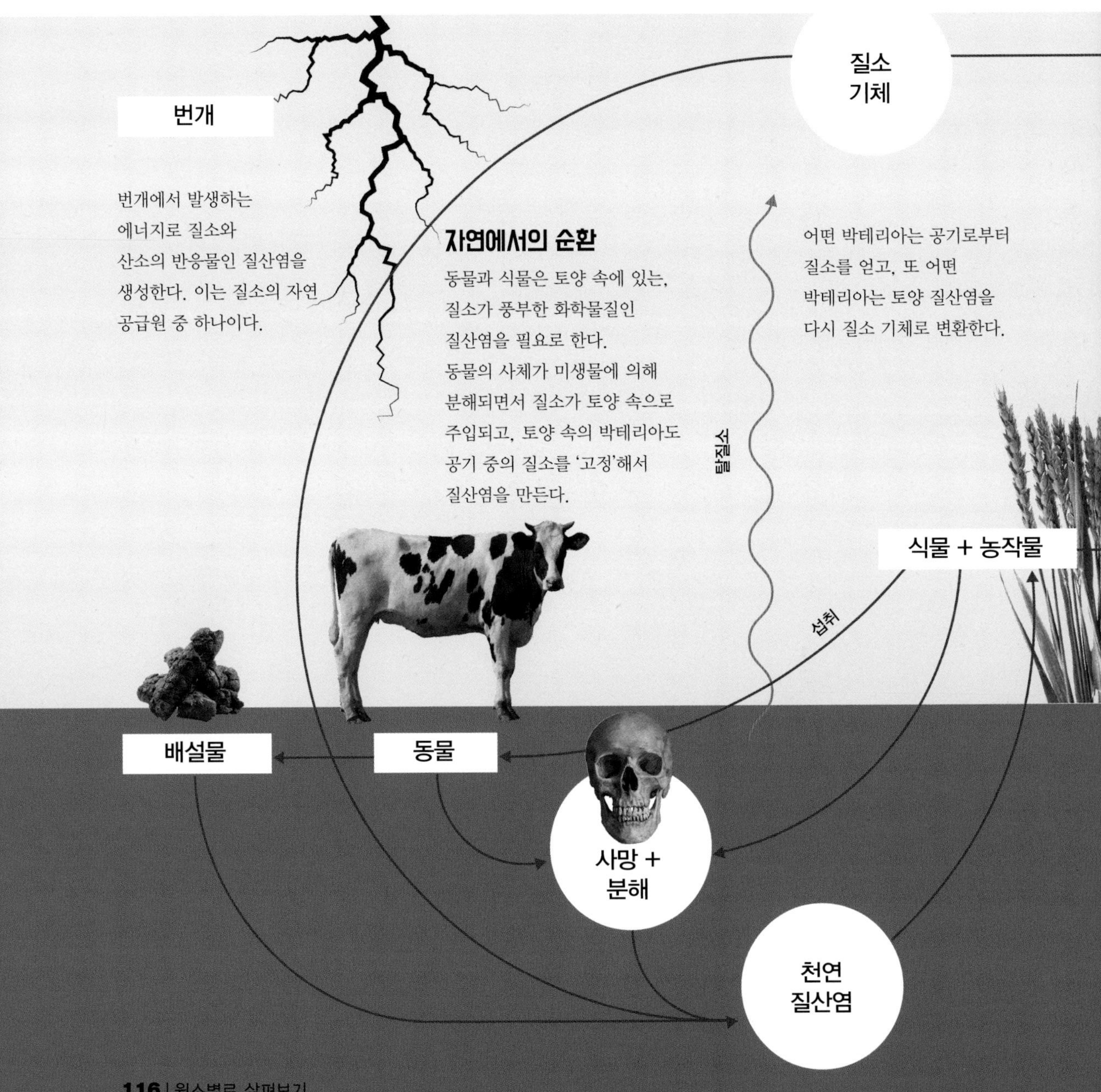

질소 기체
번개
번개에서 발생하는 에너지로 질소와 산소의 반응물인 질산염을 생성한다. 이는 질소의 자연 공급원 중 하나이다.
자연에서의 순환
동물과 식물은 토양 속에 있는, 질소가 풍부한 화학물질인 질산염을 필요로 한다. 동물의 사체가 미생물에 의해 분해되면서 질소가 토양 속으로 주입되고, 토양 속의 박테리아도 공기 중의 질소를 '고정'해서 질산염을 만든다.
어떤 박테리아는 공기로부터 질소를 얻고, 또 어떤 박테리아는 토양 질산염을 다시 질소 기체로 변환한다.
탈질소
식물 + 농작물
섭취
배설물
동물
사망 + 분해
천연 질산염

원자량: 14.00672
색: 무색
상태: 기체
녹는점: −210°C (−346°F)
끓는점: −196°C (−320°F)
결정구조: 해당 없음

분류: 비금속
원자 번호: 7

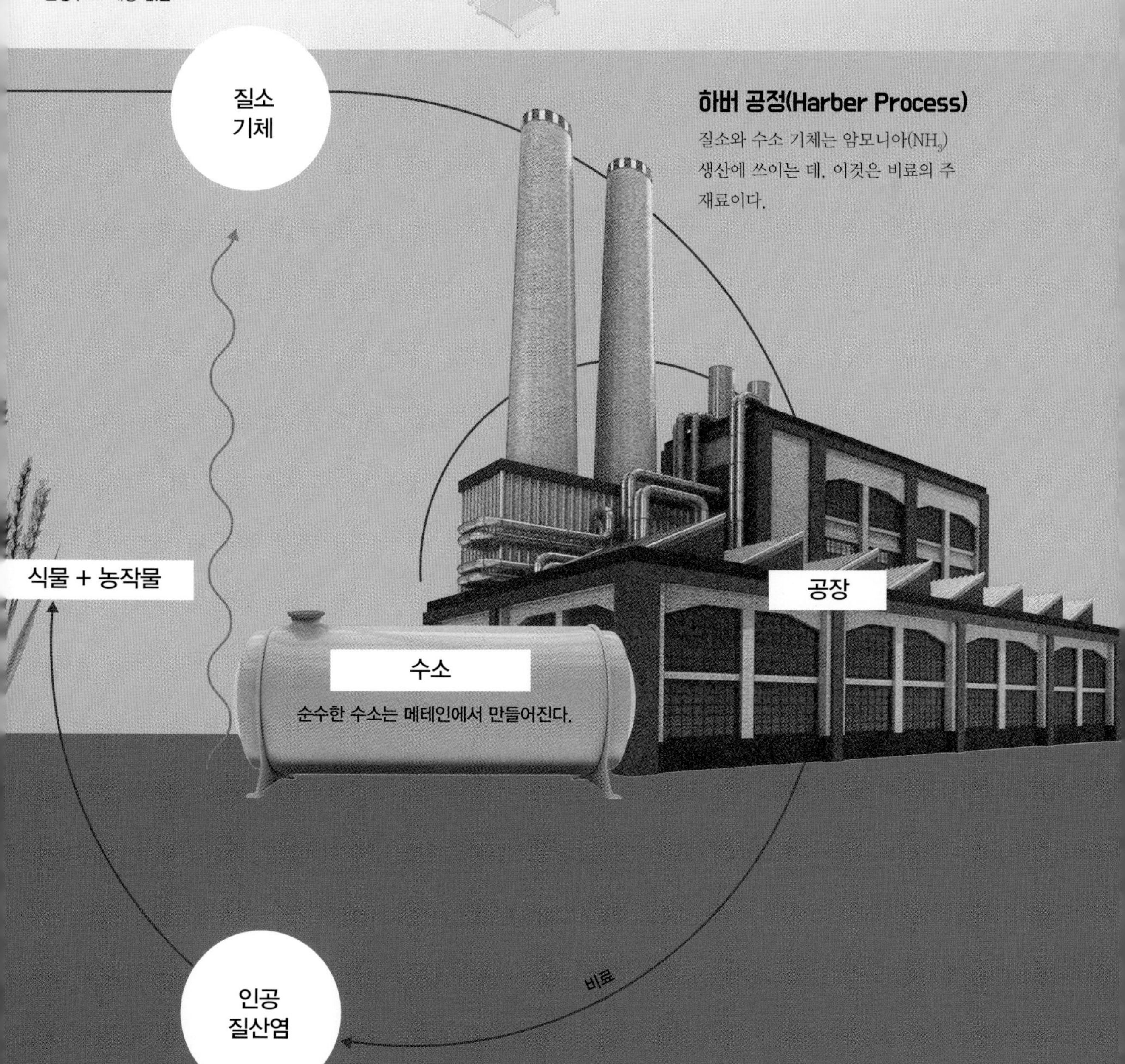

하버 공정(Harber Process)

질소와 수소 기체는 암모니아(NH_3) 생산에 쓰이는 데, 이것은 비료의 주 재료이다.

산소

O 8

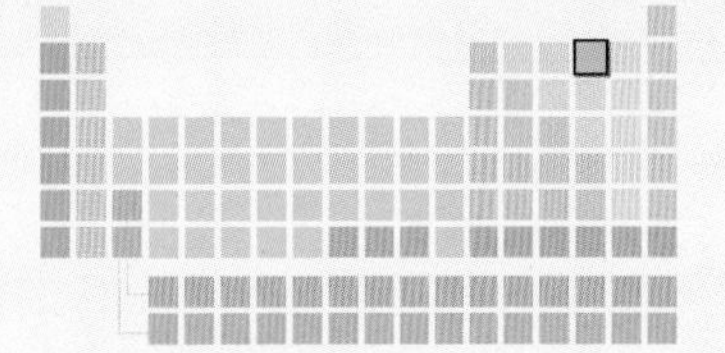

산소는 반응성이 큰 기체이다. 산소는 전기음성도가 매우 강한데 이는 화학반응을 할 때 최외각 전자껍질로 전자를 강하게 끌어당겨 결합을 형성한다는 의미이다. 산소보다 반응성이 더 큰 원소들도 더러 존재한다. 하지만 다른 원소와 결합해 쉽게 화합물을 만드는 성질에도 불구하고 자연에서 주로 순수한 형태로 존재한다는 점에서 산소는 독특한 원소이다.

무거운 물

지표면의 70%는 수소와 산소의 화합물인 물로 덮여 있다. 수소 원자는 산소 원자보다 두 배 많지만, 산소가 훨씬 무겁기 때문에 바다 질량의 88%를 차지하는 것은 산소이다.

풍부한 원소

산소는 지각에 존재하는 가장 풍부한 원소이다. 암석 질량의 49%를 차지하고 있으며, 규사(모래), 진흙, 석회암을 포함한 대부분의 광물에 함유되어 있다.

희박한 공기 속으로

에베레스트산 정상의 기압은 해수면 표준기압의 3분의 1 정도이다. 이 곳은 기압이 너무 낮기 때문에 산소가 혈액 내로 효율적으로 전달되지 못한다. 단순히 평소보다 세 배 더 빠르게 호흡을 하는 것만으로는 충분하지 않다. 그렇기 때문에 에베레스트산을 비롯해 고도 8,000미터 이상의 산 정상은 '죽음의 지대(Death Zone)'로 알려져 있다. 이 곳에 오래 있으면 신체 기능이 점차 떨어지고, 결국 의식이 없어지면서 사망하게 된다.

유독 가스

공기 중의 순수한 산소는 모두 식물을 비롯해 광합성을 하는 생명체로부터 온 것이다. 처음 지구의 대기가 형성되었을 때는 지각으로부터 산소가 방출되지 않았고, 20억 년 동안 지구는 주로 질소와 이산화탄소로 뒤덮여 있었다. 초기 생명체는 산소를 필요로 하지 않았다. 대신 이들은 황과 같은 다른 화학물질을 이용해 필요한 에너지를 얻었다. 23억 년 전 광합성이 시작되면서 엄청난 양의 산소가 방출되었다. 하지만 초기 생명체에게 산소는 독성이 강한 물질일 뿐이었고, 결국 광합성은 산소 급증 사건(Great Oxygenation Event)이라 알려진 기간 동안 대부분의 지구 생명체 멸종을 가져왔다. 역설적이게도 광합성은 먹이 사슬의 기반이다. 만약 광합성이 없었다면, 오늘날 우리가 알고 있는 생태계는 존재하지 않았을 것이다.

원자량: 15.9994
색: 무색
상태: 기체
녹는점: −219°C (−362°F)
끓는점: −183°C (−297°F)
결정구조: 해당 없음

분류: 비금속
원자 번호: 8

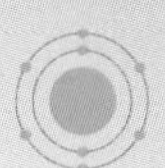

자성 액체

산소는 상자성(paramagnetic)을 띠는데, 이는 산소가 자기장 쪽으로 끌어당겨진다는 의미이다. 산소가 기체 상태일 때는 상호작용이 매우 약해서 거의 무시할 수 있는 정도이지만, 산소를 냉각시켜 액체화하면 자성이 강해져서 자석으로 액체 산소의 흐름을 휘어지게 할 수도 있다.

거대 동물의 출현

산소는 현재 대기의 21%를 구성하지만, 먼 옛날에는 더 많은 산소가 존재하던 시절이 있었다. 대략 3억년 전 석탄기(Carboniferous period)에는 최초의 나무가 생겨났고, 이들이 많은 양의 산소를 배출해 공기 중 산소의 비율은 35%에 달했다. 무척추동물은 체표면을 통해 산소를 직접적으로 받아들여 거대한 크기로 성장할 수 있었다. 예를 들어 거대 잠자리인 메가네우라(meganeura)는 65cm까지 자랐고, 노래기의 일종인 아르트로플레우라(arthropleura)는 길이가 2.3m에 달했다.

새로운 공기

1772년 스웨덴의 화학자 셸레(Carl Scheele)는 순수한 산소를 최초로 분리해 내는데 성공했다. 하지만 그는 자신이 발견한 이 '불에 타는 공기'에 대해 바로 발표하지 않았고, 결국 그 공로는 1774년에 산소를 발견했던 영국의 프리스틀리(Joseph Priestley)에게 돌아갔다. 프리스틀리는 산소를 '탈플로지스톤 공기(dephlogisticated air)'라고 불렀는데, 이것은 당시 물질의 연소에 관한 지배적 이론에서 파생된 용어였다. 이 이론에 의하면 연소는 '플로지스톤(phlogiston)'이라는 신비의 물질을 흡수하며 일어나는 현상인데, 프리스틀리는 산소가 플로지스톤을 함유하지 않았기 때문에 연소가 더 잘 일어나는 것이라고 여겼다. 이후 화학은 발전을 거듭했고 라부아지에(Antonie Lavoisier)는 이 기체의 이름을 산소라고 다시 지었다.

플루오린

F 9

원자량: 18.9984032
색: 연한 노랑
상태: 기체
녹는점: −220°C (−364°F)
끓는점: −188°C (−307°F)
결정구조: 해당 없음

분류: 할로젠
원자 번호: 9

플루오린은 반응성이 가장 큰 비금속 원소이다. 순수한 플루오린 기체를 발사하면 벽돌이나 철 등 대부분의 물질을 태워버린다. 순수한 플로오린을 얻기 위한 초기의 시도에서는 실험 기구가 파괴되기도 했다. 이후 74년간 수많은 과학자들의 거듭된 시도 끝에 1884년 무아상(Henri Moissan)은 매우 낮은 온도로 냉각시킨 실험 기구를 사용해 반응 속도를 느리게 함으로써 마침내 플루오린 분리에 성공했다.

위험 물질

순수한 플루오린 기체는 위험한 화학반응이 일어나는 것을 막기 위해 조심스럽게 취급해야 한다. 니켈과 구리는 플루오린과의 반응성이 상대적으로 낮은 편이므로, 이들로 만든 용기에 초저온으로(−200°C/−392°F 이하)로 냉각시킨 액체 상태로 보관한다.

CFC(chlorofluorocarbon: 프레온가스)의 가운데 F가 플루오린(fluorine)이다. 프레온가스는 분무제로 사용되었는데, 대기 오염의 주범으로 밝혀지면서 사용이 금지되었다.

치약에도 플루오린 화합물이 사용된다. 플루오린 이온은 치아 에나멜의 칼슘 이온을 대체하여 치아 구조를 더욱 강하게 만들기 때문에 음식의 산(acid) 성분으로부터 치아를 보호할 수 있다.

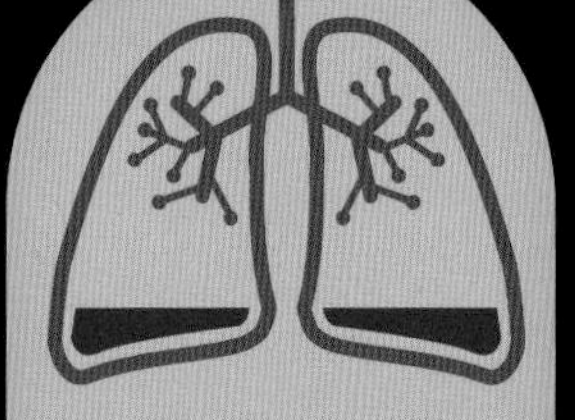

액체 상태의 플로오린 화합물인 과불화탄소(perfluorocarbon)는 폐로 산소를 공급하는데 사용될 수 있다. 즉, 액체로 호흡하는 것이다.

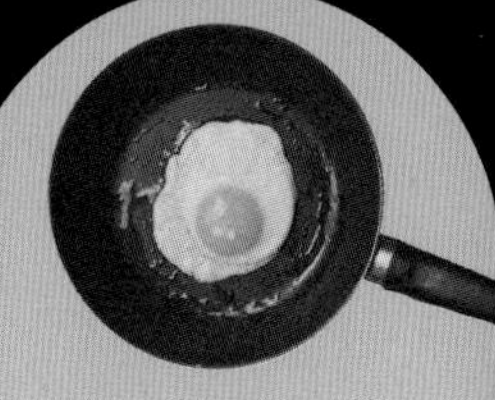

들러붙지 않는 프라이팬을 만드는 매끄러운 플라스틱인 테플론도 플루오린을 포함한다.

네온

1,340ppm
우주

원자량: 20.1797
색: 무색
상태: 기체
녹는점: −249℃ (−415℉)
끓는점: −246℃ (−411℉)
결정구조: 해당 없음

분류: 비활성 기체
원자 번호: 10

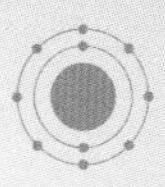

10
Ne

네온은 우주에서 다섯 번째로 풍부한 원소이다. 그러나 지구에서는 희귀해서, 대기 중 20ppm(parts per million; 100만 개의 입자 중 개수) 미만으로 존재한다. 그러나 이 희귀한 기체는 네온 조명에 사용되어 유용하게 쓰인다.

폐기물 기체

네온은 순수한 산소와 질소를 만들기 위해 공기를 증류하는 과정에서 나오는 폐기물이다. 공기를 −250℃ 근처까지 냉각시키면 액체가 되는데, 이 액체의 온도가 다시 올라가도록 놔두면 혼합물 속의 기체가 각각 증류되어 나온다. 이때 처음으로 나오는 기체가 소량의 네온 및 다른 비활성 기체이다.

대기 18ppm
암석 30ppm

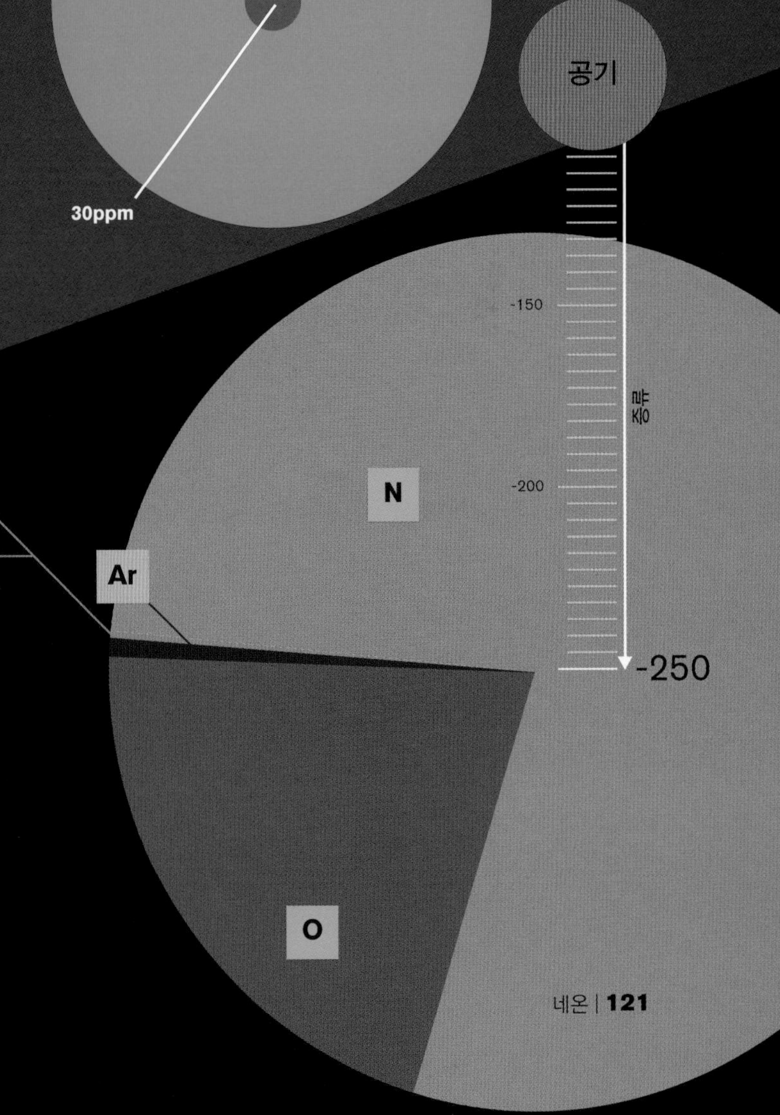

소듐

Na 11

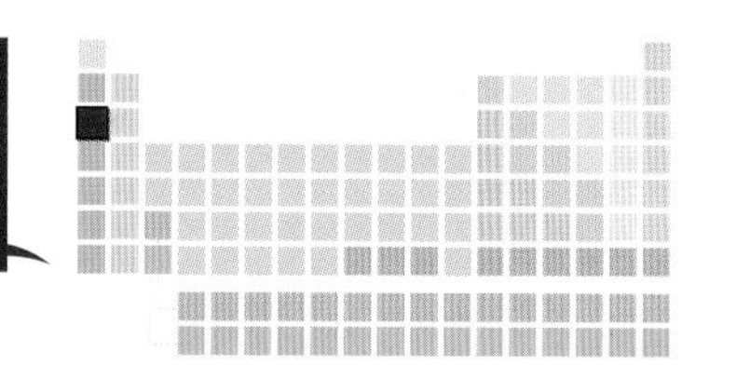

원자량: 22.989770
색: 은백색
상태: 고체
녹는점: 98°C (208°F)
끓는점: 883°C (1,621°F)
결정구조: 체심입방체

분류: 알칼리 금속
원자 번호: 11

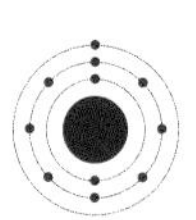

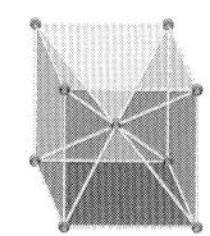

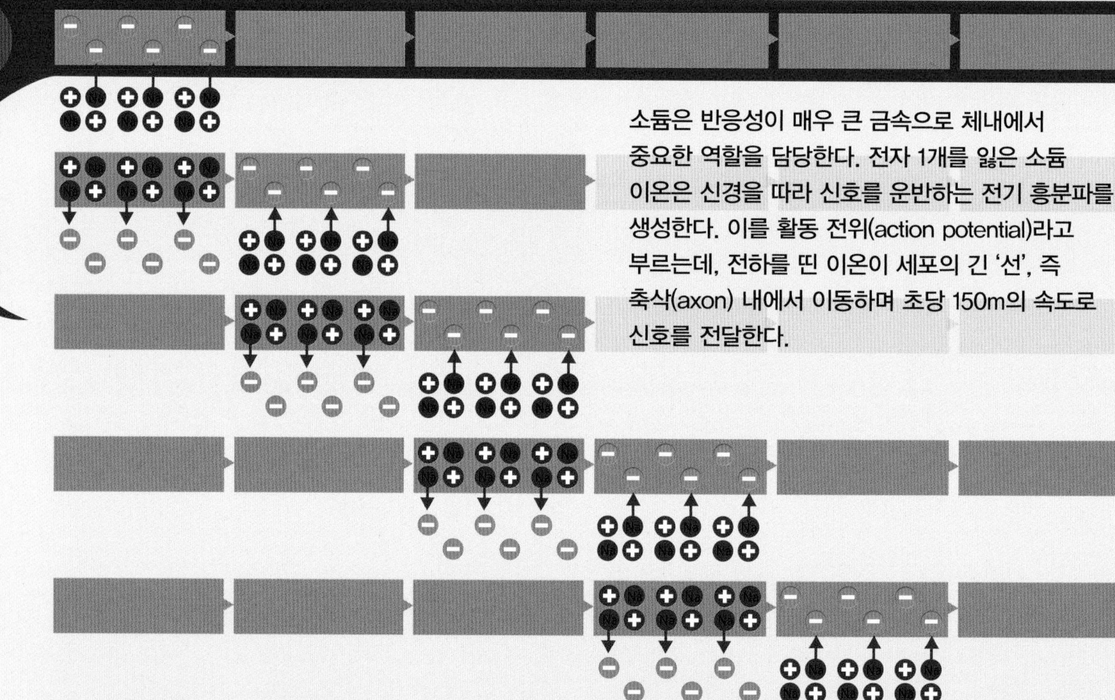

소듐은 반응성이 매우 큰 금속으로 체내에서 중요한 역할을 담당한다. 전자 1개를 잃은 소듐 이온은 신경을 따라 신호를 운반하는 전기 흥분파를 생성한다. 이를 활동 전위(action potential)라고 부르는데, 전하를 띤 이온이 세포의 긴 '선', 즉 축삭(axon) 내에서 이동하며 초당 150m의 속도로 신호를 전달한다.

비누

소듐은 비누를 만드는 화학물질 중 하나이다. 스테아르산 소듐(sodium stearate)은 기름 성분이 있는 흰색 고체인데, 오염물질을 물과 섞이게 한다.

소금의 필요성

소금으로 더 잘 알려져 있는 염화소듐(sodium chloride)은 음식에 들어있는 대표적인 소듐 성분이다. 체내에 소금이 부족하면 근육 경련이 일어난다.

근육 활동

소듐 기반의 활동전위는 긴 단백질들을 서로 잡아당기게 하여 근육 수축을 일으킨다.

마그네슘

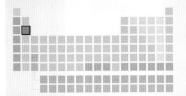

원자량: 24.3050
색:은백색
상태: 고체
녹는점: 650°C (1,202°F)
끓는점: 1,090°C (1,994°F)
결정구조: 육방체

분류: 알칼리 토금속
원자 번호: 12

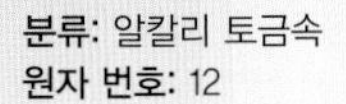

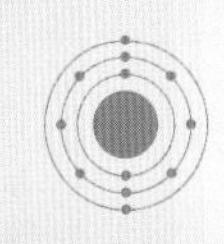

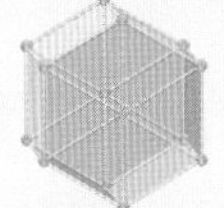

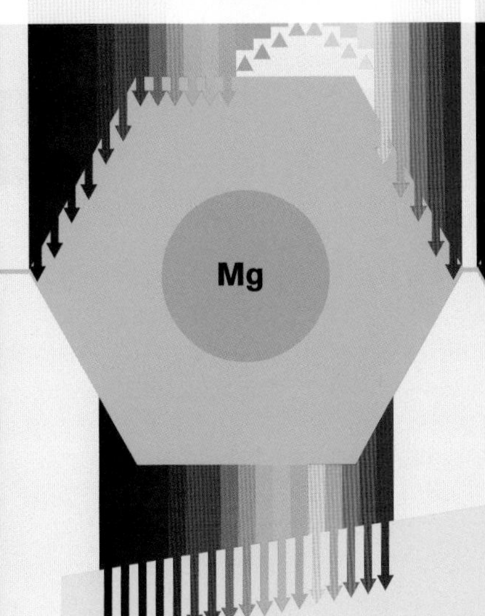

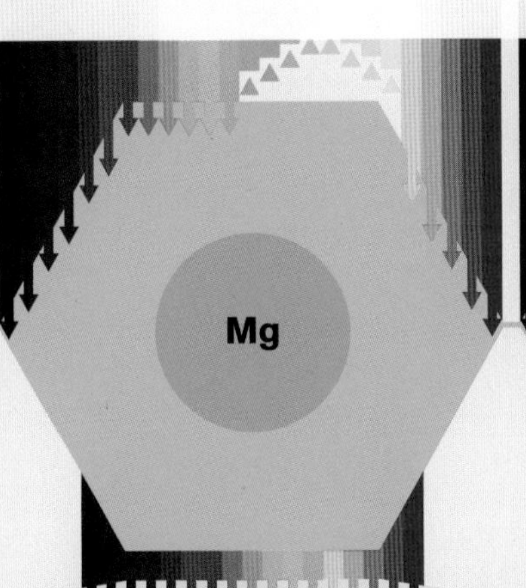

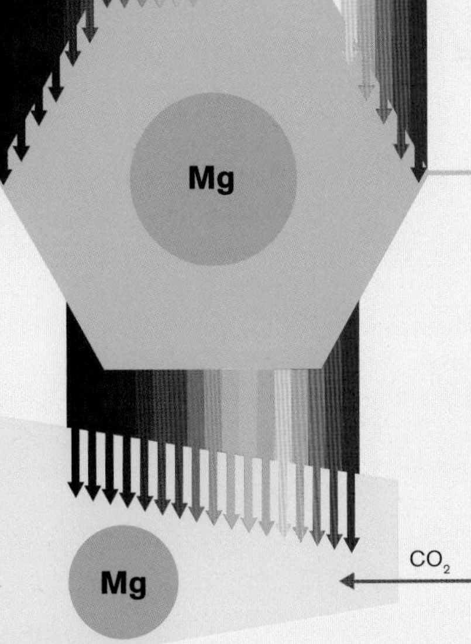

생명의 원천

마그네슘은 광합성 과정에서 꼭 필요한 요소이다. 광합성이란 식물이 태양의 빛 에너지를 사용해 당을 만드는 과정을 말한다. 엽록소는 식물이 태양으로부터 에너지를 모으는 데 이용되는데, 마그네슘은 엽록소를 이루는 중심 원자이다. 엽록소는 붉은빛과 파란빛은 흡수하고 초록빛은 반사하기 때문에 나뭇잎은 항상 초록색으로 보이게 된다. 모아진 에너지는 또 다른 마그네슘 화학물질인 루비스코(rubisco)라는 단백질 효소로 전달되고, 루비스코는 이 에너지를 이용해 물과 이산화탄소를 결합시켜 포도당, 즉 모든 지구 생명체의 연료가 되는 당을 만든다. 이 과정에서 나오는 유일한 폐기물이 산소이다.

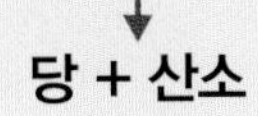

삶의 개선제

소화제로 쓰이는 마그네시아 유제(milk of magnesia)에는 수산화마그네슘 분말이 포함되어 있다. 활석(talc)의 백색 분말은 피부를 진정시키는 용도로도 이용되는데 이것은 규산마그네슘이다.

가벼운 무게

엘렉트론(elektron)은 마그네슘이 90% 함유된 경량 합금으로 경주용 자동차, 우주선, 비행선 등에 사용된다.

빛의 전달자

폭죽의 밝은 흰색 빛은 마그네슘 분말이 연소하면서 나오는 것이다.

알루미늄

Al 13

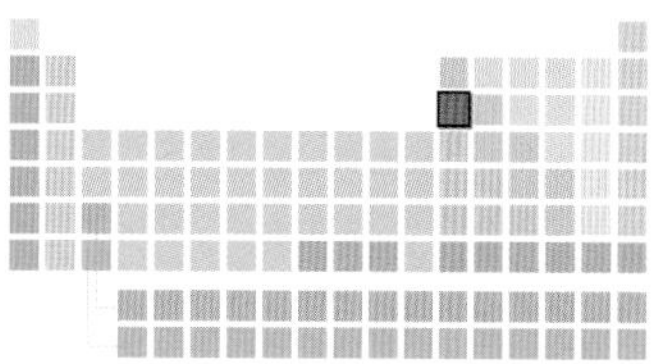

원자량: 26.981
색: 은회색
상태: 고체
녹는점: 660°C (1,220°F)
끓는점: 2,513°C (4,566°F)
결정구조: 면심입방체

분류: 전이후금속
원자 번호: 13

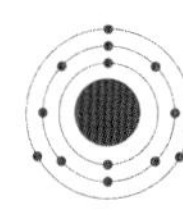

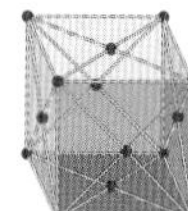

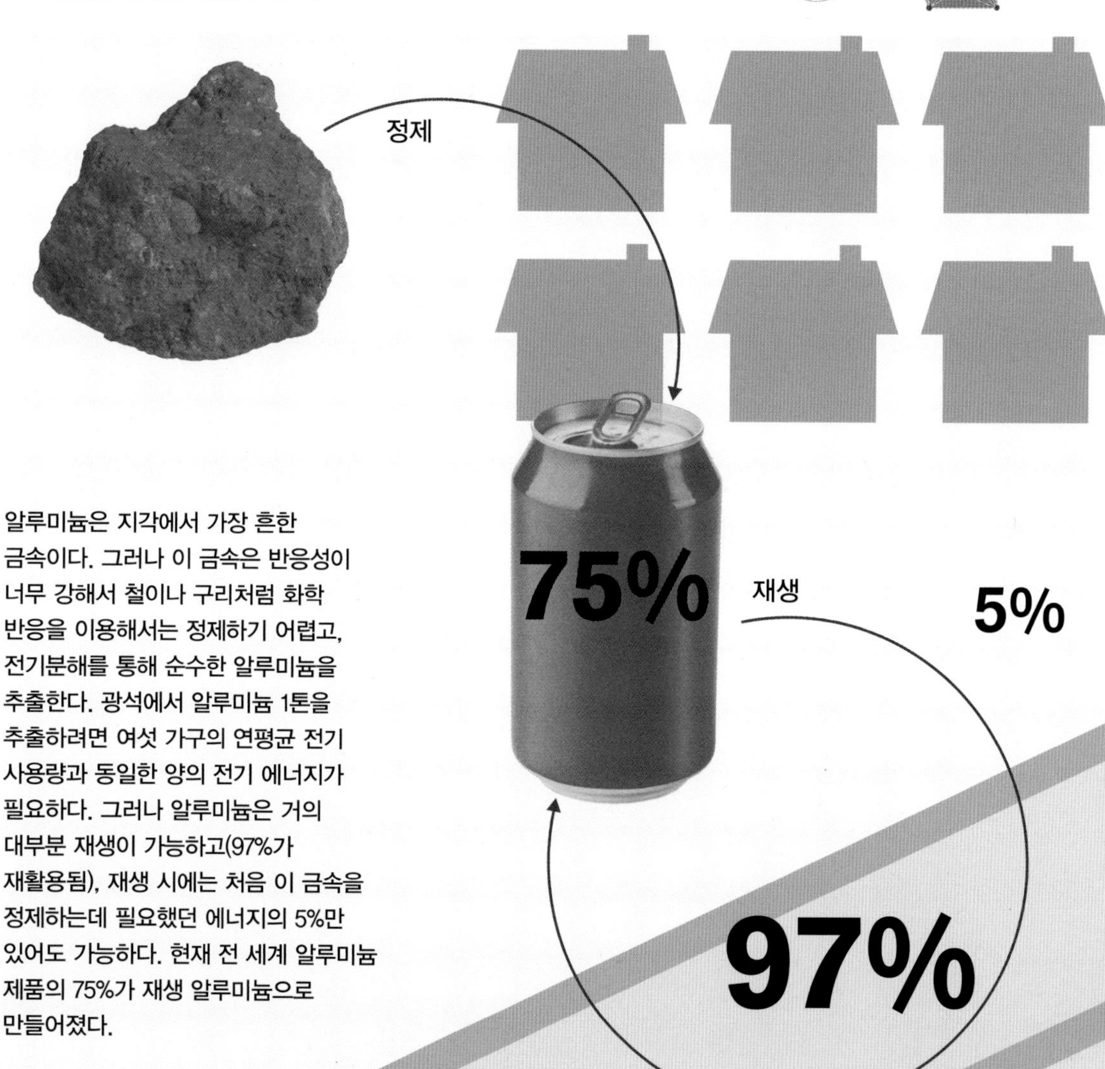

알루미늄은 지각에서 가장 흔한 금속이다. 그러나 이 금속은 반응성이 너무 강해서 철이나 구리처럼 화학 반응을 이용해서는 정제하기 어렵고, 전기분해를 통해 순수한 알루미늄을 추출한다. 광석에서 알루미늄 1톤을 추출하려면 여섯 가구의 연평균 전기 사용량과 동일한 양의 전기 에너지가 필요하다. 그러나 알루미늄은 거의 대부분 재생이 가능하고(97%가 재활용됨), 재생 시에는 처음 이 금속을 정제하는데 필요했던 에너지의 5%만 있어도 가능하다. 현재 전 세계 알루미늄 제품의 75%가 재생 알루미늄으로 만들어졌다.

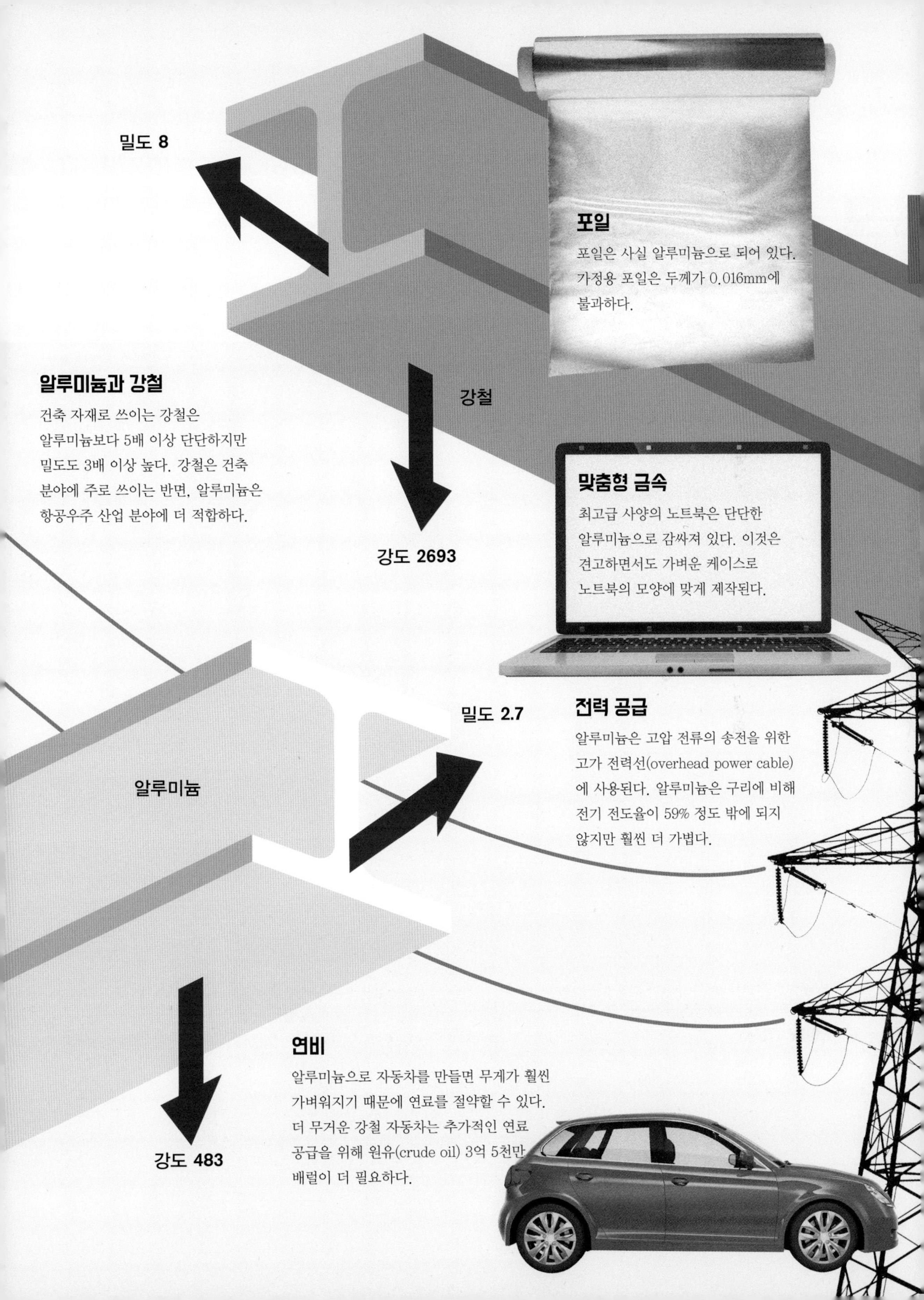

포일

포일은 사실 알루미늄으로 되어 있다. 가정용 포일은 두께가 0.016mm에 불과하다.

알루미늄과 강철

건축 자재로 쓰이는 강철은 알루미늄보다 5배 이상 단단하지만 밀도도 3배 이상 높다. 강철은 건축 분야에 주로 쓰이는 반면, 알루미늄은 항공우주 산업 분야에 더 적합하다.

맞춤형 금속

최고급 사양의 노트북은 단단한 알루미늄으로 감싸져 있다. 이것은 견고하면서도 가벼운 케이스로 노트북의 모양에 맞게 제작된다.

전력 공급

알루미늄은 고압 전류의 송전을 위한 고가 전력선(overhead power cable)에 사용된다. 알루미늄은 구리에 비해 전기 전도율이 59% 정도 밖에 되지 않지만 훨씬 더 가볍다.

연비

알루미늄으로 자동차를 만들면 무게가 훨씬 가벼워지기 때문에 연료를 절약할 수 있다. 더 무거운 강철 자동차는 추가적인 연료 공급을 위해 원유(crude oil) 3억 5천만 배럴이 더 필요하다.

규소

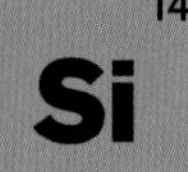

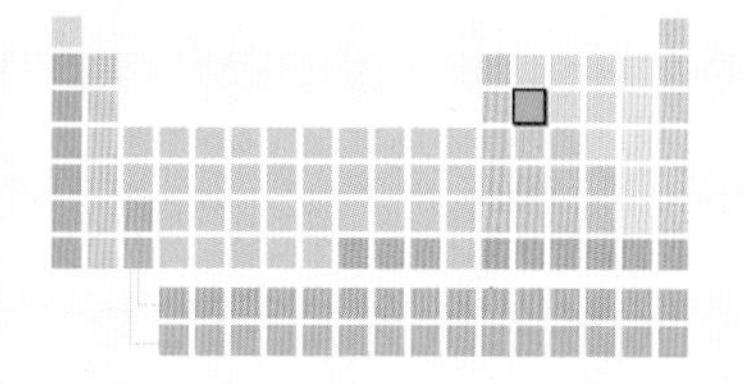

수천 년 동안 규소가 인류 문명에 끼쳐온 영향은 아무리 강조해도 지나치지 않을 것이다. 규소는 점토를 이루는 구성물질로 벽돌이나 도자기를 만드는 데 사용되어 왔다. 또한 시멘트의 주원료로 콘크리트를 만드는 데 쓰이기도 하며, 20세기에는 규소가 가진 반도체로서의 성질이 기술 혁명을 가져왔다.

진흙 벽돌

7500 BC

5000 BC

도자기

도자기를 만드는 물레는 도공들에 의해 최초로 고안되었는데, 이후 자동차 바퀴로 새롭게 활용되었다.

자기

AD 1700

AD 1850

시멘트

포틀랜드 시멘트(오늘날 사용되는 일반적인 시멘트)는 석회석에 규산칼슘(calcium silicate)을 혼합해 만든다.

암석의 주성분

지각 내 암석의 90%에서 규소 화합물이 발견된다. 이것을 질량비로 환산하면 전체 암석 질량의 4분의 1이 넘는다. 규소는 채굴이 용이하며 정제하는데도 큰 비용이 들지 않는다.

원자량: 28.0855
색: 금속성 푸른색
상태: 고체
녹는점: 1,414°C (2,577°F)
끓는점: 3,265°C (5,909°F)
결정구조: 다이아몬드입방체

분류: 준금속
원자 번호: 14

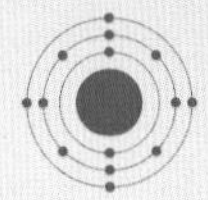

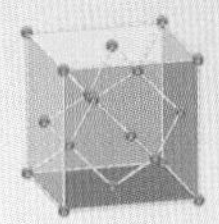

AD 1940

실리콘

규산염 분자로 만들어진 고분자(polymer)는 밀폐제, 윤활유, 내열성 합성 고무 등에 사용된다.

실리콘 칩

순수한 규소를 얇은 판의 형태로 잘라낸 실리콘 칩은 트랜지스터 회로를 만드는 데 이용된다. 이 회로는 컴퓨터 프로세서의 기반이 되는 작은 전자 스위치이다

AD 2000

실리콘 미세 가공

실리콘 단결정(single crystal)으로 만들어지는 초미세 부품은 100만 분의 수 m 정도의 크기로 나노기술 분야에서 사용된다. 이들 부품은 인체 내 삽입이 가능할 정도로 작다.

AD 1901

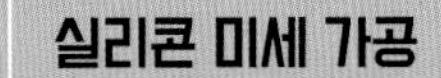

AD 1958

태양광 패널

실리콘 반도체를 이용한 태양전지판(solar arrays)은 우주선에 전력을 공급하는데 사용되어 궤도에 머무르는 기간을 늘릴 수 있도록 해준다.

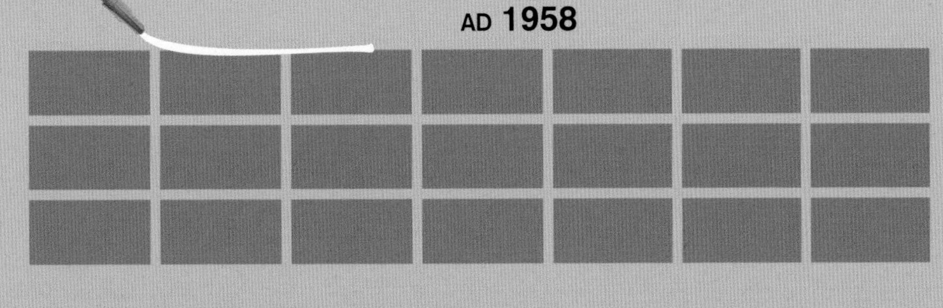

인

P 15

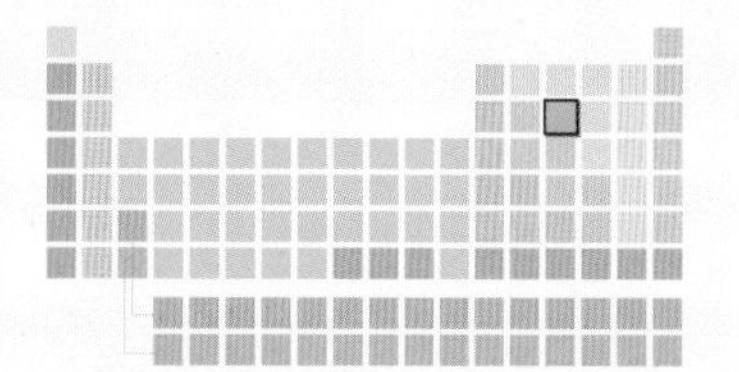

원자량: 30.973762
색: 흰색, 검은색, 붉은색 또는 보라색
상태: 고체
녹는점: 흰인: 44°C (111°F);
검은인: 610°C (1,130°F)
승화점: 붉은인: 416 – 590°C(781 – 1,094°F);
보라인: 620°C (1,148°F)

끓는점: 흰인: 281°C (538°F)
결정구조: 흰인: 입방체 또는 삼사체; 보라인: 단사체; 검은인: 사방체; 붉은인: 무정형
분류: 비금속
원자 번호: 15

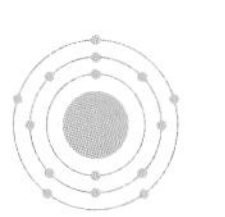

이 반응성이 큰 고체 원소는 발견자의 이름이 확인된 첫 번째 사례이다. 1669년, 독일의 브란트(Hennig Brand)는 반짝이는 흰색 고체 형태의 순수한 인을 분리해냈다. 연금술사였던 그는 매우 저렴한 물질, 즉 소변을 사용해서 금을 만드는 방법을 연구하고 있었다.

6,825L

단단한 내부

우리 몸 속의 뼈와 치아는 살아있는 세포 주변에 형성되는 인산 칼슘(calcium phosphate) 덕분에 단단하게 유지된다. 이들 세포는 계속 새로운 세포로 대체되기 때문에 소변에도 소량의 인 화합물이 포함되어 있다. 브란트는 소변에 금이 함유되어 있기 때문에 색깔이 노랗다고 생각했고, 근처에 주둔했던 군대에서 무려 6,825L의 소변을 모았다.

인을 만드는 방법

브란트는 실험을 통해 소변을 금으로 변화시키고자 하였으나 그가 얻은 물질은 금이 아니라 인이었다. 그럼에도 불구하고 그는 이것이 마법의 물질(현자의 돌)이라고 굳게 믿었다.

소변을 악취가 날 때까지 수주 동안 햇빛 아래 둔다.

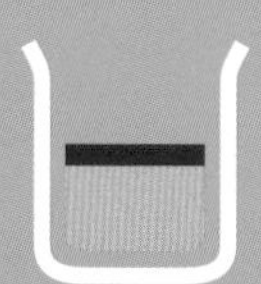

표면에 붉은색 기름이 보일 때까지 소변을 가열한다.

검은색과 흰색의 고체 물질이 분리될 때까지 이 기름을 식도록 놔둔다.

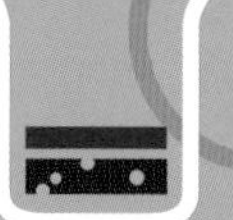

검은색 고체 물질을 기름 성분과 함께 다시 가열한다.

16시간

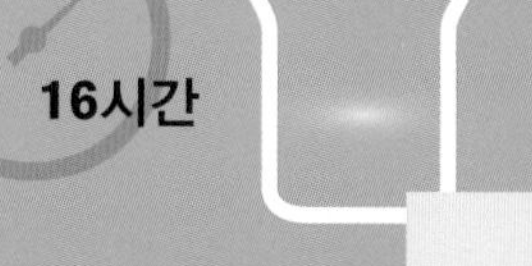

반짝거리는 걸쭉한 물질이 생성된다. 브란트는 이것을 금성의 그리스어인 *Phosphorus*, 즉 '인'이라 명명했다.

빛을 비추면 반짝이는 물질을 인광체(phosphor)라고 부른다. 그러나 인광체는 인을 함유하고 있지는 않다. 인은 공기와의 화학 반응 때문에 빛나는 것이다.

황

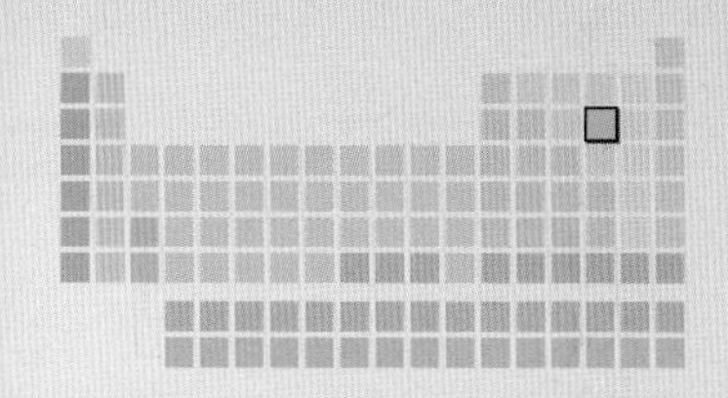

원자량: 32.066
색: 연노랑
상태: 고체
녹는점: 115°C (239°F)
끓는점: 445°C (833°F)
결정구조: 사방체

분류: 비금속
원자 번호: 16

16
S

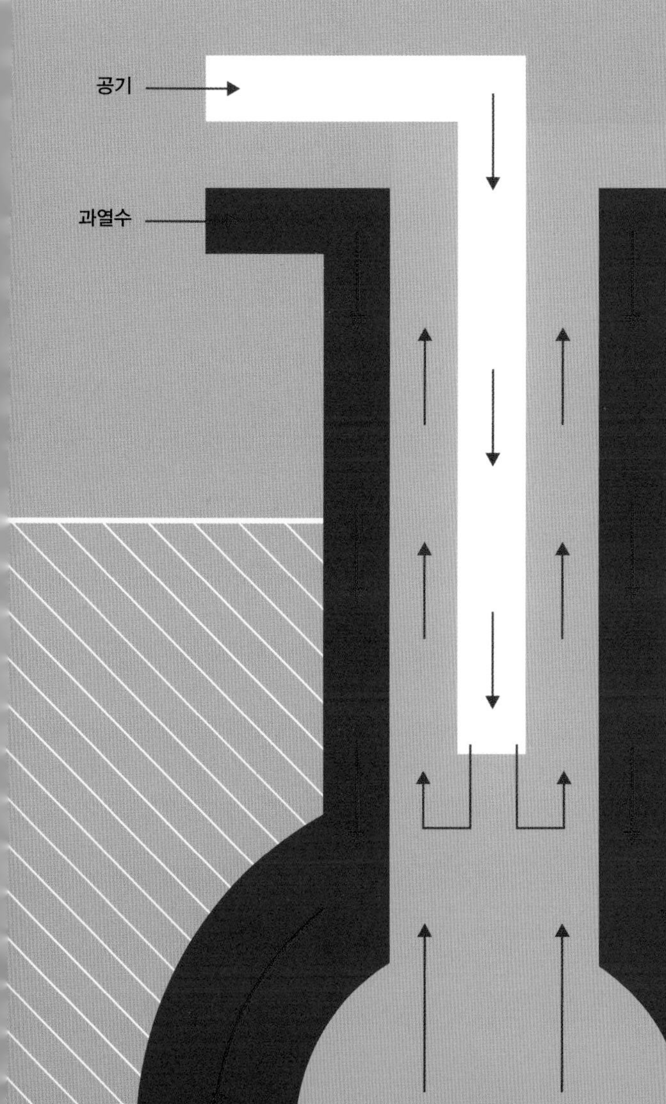

황은 지구상에서 순수한 원소 형태로 발견되는 몇 안 되는 비금속 고체 중 하나이다. 고대 사람들은 이것을 유황(brimstone)이라 불렀는데, 이것은 '혈석(blood stone)'이라는 뜻으로, 황이 연소하면 녹아서 진한 붉은빛 액체가 되기 때문이다. 그들은 이 노란색 결정이 지옥불의 원천이라고 믿었다.

땅속에서 끌어 올리기

황은 땅 속에 매장되어 있다. 황을 채굴하기 위해 사람이나 기계를 항상 지하로 내려 보낼 필요는 없다. 대신 후라쉬 공정(Frasch process)이라는 방법을 쓰는데, 이는 펌프를 이용해 과열수를 황 안으로 주입해 황을 녹인 후, 공기를 강하게 분사해서 녹은 액체가 지표면으로 올라오게 하는 것이다.

염소

Cl 17

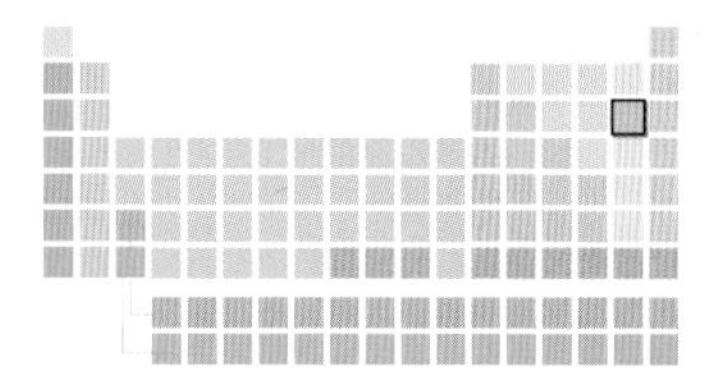

원자량: 35.453
색: 녹황색
상태: 기체
녹는점: –102°C (–151°F)
끓는점: –34°C (–29°F)
결정구조: 해당 없음

분류: 할로젠
원자 번호: 17

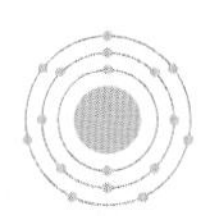

염소는 반응성과 부식성이 매우 큰 녹황색 기체이다. 염소와 반응하지 않는 물질은 거의 없고, 또 대부분의 물질이 염소로 인해 파괴된다. 그렇게 때문에 염소는 살균 목적의 청소용품이나 위생용품의 핵심 성분으로 쓰인다. 염화소듐, 즉 소금에 강한 전류를 흘리면 두 원소로 분리되는데 이러한 전기분해 방식을 통해 순수한 염소를 얻을 수 있다.

스크린
펌프
성긴 필터
퇴적물 탱크
물
클로로아세톤 – 최루가스로 더 잘 알려져 있다.
순수 염소 – 흡입 시 폐에서 강한 산을 생성한다.
머스터드 가스 – 피부에 닿으면 화상을 유발한다.
포스젠 – 폐 속의 단백질과 반응하여 액체를 생성해 질식시킨다.

수질 정화

정수 과정의 마지막 단계는 염소처리이다. 세계 보건 기구(WHO)는 물의 염소처리를 인류의 기대수명을 45세(1900년)에서 77세(2012년)로 늘리는 데 기여한 핵심 요소로 평가했다.

화학무기

염소가 최초의 화학무기로 사용된 시기는 제1차 세계대전(1914–1918)이었다.

클로로메테인
냉매 및 공업용 화학물질.
다이클로로메테인
페인트 제거제
트라이클로로메테인
클로로포름
마취제
테트라클로로메테인
한때 소화기 및 드라이클리닝 용액으로 사용(현재는 독성 때문에 사용 중단).

클로로메테인

메테인(CH_4)에 염소 원자를 추가하면 다양한 용도의 화학물질들이 생성된다.

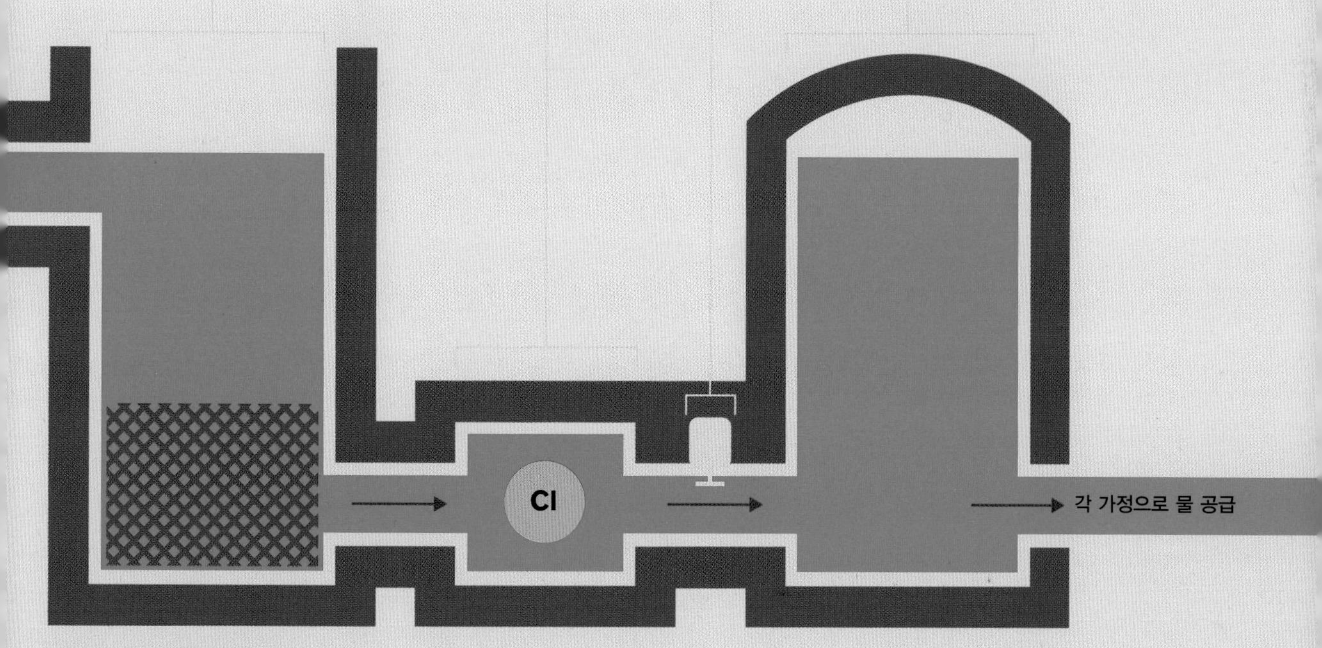

액체가 기체를 만날 때

염소처리를 마지막으로 정수 과정이 마무리된다. 일련의 필터와 퇴적물 탱크를 거치며 고체 물질이 제거되고 나면, 여기에 하이포아염소산 칼슘(calcium hypochlorite)을 첨가한다. 이것은 미량의 염소 기체를 천천히 배출해서 세균을 공격하며 정수된 물에서 독특한 냄새가 나게 한다.

아르곤

18
Ar

원자량: 39.948
색: 무색
상태: 기체
녹는점: –189°C (–308°F)
끓는점: –186°C (–303°F)
결정구조: 해당 없음

분류: 비활성 기체
원자 번호: 18

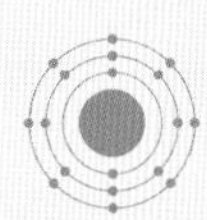

대기 중 아르곤의 함량은 1% 미만이다. 18세기와 19세기 공기에 대해 연구하던 화학자들은 공기 중에 미량 존재하지만 별다른 역할이 없는 이 기체에 대해 지속적으로 의문을 품었다. 1894년, 이 물질은 비활성 기체로 밝혀졌고, '게으르다'라는 의미의 아르곤으로 명명되었다. 아르곤의 비활성은 여러 용도로 사용된다. 예를 들어, 이중 유리창의 유리 사이에 아르곤을 채우면 창문을 통해 열이 빠져나가는 것을 차단하는 효과가 있다. 오래된 문서 같은 고대의 유물은 아르곤 공기로 채워진 진열장 안에 보관하여 습한 공기나 곰팡이, 세균으로부터 종이를 보호한다.

가스 쉴드

용접 부위에서 발생하는 뜨거운 화염에 용접용 건으로 아르곤 기체를 발사하면, 그 부분의 공기를 차단해 용접 대상이 산소와 반응하는 것을 막는다.

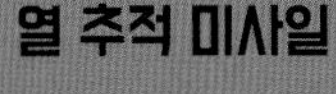

열 추적 미사일

열에 민감한 장비는 액체 아르곤을 이용해 차갑게 유지한다.

집단 살처분

전염병에 감염된 닭 등 가금류를 아르곤에 질식시켜 빠른 시간에 집단 살처분한다.

소화기

아르곤은 중요한 데이터 보관 장소에서 소화기로 쓰인다. 다른 소화기는 민감한 컴퓨터 장비에 손상을 입힐 수도 있다.

포타슘

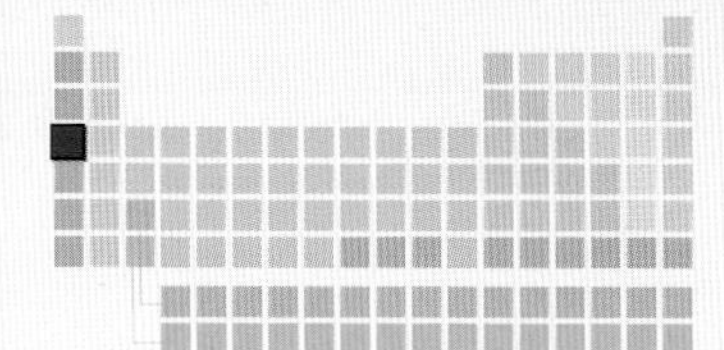

원자량: 39.0983
색: 은회색
상태: 고체
녹는점: 63°C (146°F)
끓는점: 759°C (1,398°F)
결정구조: 체심입방체

분류: 알칼리 금속
원자 번호: 19

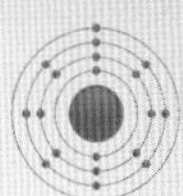

포타슘은 반응성이 큰 금속으로 암석에 풍부하게 존재한다. 주기율표의 바로 위 원소인 소듐과 마찬가지로 포타슘 이온은 체내에서 작지만 중요한 역할을 담당한다. 실제로 소듐과 짝을 이뤄 작용하기도 한다. 포타슘은 계속해서 체외로 빠져나가기 때문에 건강을 유지하기 위해서는 지속적인 보충이 반드시 필요하다.

인체 시스템

포타슘은 신경과 근육에서 전기 흥분을 생성하는데 사용되며, 정상 혈압 유지를 위한 심장 수축력 조절에서도 중요한 역할을 담당한다. 또한 뼈에 칼슘을 첨가하는 데에도 관여하며, 체내에서 칼슘이 소실되지 않도록 막기도 한다. 마지막으로 혈액 내 포타슘 이온은 pH 조절을 도와 대사산물의 세포 안으로의 유입과 세포 밖으로의 배출에 관여한다.

식품 내 포타슘 섭취

포타슘이 함유되어 있는 음식을 충분히 섭취해야 심장과 신경 기능에 문제가 생기는 것을 막을 수 있다. 포타슘 부족은 기면(lethargy)이나 혼동(confusion)을 유발한다. 버섯, 바나나, 녹색 채소류, 콩, 요거트 및 생선 등에 포타슘이 많이 들어 있다.

칼슘

Ca 20

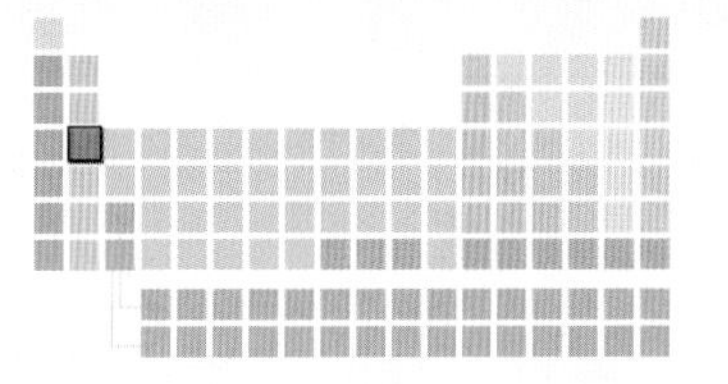

원자량: 40.078
색: 은회색
상태: 고체
녹는점: 842°C (1,548°F)
끓는점: 1,484°C (2,703°F)
결정구조: 면심입방체

분류: 알칼리 토금속
원자 번호: 20

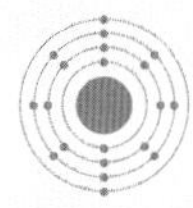

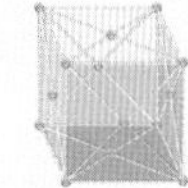

종유석

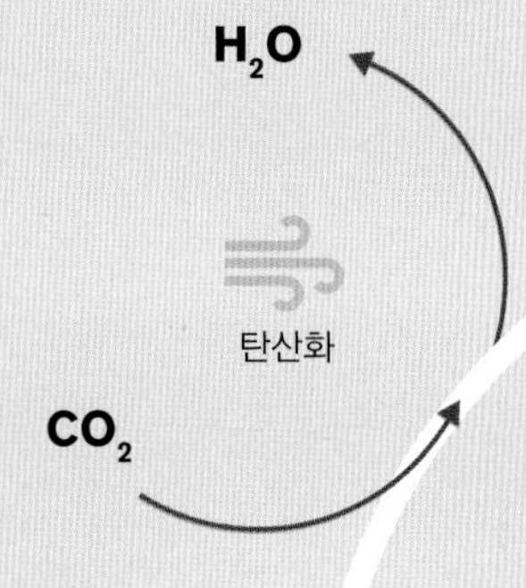

$CaCO_2$

석회석
(탄산칼슘)

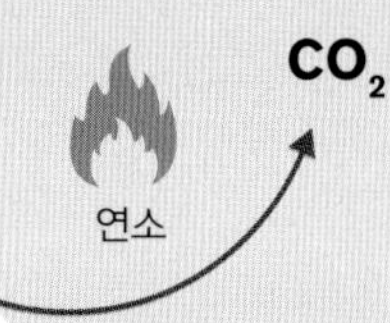

석회 순환

석회석, 즉 천연 탄산칼슘은 화학 공업에 사용되는 중요한 원재료이다. 석회 순환이란 시멘트나 모르타르, 콘크리트를 만드는 과정을 말하는데, 몇 가지 화학적 변화를 포함한다. 모르타르는 건축에 쓰이는 물질로 콘크리트로 붓거나 시멘트로 이용한다. 모르타르가 양생되면 다시 단단하고 내구성이 강한 고체 상태의 탄산칼슘이 된다.

모르타르

CaO

생석회
(산화칼슘)

$Ca(OH)_2$

소석회
(수산화칼슘)

모래와 물

퇴적물의 형성

종유석, 석순과 같은 동굴 내 퇴적물은 물에 녹아있던 칼슘 화합물이 용액에서 빠져 나와 만들어진 것이다. 이들은 1,000년에 10cm 정도의 속도로 매우 느리게 자란다.

석순

스칸듐

원자량: 44.955912
색: 은백색
상태: 고체
녹는점: 1,541°C (2,806°F)
끓는점: 2,836°C (5,136°F)
결정구조: 육방체

분류: 전이금속
원자 번호: 21

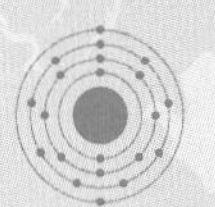

21
Sc

1869년 최초의 주기율표가 만들어졌을 당시, 스칸듐은 알려지지 않은 원소였다. 하지만 멘델레예프는 이 공간을 비워두었는데, 이 자리에 들어갈 가벼운 금속원소가 언젠가 발견되리라고 확신했기 때문이었다. 10년 후, 닐손(Lars Frederik Nilson)은 하얀 가루 형태의 작은 산화스칸듐 샘플을 분리해냈다. 그는 이 안에 새로운 원소가 포함되어 있다는 사실을 입증했지만, 순수한 스칸듐은 1937년이 되어서야 정제되었다. 스칸듐만을 함유한 광석은 존재하지 않으며, 여러 금속 광석에 매우 소량씩 존재한다. 따라서 스칸듐의 연간 생산량은 10톤 정도에 불과하다.

제트기 합금

러시아의 미그 전투기는 알루미늄-스칸듐 합금으로 만들어졌다. 스칸듐이 아주 적은 양만 포함되어도 합금의 강도는 놀랄 만큼 개선된다.

지역에 따른 명명

스칸듐을 발견한 닐손은 스웨덴의 화학자였다. 그는 새로운 원소를 조국 스웨덴이 있는 스칸디나비아 반도의 이름을 따서 명명했지만, 정작 이 금속은 러시아의 콜라 반도와 우크라이나, 중국에서 주로 발견된다.

레이저 무기

스칸듐은 우주 전쟁 및 새로운 공중전 무기로 개발된 고출력 레이저의 부품이다.

충치 제거

스칸듐 레이저는 충치 제거에도 이용된다. 이 레이저는 치아의 썩은 부분을 태워 없애서 그 부분을 메울 수 있게 한다.

타이타늄

Ti 22

원자량: 47.867
색: 은색
상태: 고체
녹는점: 1,668°C (3,034°F)
끓는점: 3,287°C (5,949°F)
결정구조: 전이금속

분류: 전이금속
원자 번호: 22

타이타늄은 가볍지만 강철만큼 단단하고, 녹이나 부식에 강한 원소이다. 이러한 타이타늄의 성질은 항공산업에 일대 혁명을 가져왔다. 거대한 여객기나 최신식 제트기는 타이타늄을 사용해 동체의 무게를 줄이면서 고속 비행으로 인한 충격에 견딜 수 있는 강도를 유지한다.

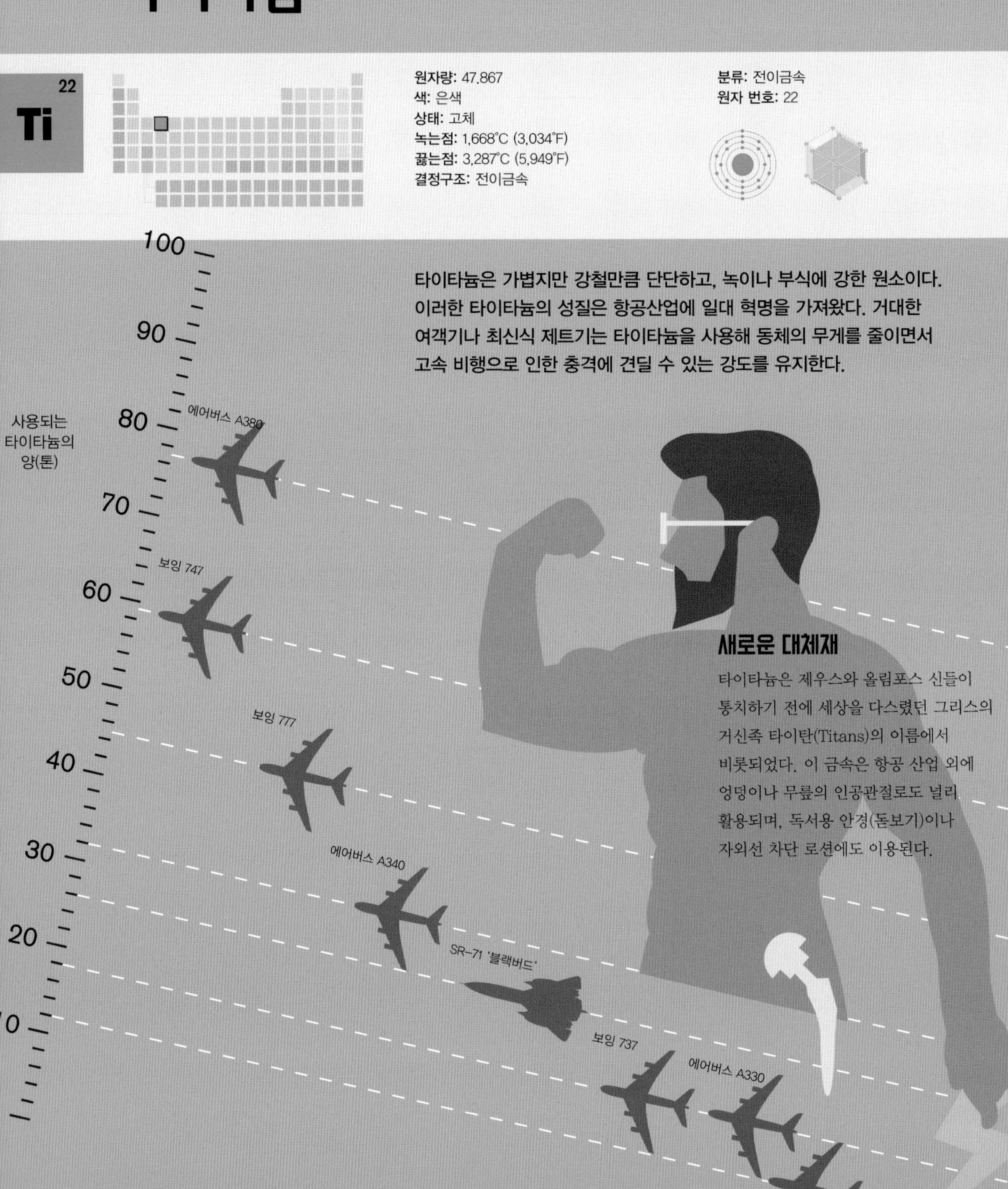

새로운 대체재

타이타늄은 제우스와 올림포스 신들이 통치하기 전에 세상을 다스렸던 그리스의 거신족 타이탄(Titans)의 이름에서 비롯되었다. 이 금속은 항공 산업 외에 엉덩이나 무릎의 인공관절로도 널리 활용되며, 독서용 안경(돋보기)이나 자외선 차단 로션에도 이용된다.

바나듐

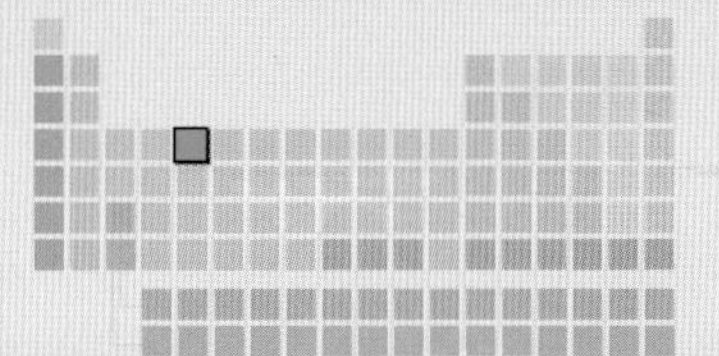

원자량: 50.9415
색: 은회색
상태: 고체
녹는점: 1,910℃ (3,470℉)
끓는점: 3,407℃ (6,165℉)
결정구조: 체심입방체

분류: 전이금속
원자 번호: 23

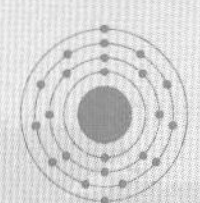

바나듐은 러시아, 중국, 남아프리카공화국 세 나라에서만 생산된다. 이 금속은 현대 화학공업의 틈새 분야에서 매우 중요하게 쓰이는데, 이는 당분간 지속될 전망이다.

접촉법(contact process)

황산의 생산은 화학 공업에서 아주 중요한 과정이다. 황산은 황을 산소, 물과 반응시켜 만드는데, 이 때 산화바나듐 촉매를 사용하면 반응이 더 쉽게 일어난다.

다마스커스 강철

지금으로부터 약 1,000년 전 십자군 전쟁 당시, 십자군은 자신들의 크고 무거운 양날검이 이슬람교도들의 휘어진 외날검의 적수가 되지 못한다는 사실을 발견했다. 이슬람 군대의 무기와 갑옷은 다마스커스 강철로 만든 것이었는데, 소량의 바나듐을 섞어 만든 이 합금은 매우 단단해서 날카로운 칼날을 유지할 수 있었다. 십자군 전쟁 후반에는 유럽의 군대도 유사한 무기를 사용했다.

핵융합로

바나듐은 도넛 모양의 실험용 핵융합로를 만드는 데 이용되는데, 바나듐의 내열성이 커서 뜨거운 열에도 그다지 팽창하거나 휘어지지 않기 때문이다. 핵융합로는 태양 에너지의 원천인 핵융합반응을 구현한 것으로 다가올 수십 년간 전력공급을 담당할 것으로 기대된다.

크로뮴

24
Cr

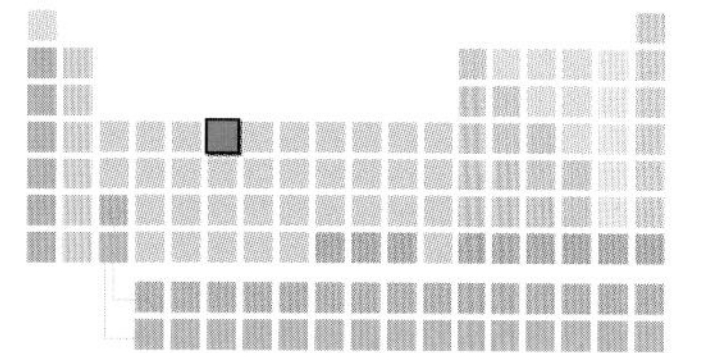

원자량: 51.9961
색: 은회색
상태: 고체
녹는점: 1,907°C (3,465°F)
끓는점: 2,671°C (4,840°F)
결정구조: 체심입방체

분류: 전이금속
원자 번호: 24

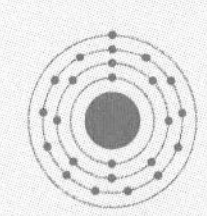

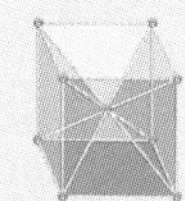

크로뮴은 광택이 있는 금속으로, 강철이나 다른 금속에 덮어 씌워 녹이 생기는 것을 막기 위해 사용된다. 줄여서 '크롬(chrome)' 이라고도 하는 이 금속은 전기 도금에 활용된다.

깨끗이 준비하기

크롬으로 도금할 금속을 세척하고, 닦은 다음, 솔질을 해 준비를 마친다.

전류를 공급하기

전기 에너지를 이용해 금속에 크로뮴 원자를 밀어 넣으면 원자 몇 개 두께의 얇은 막이 생긴다.

용액에 담그기

금속을 크로뮴 화합물이 용해되어 있는 용액에 담근다. 금속을 통과해 흐르는 전류 때문에 금속은 음전하를 갖게 되며, 양전하를 갖는 크로뮴 이온을 끌어당긴다. 그리고 전류는 크로뮴 이온에 전자를 제공하여 크로뮴 원자로 변환시킨다. 크로뮴 원자가 금속에 달라 붙으면서 크롬막을 생성하게 된다.

세척 및 사용

이제 전기 도금된 금속을 물로 세척한다. 크롬막은 아주 단단해서 긁힘에도 강하다.

망가니즈

원자량: 54.938049
색: 은회색
상태: 고체
녹는점: 1,246°C (2,275°F)
끓는점: 2,061°C (3,742°F)
결정구조: 체심입방체

분류: 전이금속
원자 번호: 25

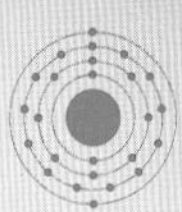
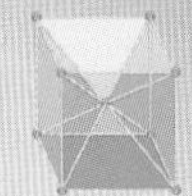

25
Mn

14,000,000톤/1년

망가니즈는 네 번째로 거래량이 많은 금속으로, 주로 강철을 만들 때 쓰인다. 순수한 망가니즈는 거의 생산되지 않으며, 대부분 철이나 규소와의 합금으로 만들어진다. 강철을 만드는 원재료이다.

페로망가니즈 38%

30% 실리코망가니즈

기타 합금 8%

찌꺼기 13%

2%

9%
순수 망가니즈

전지 기술

산화망가니즈는 다음과 같은 세 종류의 전지에 사용된다. 표준 알칼리 전지, 1회용 리튬 전지(손목시계에 사용), 그리고 재충전이 가능한 리튬 이온 전지(휴대폰이나 전기 자동차에 사용).

철

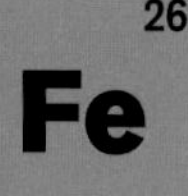

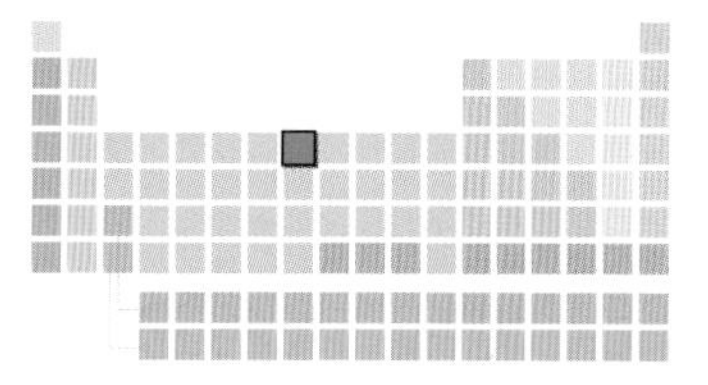

원자량: 55.845
색: 은회색
상태: 고체
녹는점: 1,538°C (2,800°F)
끓는점: 2,861°C (5,182°F)
결정구조: 체심입방체

분류: 전이금속
원자 번호: 26

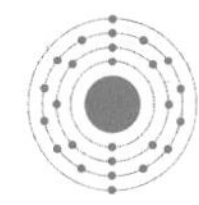

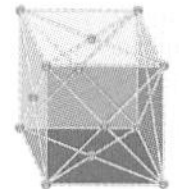

철은 제련(smelting)을 통해 만들어진다. 제련이란 대부분 산화물로 이루어진 철광석이 탄소와 반응하는 것을 말한다. 이 때 광석은 순수한 금속으로 '환원'되는 반면, 탄소는 산화되어 이산화탄소가 된다. 실제 제련은 여러 단계를 거쳐 완성되는데, 용광로 안의 온도가 변하면서 각각의 과정이 발생한다.

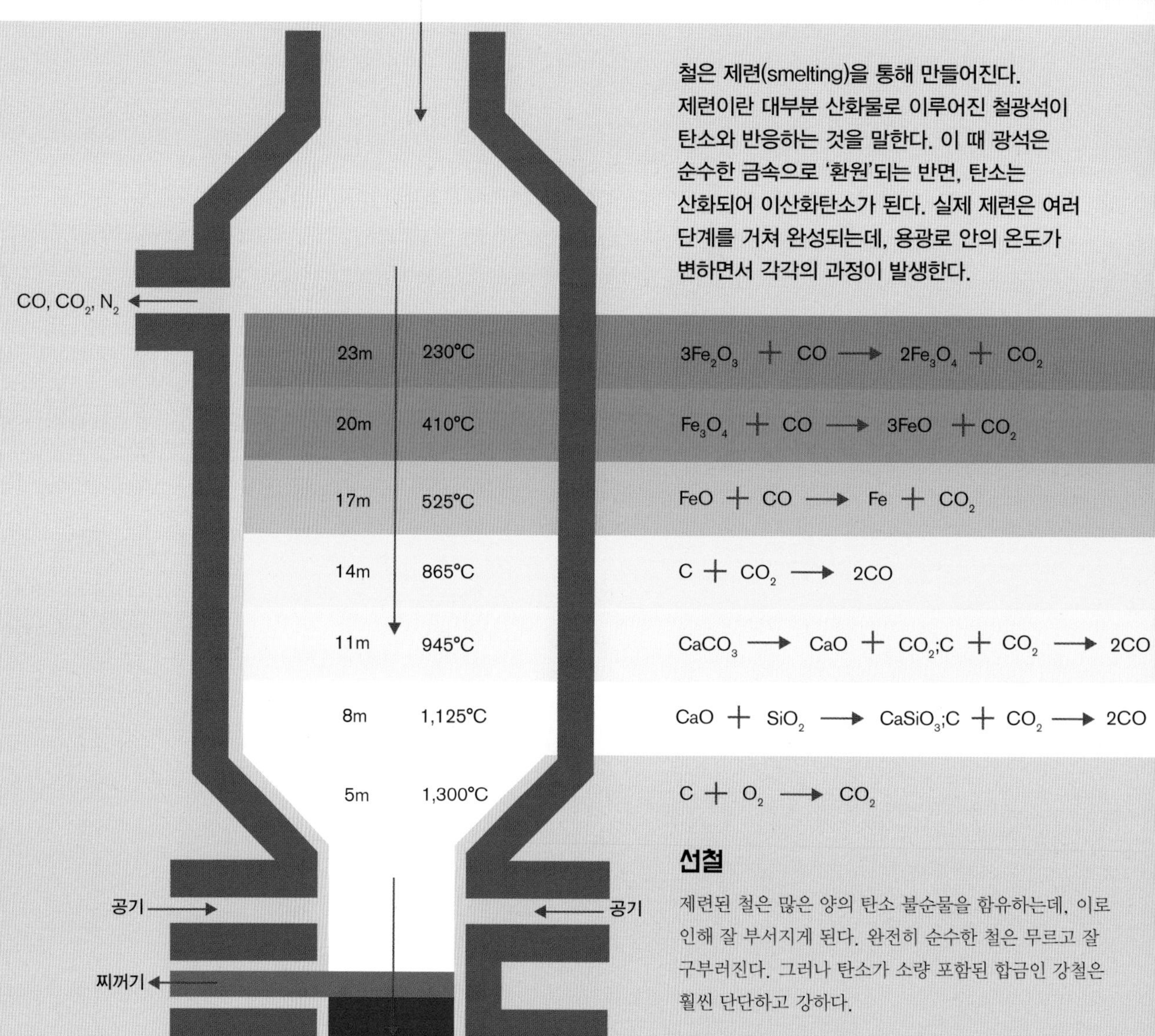

선철

제련된 철은 많은 양의 탄소 불순물을 함유하는데, 이로 인해 잘 부서지게 된다. 완전히 순수한 철은 무르고 잘 구부러진다. 그러나 탄소가 소량 포함된 합금인 강철은 훨씬 단단하고 강하다.

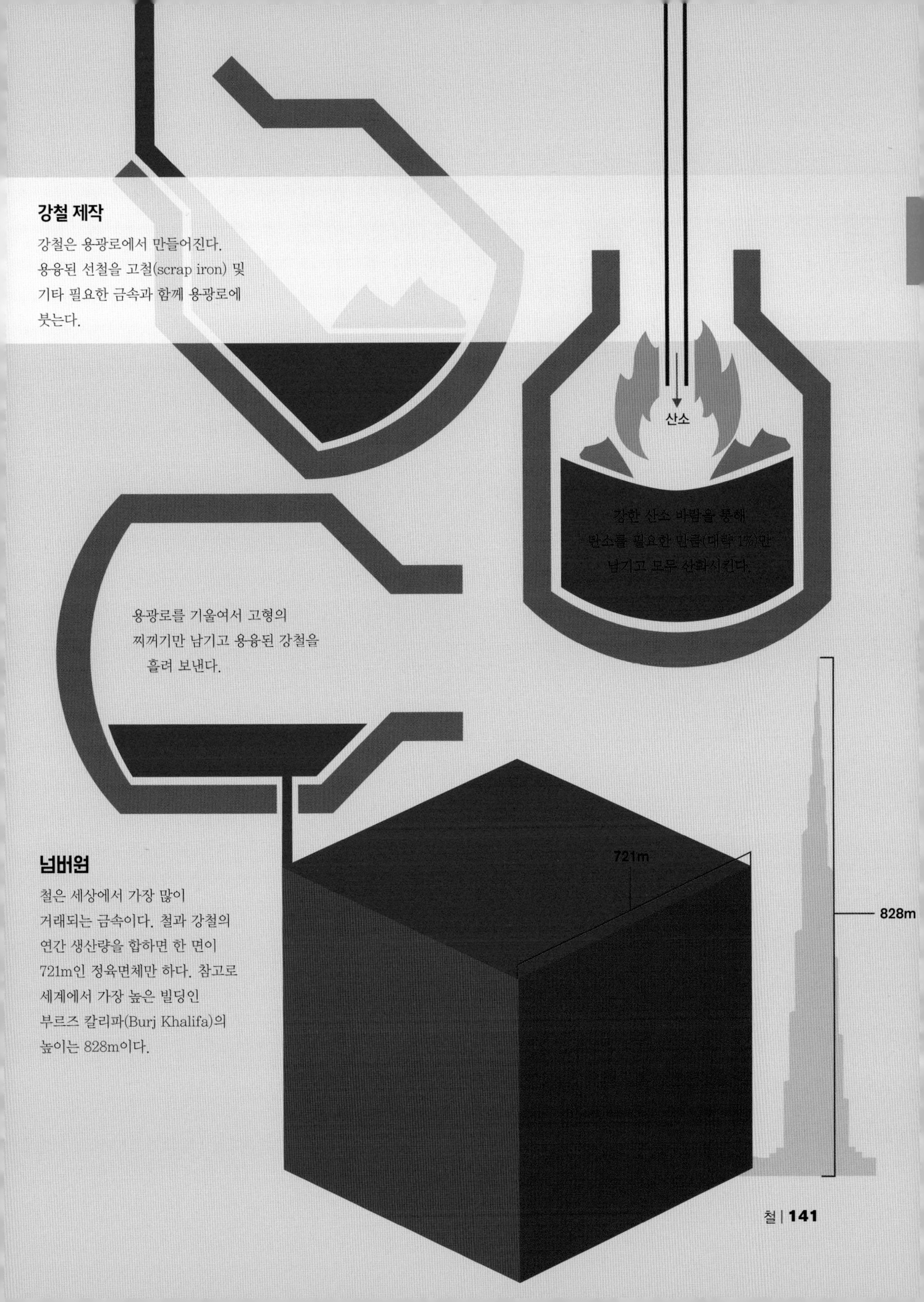
산소
강한 산소 바람을 통해
탄소를 필요한 만큼(대략 1%)만
남기고 모두 산화시킨다.
용광로를 기울여서 고형의
찌꺼기만 남기고 용융된 강철을
흘려 보낸다.
721m
828m

강철 제작

강철은 용광로에서 만들어진다. 용융된 선철을 고철(scrap iron) 및 기타 필요한 금속과 함께 용광로에 붓는다.

넘버원

철은 세상에서 가장 많이 거래되는 금속이다. 철과 강철의 연간 생산량을 합하면 한 면이 721m인 정육면체만 하다. 참고로 세계에서 가장 높은 빌딩인 부르즈 칼리파(Burj Khalifa)의 높이는 828m이다.

코발트

코발트 그린

코발트에 산화아연 혹은 유사한 흰색 화학물질을 첨가하면 연한 초록빛을 낸다. 일부 보석은 코발트 불순물을 포함하고 있어 초록색을 띤다.

27
Co

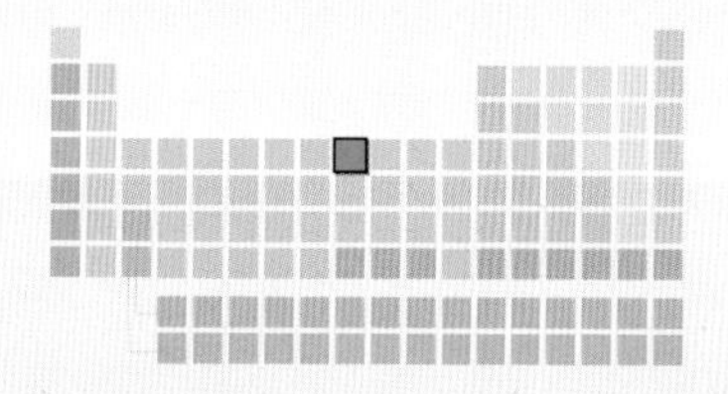

원자량: 58.9332
색: 금속성 회색
상태: 고체
녹는점: 1,495°C (2,723°F)
끓는점: 2,927°C (5,301°F)
결정구조: 육방체

분류: 전이금속
원자 번호: 27

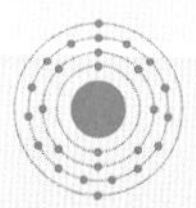

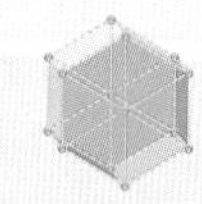

고대의 광부들은 코발트 광석을 두려워했기에 사악한 도깨비 코볼드의 이름을 따서 코발트라 명명했다. 이 광석은 은을 함유하고 있는 광물과 비슷하게 생겼지만, 제련하면 독성을 가진 불꽃을 방출하는 코발트 비소화물(cobalt arsenide)이었다. 코발트는 같은 이름의 염료로 다양하게 활용되고 있다.

코발트 블루

알루미산코발트에서 만들어지며 예로부터 중국 도자기의 염료로 쓰였다.

세루리안 블루

주석 및 산소와의 화합물인 주석산 코발트로 만든다. 이 푸른빛은 코발트 블루와 함께 19세기 인상주의 화가들이 즐겨 사용하던 색이었다.

코발트 바이올렛

1859년에 처음 만들어졌으며 최초의 안정적인 보라색 염료이다. 19세기의 색채 예술가였던 살브타(Louis Alphonse Salvétat)가 인산코발트를 이용해 만들었다.

오레올린

코발트 옐로로도 알려져 있다. 이 염료는 아질산코발트 포타슘(potassium cobaltinitrite)를 함유하는데, 가격이 너무 비싸기 때문에 소량만 쓰인다.

니켈

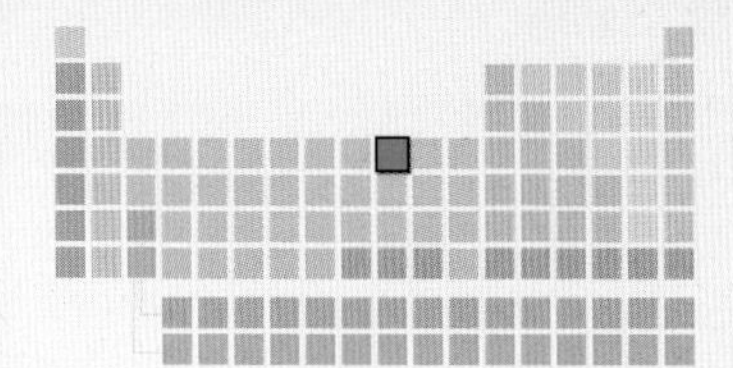

원자량: 58.6934
색: 은백색
상태: 고체
녹는점: 1,455°C (2,651°F)
끓는점: 2,912°C (5,274°F)
결정구조: 면심입방체

분류: 전이금속
원자 번호: 28

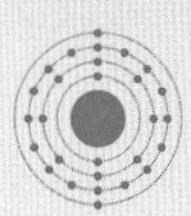

28
Ni

니켈은 스테인리스 강철 및 다른 첨단 합금을 만드는 재료로 주로 쓰인다. 또한 은을 대체할 수 있는 값싼 도금 재료이며, 전지, 전자공학 및 주화 제조에도 사용된다.

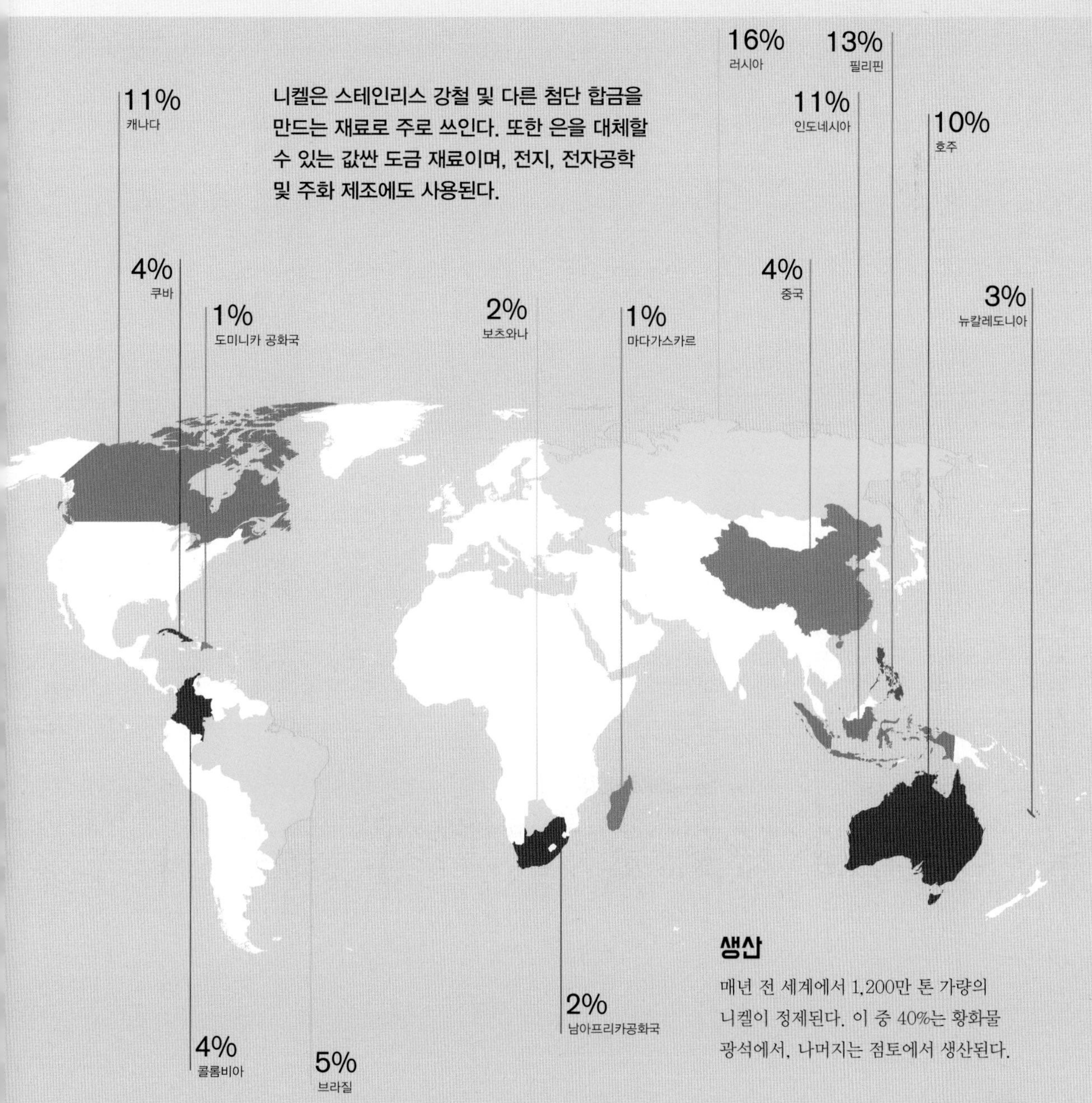

생산

매년 전 세계에서 1,200만 톤 가량의 니켈이 정제된다. 이 중 40%는 황화물 광석에서, 나머지는 점토에서 생산된다.

구리

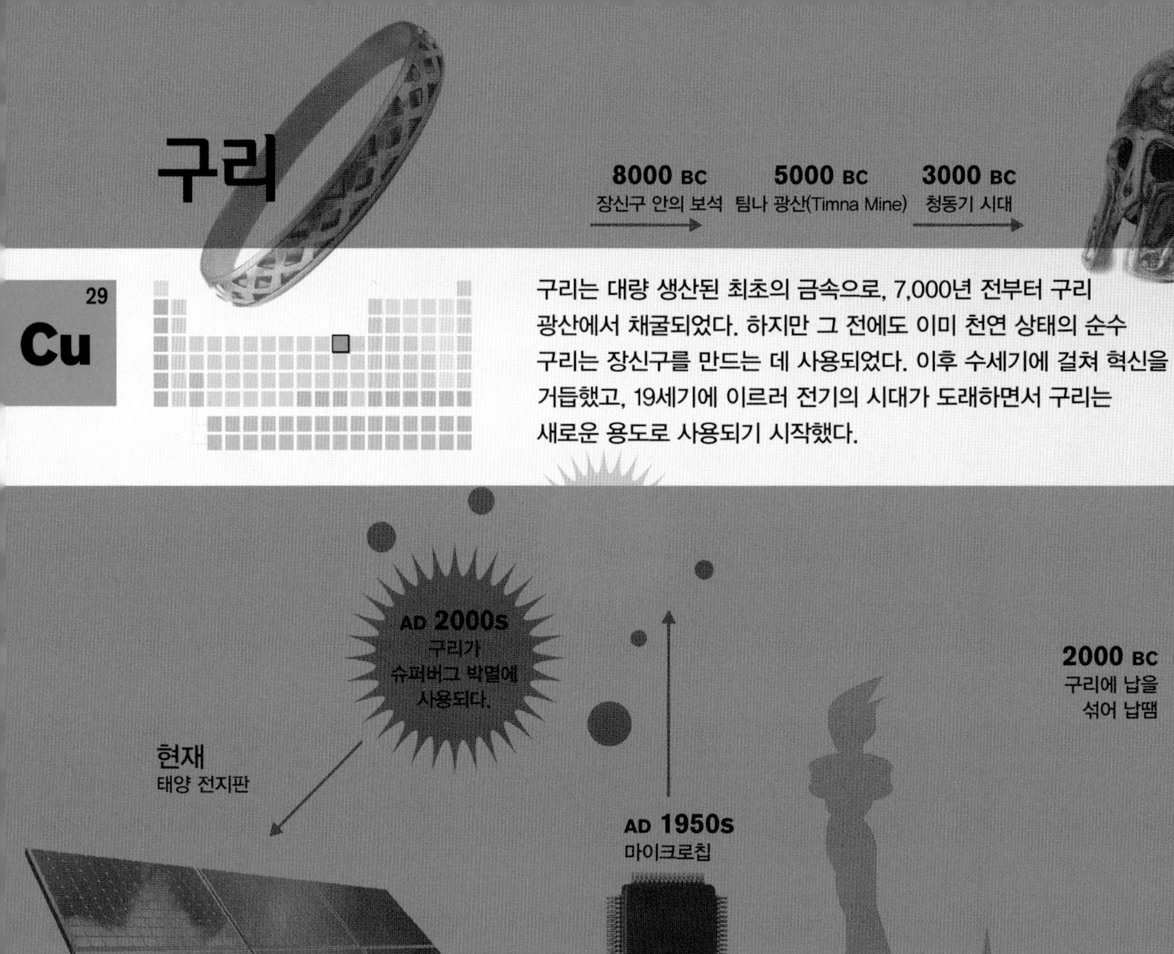

구리는 대량 생산된 최초의 금속으로, 7,000년 전부터 구리 광산에서 채굴되었다. 하지만 그 전에도 이미 천연 상태의 순수 구리는 장신구를 만드는 데 사용되었다. 이후 수세기에 걸쳐 혁신을 거듭했고, 19세기에 이르러 전기의 시대가 도래하면서 구리는 새로운 용도로 사용되기 시작했다.

자유의 여신상

이 상징적인 초록색 조각상은 원래 반짝이는 붉은색 구리로 만들어졌다. 30년이 지나자 조각상은 초록색으로 바뀌었는데, 이는 구리가 오염물질, 비, 그리고 바닷물과 화학 반응을 일으켰기 때문이다.

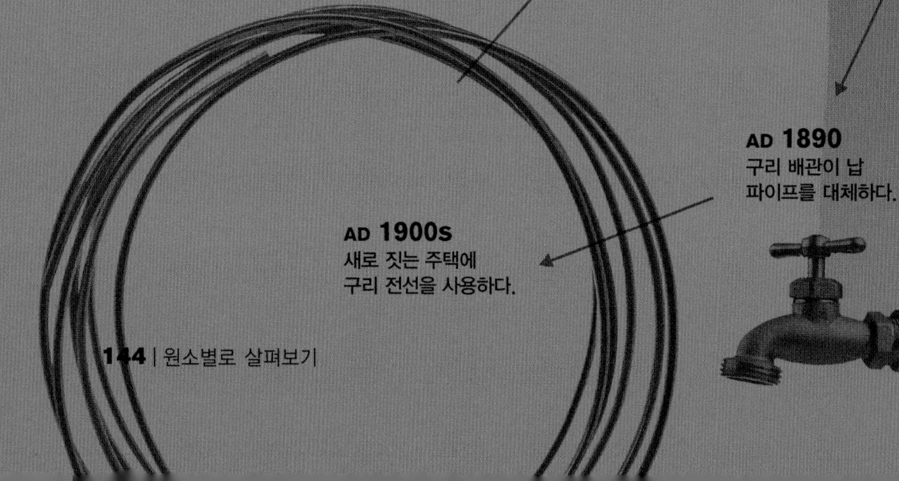

1000 BC
동전

AD 900
팔룬 광산

원자량: 63.546
색: 적갈색
상태: 고체
녹는점: 1,085°C (1,985°F)
끓는점: 2,562°C (4,644°F)
결정구조: 면심입방체

분류: 전이금속
원자 번호: 29

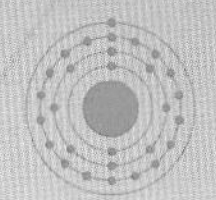

구리 광산

스웨덴의 팔룬 광산(Falun Mine)은 중세 유럽의 주요 구리 공급원이었다. 이 광산은 10세기부터 1992년까지 운영되었다.

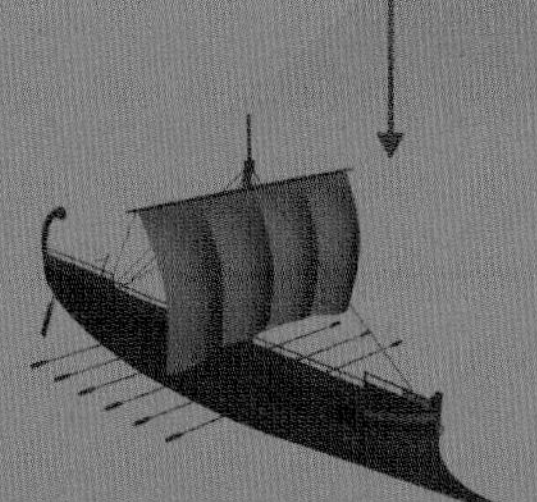

480 BC
그리스 배에 장착된 청동 충각(ram)이 살라미스 해전에서 페르시아 해군을 격침시키다.

AD 1500s
긴 항해 기간 동안 벌레로부터 배의 목재를 보호하기 위해 배의 바닥에 구리를 첨가하다.

AD 1839
은판 사진기(daguerrotype camera)는 은으로 도금된 구리판 표면에 영상이 맺힌다.

AD 1730
놋쇠 공장에서 구리를 아연과 섞어 단단하고 황금빛이 나는 합금을 제조하다.

AD 1800s
금관악기

AD 1830
전자석은 철심에 구리선으로 코일을 감아 통제 가능한 자기장을 만든다.

아연

30
Zn

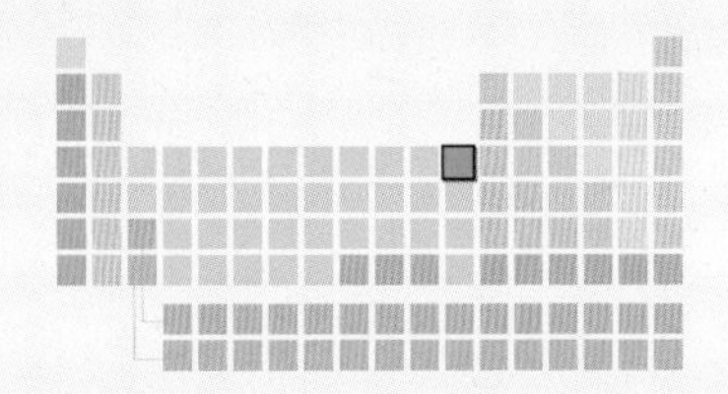

원자량: 65.409
색: 청백색
상태: 고체
녹는점: 420°C (788°F)
끓는점: 907°C (1,665°F)
결정구조: 육방체

분류: 전이금속
원자 번호: 30

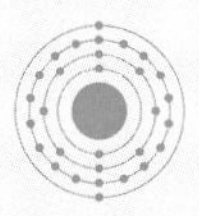

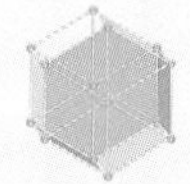

수세기 동안 아연 광물이 사용되어 왔지만, 순수한 아연은 1746년이 되어서야 분리되었다. 예를 들어, 오래 전부터 수두로 인한 가려움증을 완화시키기 위한 치료제로 사용해 온 칼라민 로션은 산화아연을 포함하고 있다. 비듬 치료용 샴푸에도 비슷한 아연 화학물질이 들어있다.

희생용 보호막

아연은 철을 비롯한 다른 전이금속들보다 반응성이 크기 때문에, 희생 양극법(sacrificial anode method)을 통해 강철을 보호한다. 아연 도금 강철은 강철에 아연막을 얇게 씌운 것이다. 이 금속에 스크래치가 생기면 강철이 공기나 물에 노출되어 녹이 슬지만, 아연이 강철보다 먼저 반응을 일으키기 때문에 아연 화합물로 스크래치를 밀봉해 강철이 부식되는 것을 막는다.

아연

강철

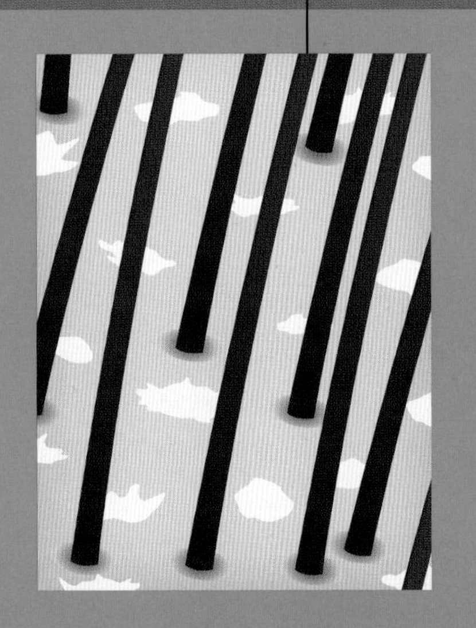

자외선 차단제

산화아연이 밝은 흰색을 띄는 이유는 빛을 잘 반사하기 때문이다. 이 산화물은 썬크림이나 우주복을 만드는 데 쓰이며, 인체에 유해한 자외선을 차단한다.

갈륨

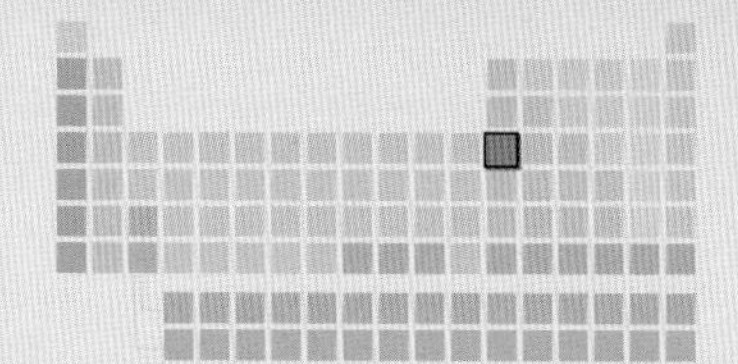

원자량: 69.723
색: 은청색
상태: 고체
녹는점: 30°C (86°F)
끓는점: 2,204°C (3,999°F)
결정구조: 사방체

분류: 전이후금속
원자 번호: 31

31
Ga

갈륨은 아마도 국가명을 따서 이름을 지은 최초의 원소일 것이다. 1875년 르코크(Paul Emile Lecoq)는 이 원소의 이름을 프랑스를 지칭하는 라틴어인 갈리아(Gallia)라고 지었다. 그러나 갈리아는 '수탉', 즉 프랑스어로 *le coq*을 의미하는 라틴어 *gallus*에서 파생된 단어이기도 하다. 혹자는 르코크가 자신의 이름을 따서 원소를 명명한 것이라고 하였다.

부드러운 감촉

갈륨은 표준 상태에서는 무른 고체이지만, 손에 쥐고 있으면 녹아버린다. 체온이 이 금속의 녹는점보다 높기 때문이다.

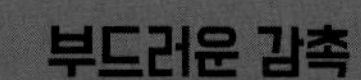

보다 안전한 액체

최초의 온도계에는 수은이 사용되었다. 그러나 수은은 다루기 위험하기 때문에 의료용 온도계에는 갈린스탄을 사용해서 체온을 측정한다. 이것은 갈륨, 인듐, 주석의 혼합물로 −19°C 이상에서 액체 상태를 유지한다.

저마늄

32
Ge

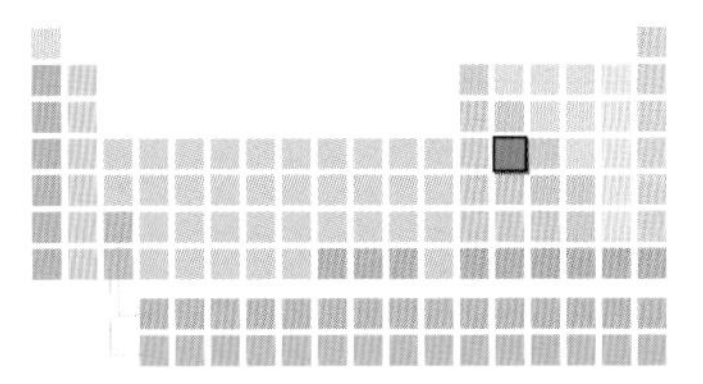

원자량: 72.631
색: 회백색
상태: 고체
녹는점: 938°C (1,720°F)
끓는점: 2,833°C (5,131°F)
결정구조: 다이아몬드입방체

분류: 준금속
원자 번호: 32

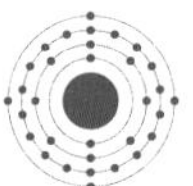
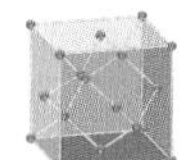

1869년에 만들어진 최초의 주기율표에는 32번 원소에 대해서 알려진 바가 없었다. 그러나 멘델레예프는 이 원소의 존재를 예언했는데, 이 미지의 원소의 특성을 규정하며 이것을 에카규소(ekasilicon)라고 불렀다. 1886년, 그가 예측한 원소가 실제로 발견되어 저마늄으로 명명되었다. 저마늄의 특성은 멘델레예프의 예측과 거의 일치했고, 전 세계 과학계가 주기율표의 위대함을 다시 한번 깨닫는 계기가 되었다.

	Eka	Ge
원자량	72.64	72.63
밀도 (g/cm³)	5.5	5.35
녹는점 (°C)	높음	938
색	회색	회색
산화물 형태	내화 이산화물	내화 이산화물
산화물 밀도 (g/cm³)	4.7	4.7
산화물 활성	약 염기성	약 염기성
염화물 끓는점 (°C)	100미만	86 ($GeCl_4$)
염화물 밀도 (g/cm³)	1.9	1.9

광학 장치

저마늄은 반도체로 첨단 기술 분야에서 널리 활용되고 있다. DVD-R에 데이터를 기록하는 레이저는 저마늄을 사용한다. 야간 투시경은 저마늄을 이용해서 적외선을 눈에 보이는 이미지로 바꾸며, 산화저마늄을 함유한 광섬유는 내부에서 반사되는 레이저 신호가 밖으로 나가지 않도록 한다.

비소

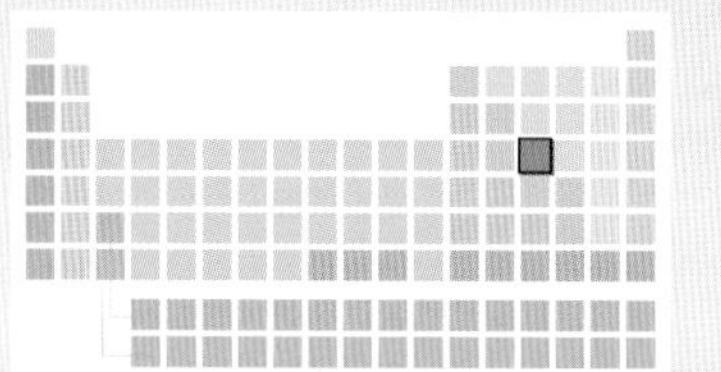

원자량: 74.92160
색: 회색
상태: 고체
녹는점: 해당 없음
승화점: 614°C (1,137°F)
결정구조: 삼방체

분류: 준금속
원자 번호: 33

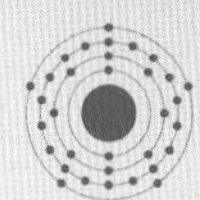

33
As

비소 광물은 금속성 광택 혹은 밝은 색을 띠는 인상적인 광물이다. 이것은 전통적으로 염료, 특히 금색 물감으로 사용되었다. 그러나 순수한 비소와 비소 산화물은 독성이 있어서 예로부터 사람들을 서서히, 그리고 확실하게 독살하는데 쓰여 왔다. 비소 광물에서는 마늘 냄새가 나기 때문에 적어도 최후의 만찬의 풍미를 돋울 수는 있을지도 모른다!

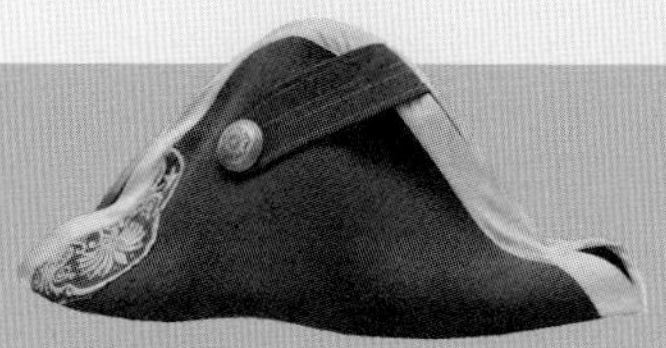

나폴레옹

1821년 보나파르트 나폴레옹이 사망한 후 그의 머리카락에서 많은 양의 비소가 발견되었다. 그는 독살당한 것이었을까, 아니면 그가 살던 집의 화려한 초록 벽지에서 치명적인 비소 증기가 배출되었던 것이었을까?

치명적인 달콤함

1858년, 영국 브래드포드 지방의 한 시장 가판대에서 비소를 함유한 사탕이 판매되어 200명이 병에 걸리고, 21명이 사망했다.

메리 앤 코튼(Mary Ann Cotton)

영국 선더랜드 지방의 이 연쇄 살인범은 1852년부터 1873년까지 비소를 이용해 4명의 남편과 13명의 자식, 그리고 2명의 연인을 살해했다.

죽음의 건배

15세기와 16세기 유럽 남부지방의 대부분을 통치했던 보르자 가문(The Borgias)은 정적을 제거하기 위해 비소를 탄 와인을 접대하곤 했다.

비운의 황제

1908년, 중국의 황제였던 광서제(the Guangxu emperor)가 갑자기 사망했을 때 그의 얼굴은 퍼렇게 변해 있었다. 이 같은 사실은 아마도 황제가 부패한 신하들(대개 내시)에 의해 비소에 중독되어 사망했음을 시사한다. 그의 죽음 이후 조카 푸이(Puyi)가 중국의 마지막 황제가 되었다.

광기의 황제

AD 55년, 네로(Nero)는 이복동생 브리타니쿠스(Britannicus)를 독살할 것을 명령했는데, 이 때 쓰인 것이 비소였다. 이 사건으로 인해 네로의 황제 등극에는 거칠 것이 없어졌다.

셀레늄

셀레늄은 그리스어로 달의 여신을 뜻하는 셀린(Selene)을 따서 지은 이름이다.

34

Se

원자량: 78.96
색: 금속성 회색
상태: 고체
녹는점: 221°C (430°F)
끓는점: 685°C (1,265°F)
결정구조: 육방체

분류: 비금속
원자 번호: 34

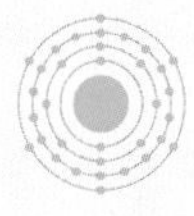

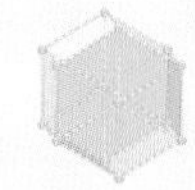

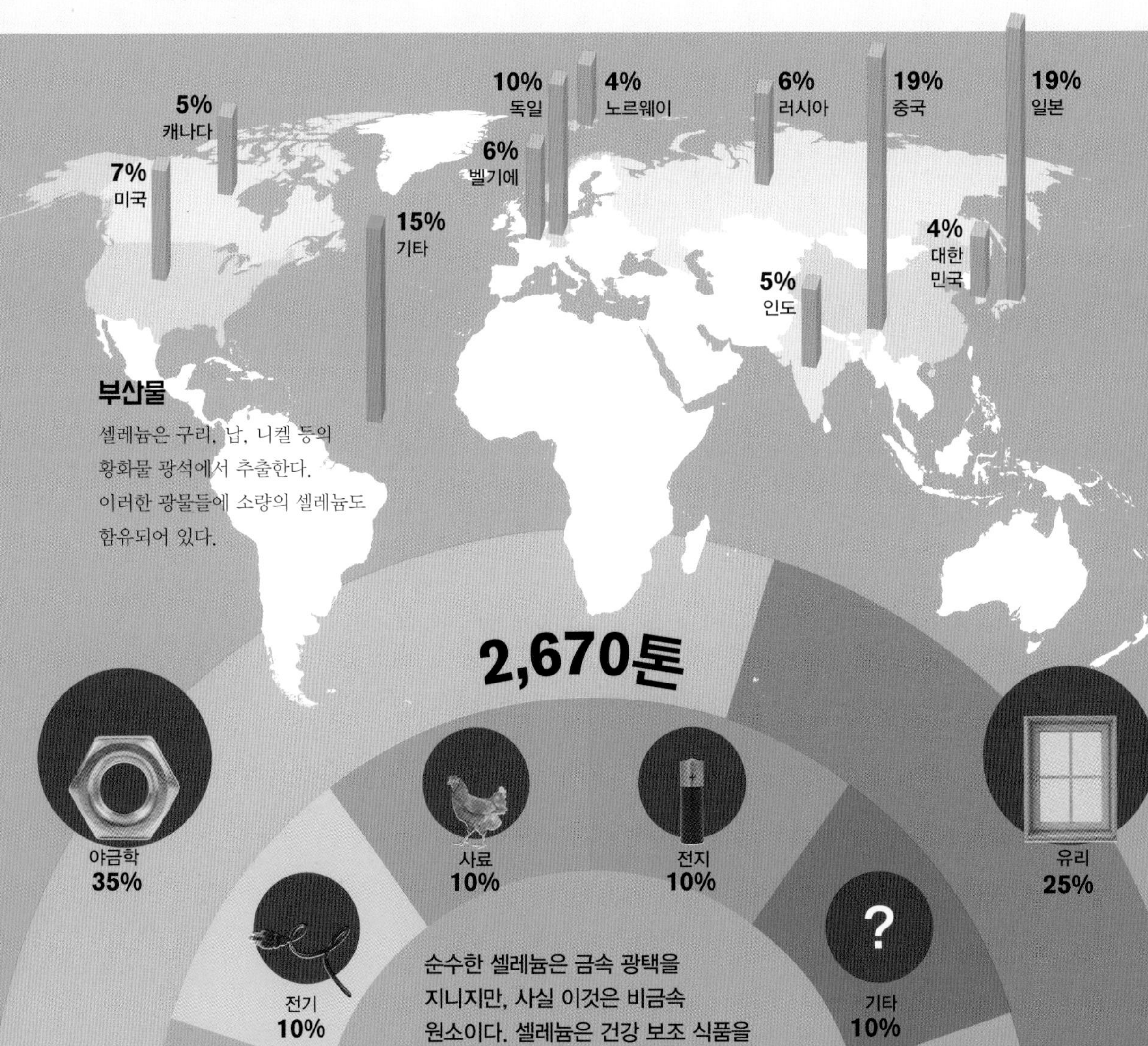

부산물

셀레늄은 구리, 납, 니켈 등의 황화물 광석에서 추출한다. 이러한 광물들에 소량의 셀레늄도 함유되어 있다.

순수한 셀레늄은 금속 광택을 지니지만, 사실 이것은 비금속 원소이다. 셀레늄은 건강 보조 식품을 포함하여 다양한 산업 분야에서 이용된다. 동물도 먹이를 통해 소량 섭취해야 한다.

브로민

브로민은 액체 상태로 존재하는 유일한 비금속 원소이다.
아래 도표는 브로민을 좀 더 친숙한 액체인 물과 비교한 것이다.

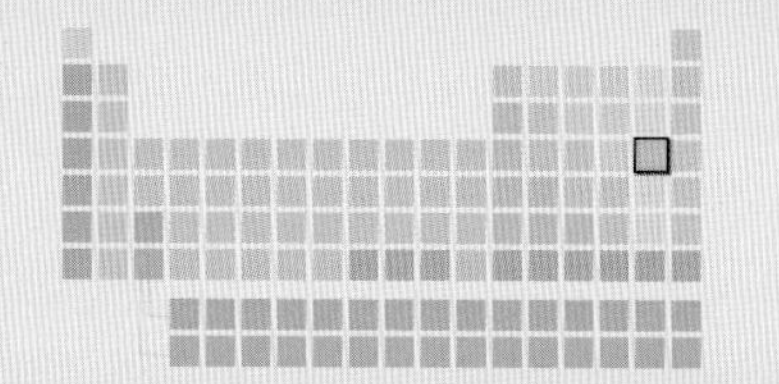

원자량: 79.904
색: 진한 빨간색
상태: 액체
녹는점: −7°C (19°F)
끓는점: 59°C (138°F)
결정구조: 사방체

분류: 할로젠
원자 번호: 35

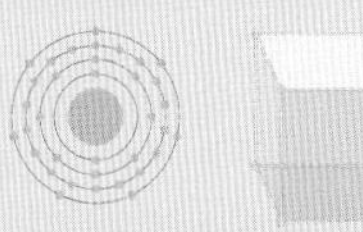

35
Br

주황색 기체

브로민은 물보다 낮은 온도에서 끓으며, 숨이 막힐 듯한 증기를 생성한다. 브로민 기체가 끓을 때 나는 냄새에서 '악취'라는 뜻의 이름이 지어졌다.

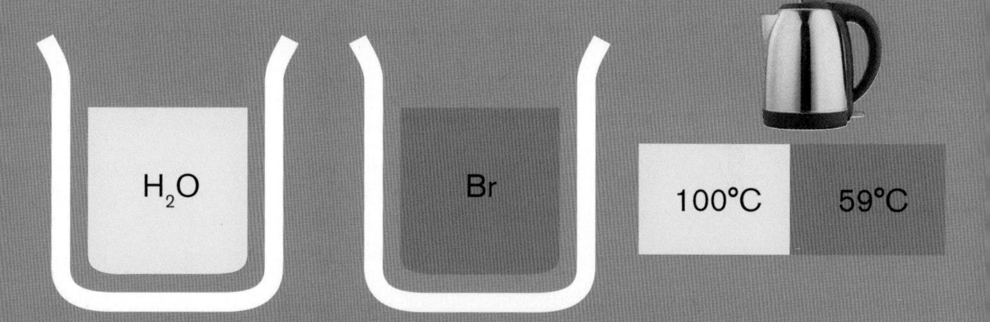

갈색 액체

브로민과 물은 섞인다. 서로에게 용해되는 것이다. 그러나 브로민이 물보다 밀도가 훨씬 높기 때문에 바닥으로 가라앉는다.

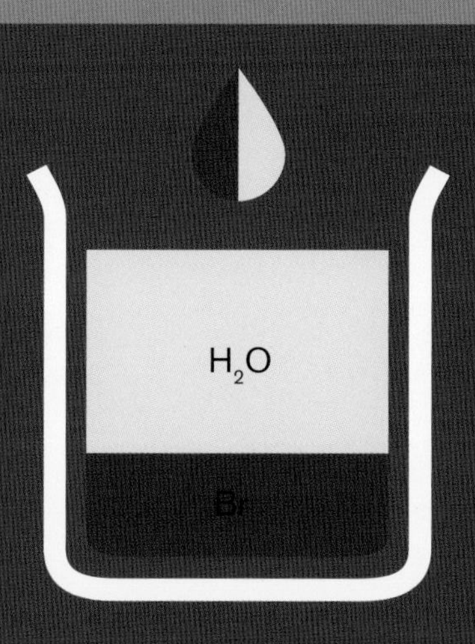

점성

0.9	0.95

브로민과 물은 점성이 비슷해서 흐르거나 튀는 양상이 동일하다.

밀도

1	3.11

노란색 고체

브로민과 물은 비슷한 온도에서 언다.

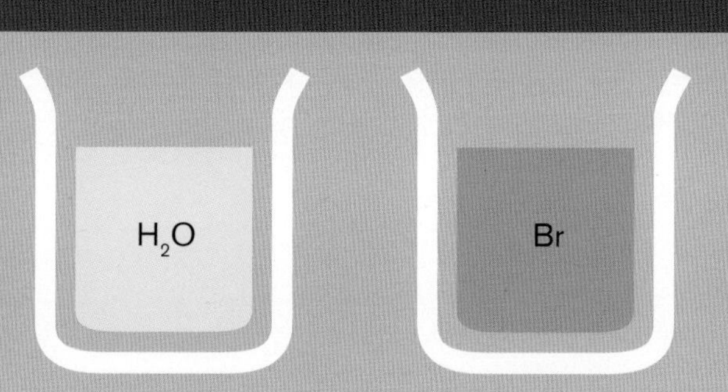

0°C	-7°C

10,600
10,580

재처리
1949~현재

크립톤

36
Kr

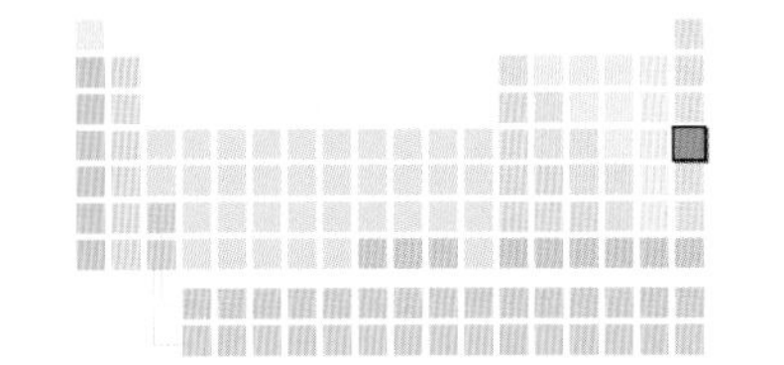

원자량: 83.798
색: 무색
상태: 기체
녹는점: −157°C (−251°F)
끓는점: −153°C (−244°F)
결정구조: 해당 없음

분류: 비활성 기체
원자 번호: 36

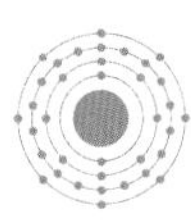

천연 크립톤은 공기 중에 매우 희박하다. 그러나 동위원소인 크립톤-85(Kr-85)는 핵분열에 의해 생성되며 핵활동을 측정하는데 활용된다. Kr-85의 농도를 분석하면 핵무기 실험, 원전 사고 및 핵 폐기물 처리로 인한 영향 등을 알 수 있다.

46%

번개 생성

핵시설 위로 Kr-85가 방출되면 공기의 전도율이 변하면서 인근 지역의 번개 발생 빈도가 급격하게 증가한다.

180
160
140
120
100
80
60
40
20
0

핵무기 실험
1945~현재

후쿠시마 원전사고
2011

체르노빌 원전사고
1986

스리마일섬 원전사고
1979

PBq
(petabecquerel = 10^{15}Bq; 페타베크렐)

루비듐

원자량: 85.4678
색: 은백색
상태: 고체
녹는점: 39°C (102°F)
끓는점: 688°C (1,270°F)
결정구조: 체심입방체

분류: 알칼리 금속
원자 번호: 37

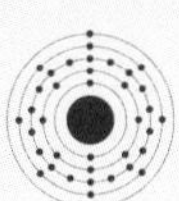

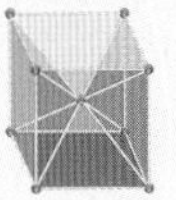

1995년, 루비듐은 우주에서 가장 차가운 물질이 되었다. 루비듐을 심우주(deep space)보다 조금 더 낮은 온도이자 절대온도에 거의 근접한 0.001K(−273.14 °C)까지 냉각시켰던 것이다. 이 온도에서 루비듐 원자는 개별 원자로서의 성질을 잃고 '보스-아인슈타인 응축'으로 융합한다. 이것은 원자가 사라진 물질의 상태를 말하는데, 1924년에 처음 제안된 이론이었으나 실제 기술로 구현시키기까지 상당한 시간이 소요되었다.

레이저 쿨링

강력한 냉동장치를 이용해 루비듐 기체를 냉각시킨 후, 레이저를 이용해 온도를 더 낮춘다. 원자는 레이저 빛을 흡수하는데, 레이저가 적절한 각도로 들어온다면 원자의 움직임이 느려진다. 즉, 레이저가 원자 하나하나의 움직임을 늦춰 루비듐 기체를 냉각시키는 것이다.

자기장 덫

냉각된 기체는 자기장 '볼(bowl)'에 보관된다. 상대적으로 온도가 높은 루비듐 원자는 빠르게 움직여 이 볼 밖으로 빠져나간다. 볼은 점점 수축해서 가장 차가운 원자들만 바닥에 남게 되며, 남겨진 수백 개의 원자들만이 응축된 물질로 바뀐다.

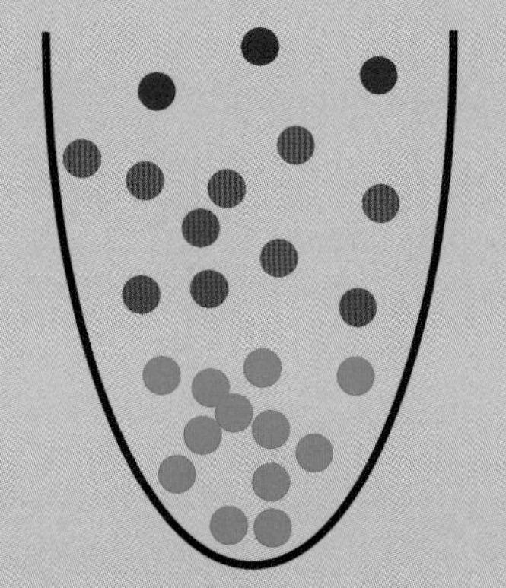

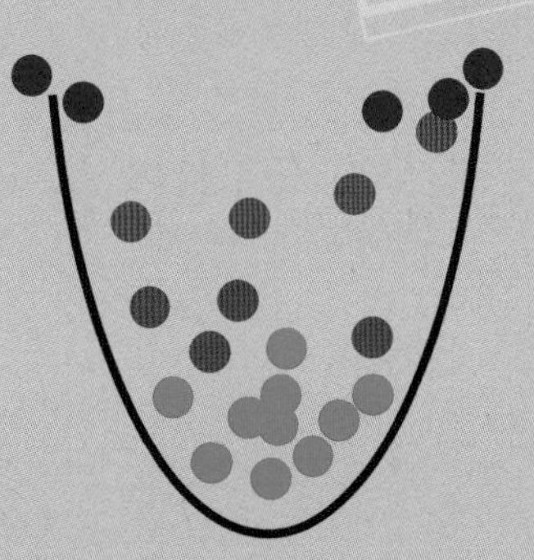

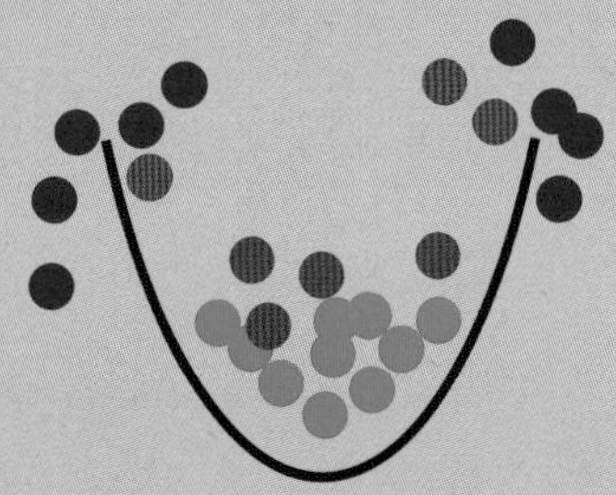

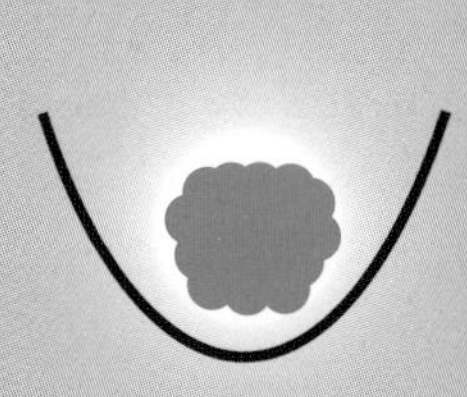

스트론튬

Sr 38

원자량: 87.62
색: 은회색
상태: 고체
녹는점: 777°C (1,431°F)
끓는점: 1,382°C (2,520°F)
결정구조: 면심입방체

분류: 알칼리 토금속
원자 번호: 38

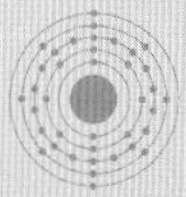

스트론튬은 대부분 중국, 멕시코, 스페인 및 아르헨티나에서 생산된다. 20세기 후반에는 채굴된 스트론튬의 4분의 3이 TV 화면을 만드는 데 쓰였다. 스트론튬으로 코팅된 화면은 구식 TV의 음극관에서 방출되는 X-선을 차단하는 효과가 있었다. 오늘날의 TV는 LCD를 사용하기 때문에 스트론튬의 수요가 줄면서 2005년 스트론튬 생산량은 급격히 감소했다. 현재 스트론튬은 시추용 이수(drilling muds)에 많이 쓰이는데, 이것은 유정(oil wells)에서 가스가 폭발하는 것을 막기 위해 사용하는 무거운 슬러리(slurry)이다.

음극선 TV

그 밖의 용도

경고용 조명탄의 붉은 연기는 스트론튬 화합물에서 나온다. 스트론튬은 자석을 강하게 만들며, 민감한 치아용 치약 성분으로도 쓰인다. 푸른색 염료에 스트론튬이 포함되는 경우도 있으며, 유리 제작, 합금 및 아연 정제에도 사용된다.

시추용 이수

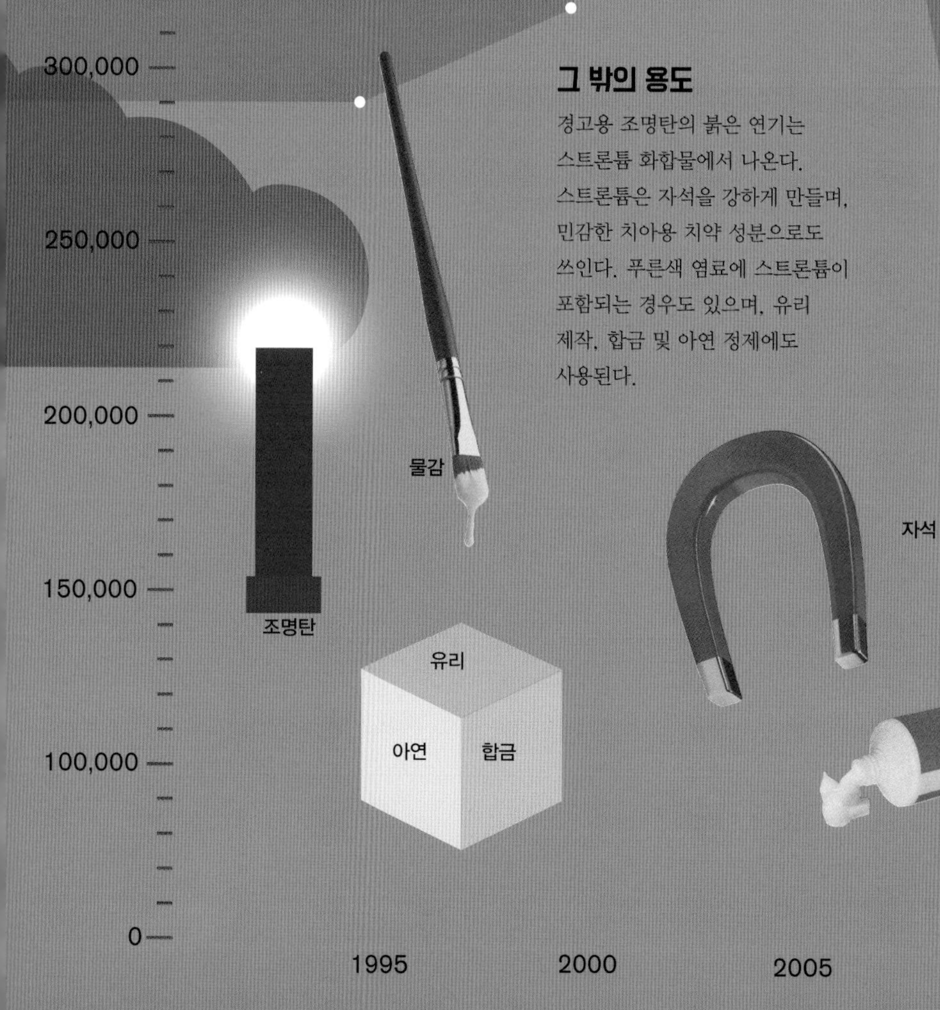

물감

조명탄

자석

유리

아연

합금

치약

550,000
500,000
400,000
350,000
300,000
250,000
200,000
150,000
100,000
0

1995 2000 2005 2010 2015

이트륨

원자량: 88.90585
색: 은백색
상태: 고체
녹는점: 1,526°C (2,779°F)
끓는점: 3,336°C (6,037°F)
결정구조: 육방체

분류: 전이금속
원자 번호: 39

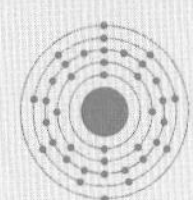

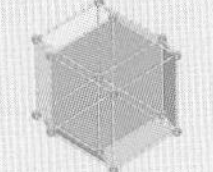

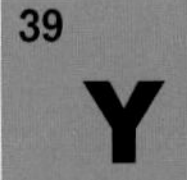

이트륨을 알루미늄 가넷과 섞어 결정화시킨 것을 YAG(Yttrium Aluminum Garnet)라 하는데, 이것은 레이저를 만드는 주 재료이다. YAG 레이저는 눈 수술, 문신 제거, 거리 측정기 및 용접에 이용된다.

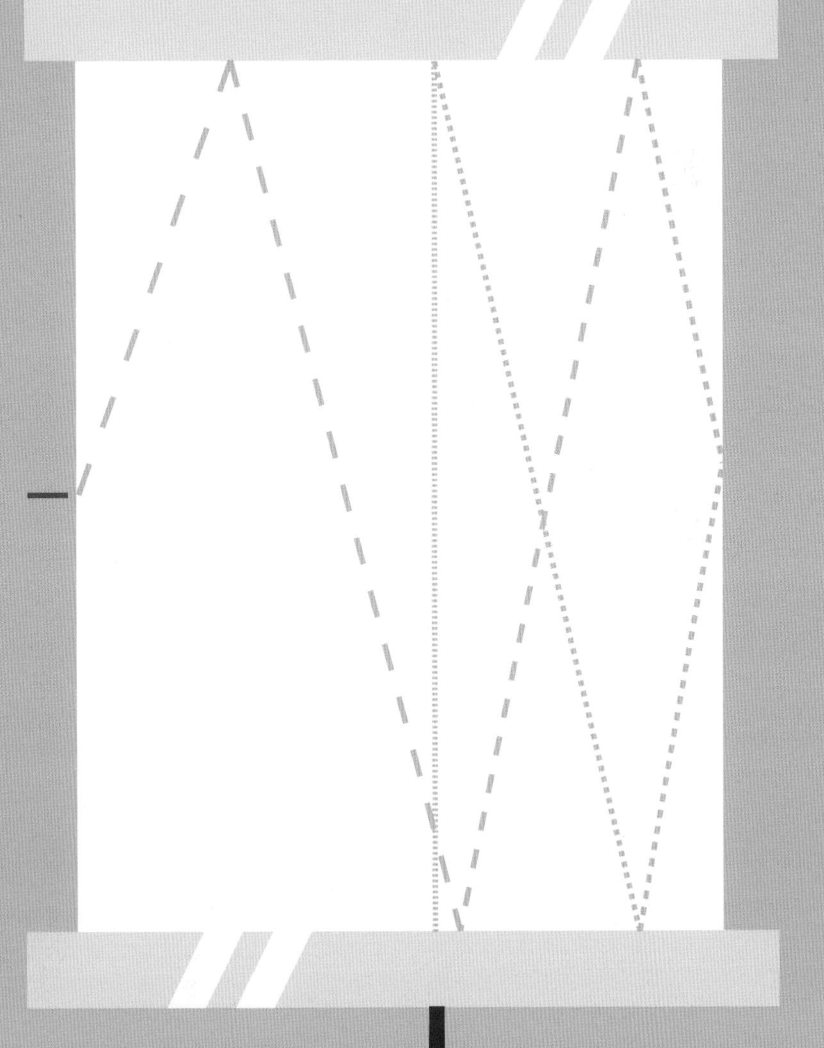

빛의 증폭

YAG 결정은 빛을 증폭시키는 물질이다. 빛이 결정을 비추면 빛 에너지가 원자를 흥분시켜 특정 파장, 즉 특정 색을 지닌 빛이 더 많이 방출된다. YAG 결정은 양 끝에 반사경을 가지고 있어 빛이 내부에서 양쪽으로 부딪히며 튀게 되고, 결국 원자가 더 많은 빛을 내게 한다. 증폭된 빛은 한쪽 거울에 있는 작은 구멍을 따라 펄스 또는 연속 모드로 방출된다.

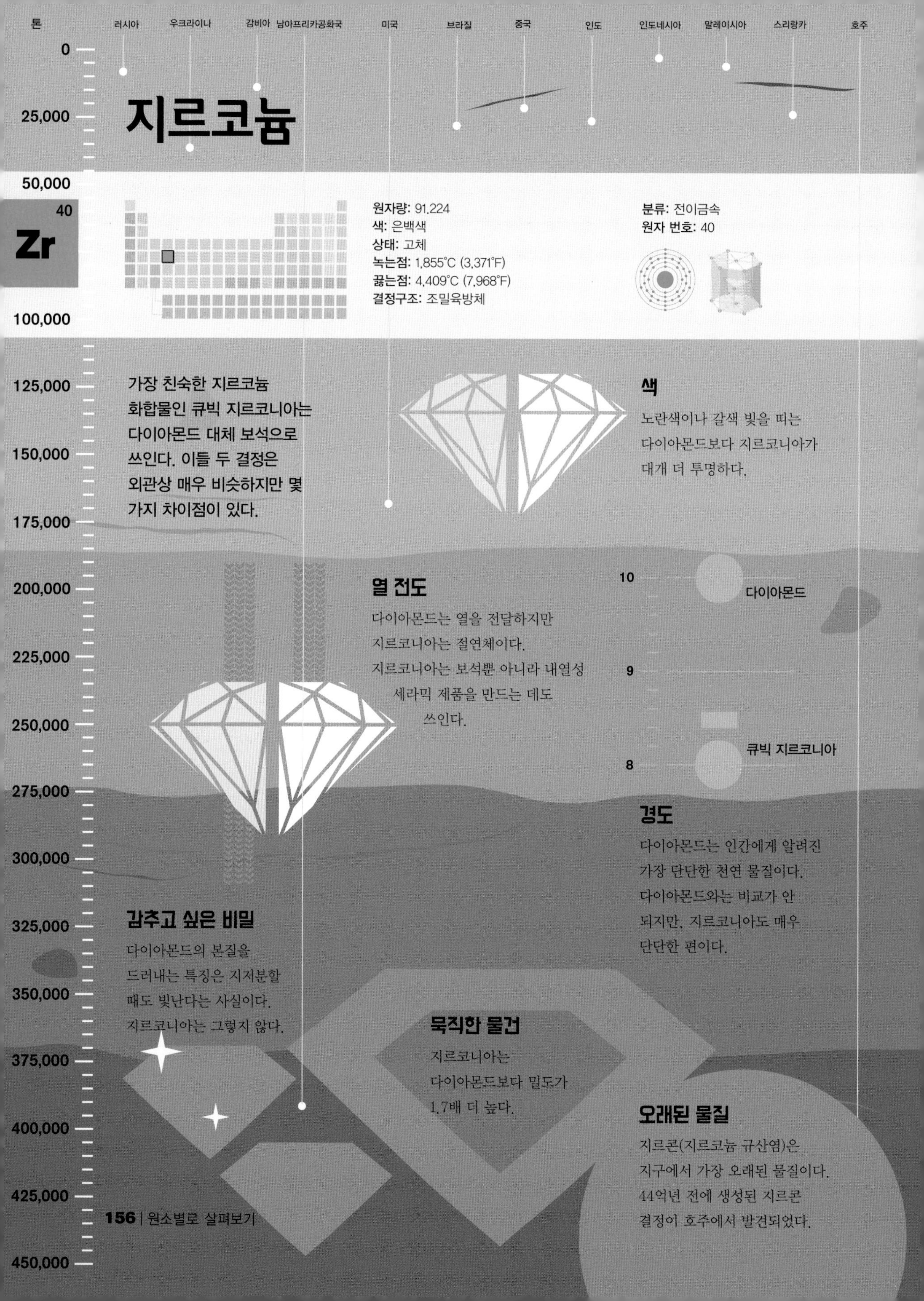
톤
러시아
우크라이나
감비아
남아프리카공화국
미국
브라질
중국
인도
인도네시아
말레이시아
스리랑카
호주
0
25,000
50,000
100,000
125,000
150,000
175,000
200,000
225,000
250,000
275,000
300,000
325,000
350,000
375,000
400,000
425,000
450,000
지르코늄
40
Zr
원자량: 91.224
색: 은백색
상태: 고체
녹는점: 1,855°C (3,371°F)
끓는점: 4,409°C (7,968°F)
결정구조: 조밀육방체
분류: 전이금속
원자 번호: 40
가장 친숙한 지르코늄 화합물인 큐빅 지르코니아는 다이아몬드 대체 보석으로 쓰인다. 이들 두 결정은 외관상 매우 비슷하지만 몇 가지 차이점이 있다.
색
노란색이나 갈색 빛을 띠는 다이아몬드보다 지르코니아가 대개 더 투명하다.
열 전도
다이아몬드는 열을 전달하지만 지르코니아는 절연체이다. 지르코니아는 보석뿐 아니라 내열성 세라믹 제품을 만드는 데도 쓰인다.
10
다이아몬드
9
8
큐빅 지르코니아
경도
다이아몬드는 인간에게 알려진 가장 단단한 천연 물질이다. 다이아몬드와는 비교가 안 되지만, 지르코니아도 매우 단단한 편이다.
감추고 싶은 비밀
다이아몬드의 본질을 드러내는 특징은 지저분할 때도 빛난다는 사실이다. 지르코니아는 그렇지 않다.
묵직한 물건
지르코니아는 다이아몬드보다 밀도가 1.7배 더 높다.
오래된 물질
지르콘(지르코늄 규산염)은 지구에서 가장 오래된 물질이다. 44억년 전에 생성된 지르콘 결정이 호주에서 발견되었다.

나이오븀

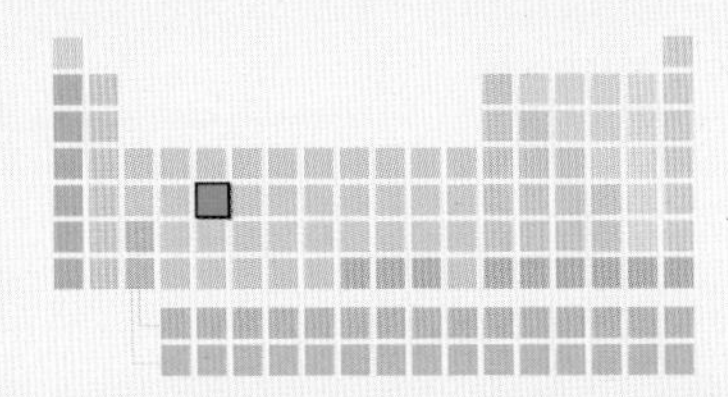

원자량: 92.90638
색: 철회색
상태: 고체
녹는점: 2,477°C (4,491°F)
끓는점: 4,744°C (8,571°F)
결정구조: 체심입방체

분류: 전이금속
원자 번호: 41

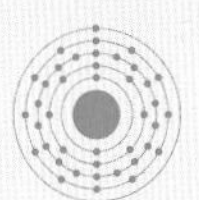

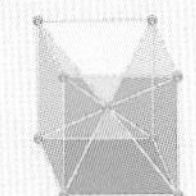

41
Nb

LHC
둘레 27km

1,200톤

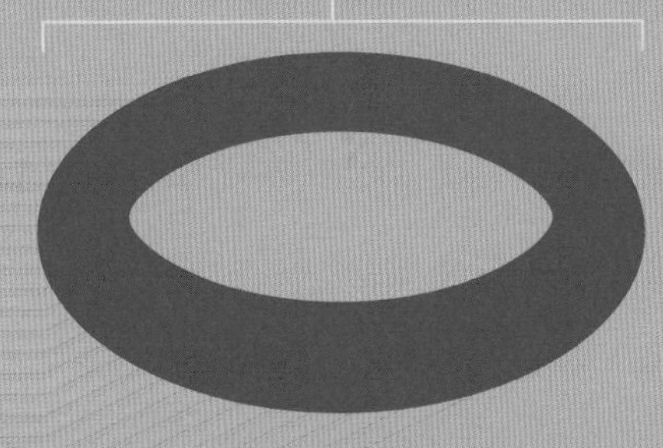

나이오븀은 지각에서 34번째로 풍부한 원소이지만, 넓게 흩어져 분포하며 주된 광석이 없다. 나이오븀은 전자공학, 특히 축전기 분야에서 중요하게 사용된다. 모든 스마트폰에도 나이오븀이 소량 들어있다. 최근 몇 년 사이 나이오븀의 생산량이 두 배로 증가했지만, 아직까지 1년에 5만 톤이 넘는 경우는 거의 없다.

초전도체

나이오븀의 가장 중요한 용도는 초전도 합금 도선을 만드는 것이다. 이것은 유럽 원자핵 공동연구소(CERN)에 있는 대형 강입자 충돌기(Large Hadron Collider: LHC)와 같은 입자 가속기에 쓰이는 것으로, 입자 빔의 움직임을 제어하는 전자석에 전력을 제공한다. 현재 프랑스에 건설 중인 ITER 핵융합로에 역사상 가장 많은 양(단위 면적 당)의 나이오븀이 사용될 예정이다.

Tevatron
둘레 6.8km

17톤

ITER
둘레 0.09km

850톤

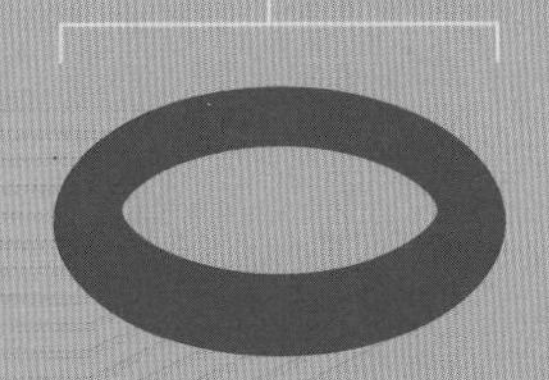

몰리브데넘

Mo 42

원자량: 95.94
색: 은백색
상태: 고체
녹는점: 2,623°C (4,753°F)
끓는점: 4,639°C (8,382°F)
결정구조: 체심입방체

분류: 전이금속
원자 번호: 42

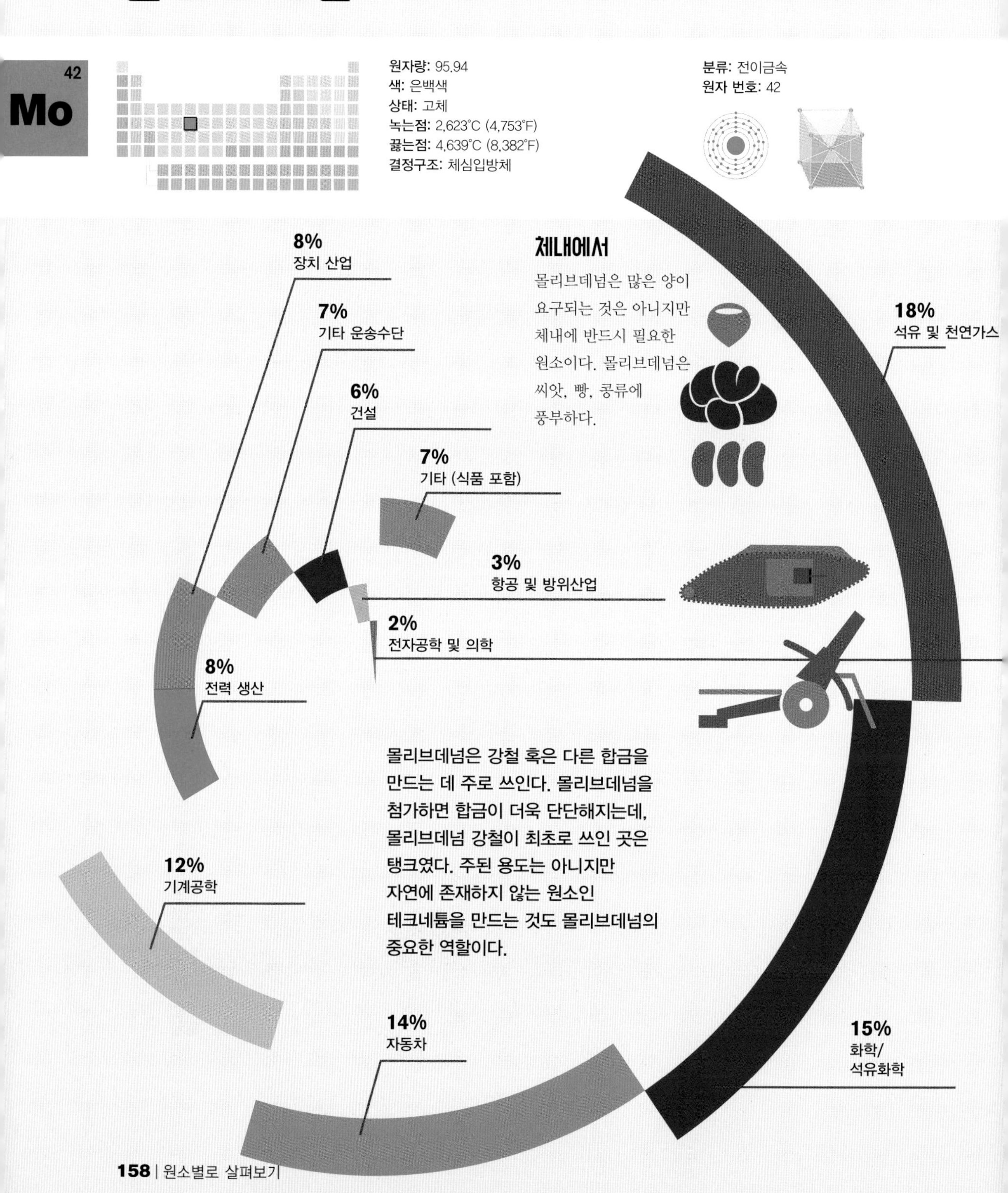

체내에서

몰리브데넘은 많은 양이 요구되는 것은 아니지만 체내에 반드시 필요한 원소이다. 몰리브데넘은 씨앗, 빵, 콩류에 풍부하다.

몰리브데넘은 강철 혹은 다른 합금을 만드는 데 주로 쓰인다. 몰리브데넘을 첨가하면 합금이 더욱 단단해지는데, 몰리브데넘 강철이 최초로 쓰인 곳은 탱크였다. 주된 용도는 아니지만 자연에 존재하지 않는 원소인 테크네튬을 만드는 것도 몰리브데넘의 중요한 역할이다.

테크네튬

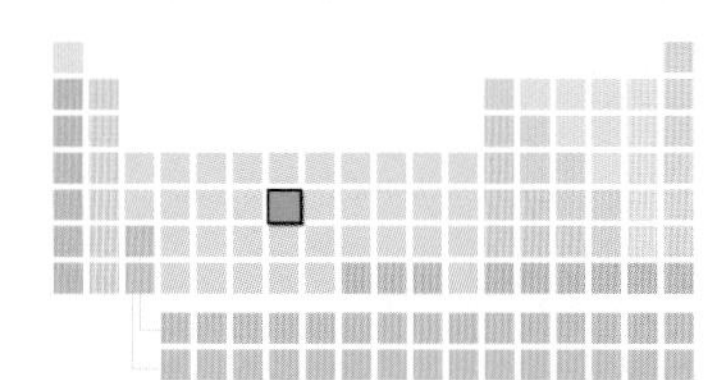

원자량: 98
색: 은회색
상태: 고체
녹는점: 2,157°C (3,915°F)
끓는점: 4,265°C (7,709°F)
결정구조: 육방체

분류: 전이금속
원자 번호: 43

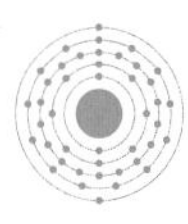

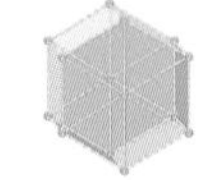

43
Tc

뇌

심장 박동

림프절

테크네튬은 방사성이 매우 강하기 때문에 지구상에 남아 있는 원자는 하나도 없다. 이들은 지구가 처음 생겨난 후 수백만 년 이내에 모두 붕괴되었다. 그러나 인공적으로 만들어진 테크네튬은 의료 영상 분야에서 표지자(marker)로 이용된다.

감마선

테크네튬은 감마선을 방출한다. 테크네튬을 체내에 주입하면 여러 연부 조직에서 표지자로 작용하는데, 방출된 감마선은 실시간 영상을 만드는 데 사용된다.

혈류

폐

암 검사

비장

루테늄

44
Ru

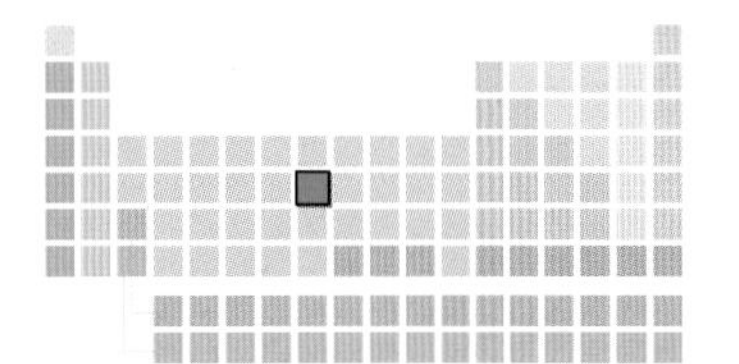

원자량: 101.07
색: 은백색
상태: 고체
녹는점: 2,334°C (4,233°F)
끓는점: 4,150°C (7,502°F)
결정구조: 육방체

분류: 전이금속
원자 번호: 44

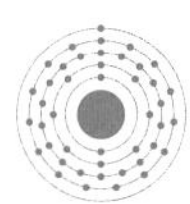

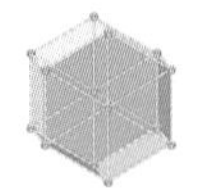

루테늄은 매우 희귀한 금속이다. 첨단 합금을 만드는 데 소량 사용되긴 하지만 주로 화학 반응의 촉매로 쓰인다. 피셔-트롭슈 공정(Fischer-Tropsch process)은 루테늄이 촉매로 작용하는 반응 중 하나로 석탄과 천연가스를 액체 탄화 수소 연료로 변환시키는 방법이다.

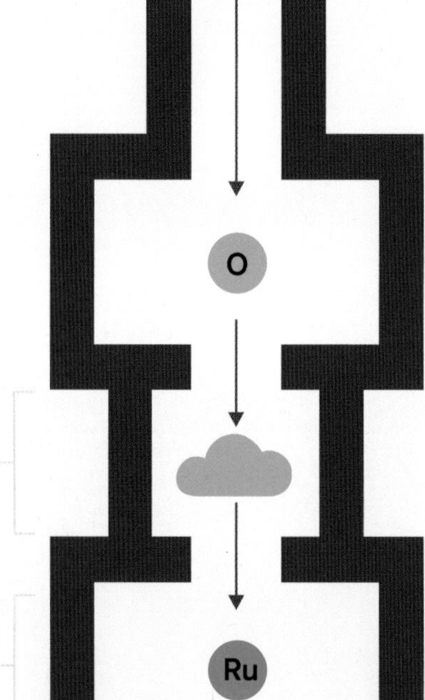

용도에 맞춘 자원 활용

피셔-트롭슈 공정은 석유를 구할 수 없는 지역에서 사용된다. 이는 석탄이나 천연가스 안에 있는 탄소화합물을 유용한 액체 탄화 수소로 변환시킨다.

합성 가스

일정한 조건 하에 탄소화합물을 산소와 반응시키면 합성 가스가 만들어진다. 이것은 수소와 일산화탄소로 이루어진 인화성이 높은 혼합물이다.

루테늄 주입

루테늄을 포함한 일련의 촉매는 일산화탄소와 수소를 결합시켜 옥탄과 같은 긴 사슬 탄화수소를 만든다. 이것은 차량용 연료로 쓰이는 인화성이 높은 액체이며, 약품 및 다른 화학물질의 원료로 이용될 수도 있다.

로듐

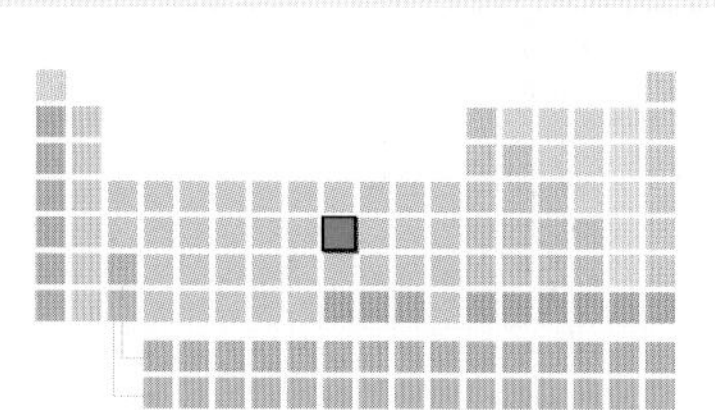

원자량: 102.90550
색: 은백색
상태: 고체
녹는점: 1,964°C (3,567°F)
끓는점: 3,695°C (6,683°F)
결정구조: 면심입방체

분류: 전이금속
원자 번호: 45

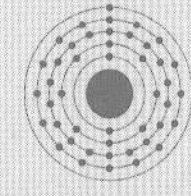

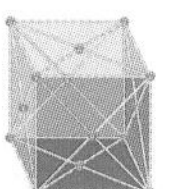

45
Rh

로듐은 지각 내 암석에서 채굴하여 정제할 수 있는 모든 원소 중 두 번째로 희귀한 원소이다. 로듐 원자는 지각을 구성하는 원자 10만 개당 3 개 미만의 비율로 존재한다. 그럼에도 불구하고 대부분의 사람들은 로듐과 매우 가까이 있다. 모든 자동차에 있는 촉매 변환 장치 안에 소량의 로듐이 들어 있기 때문이다.

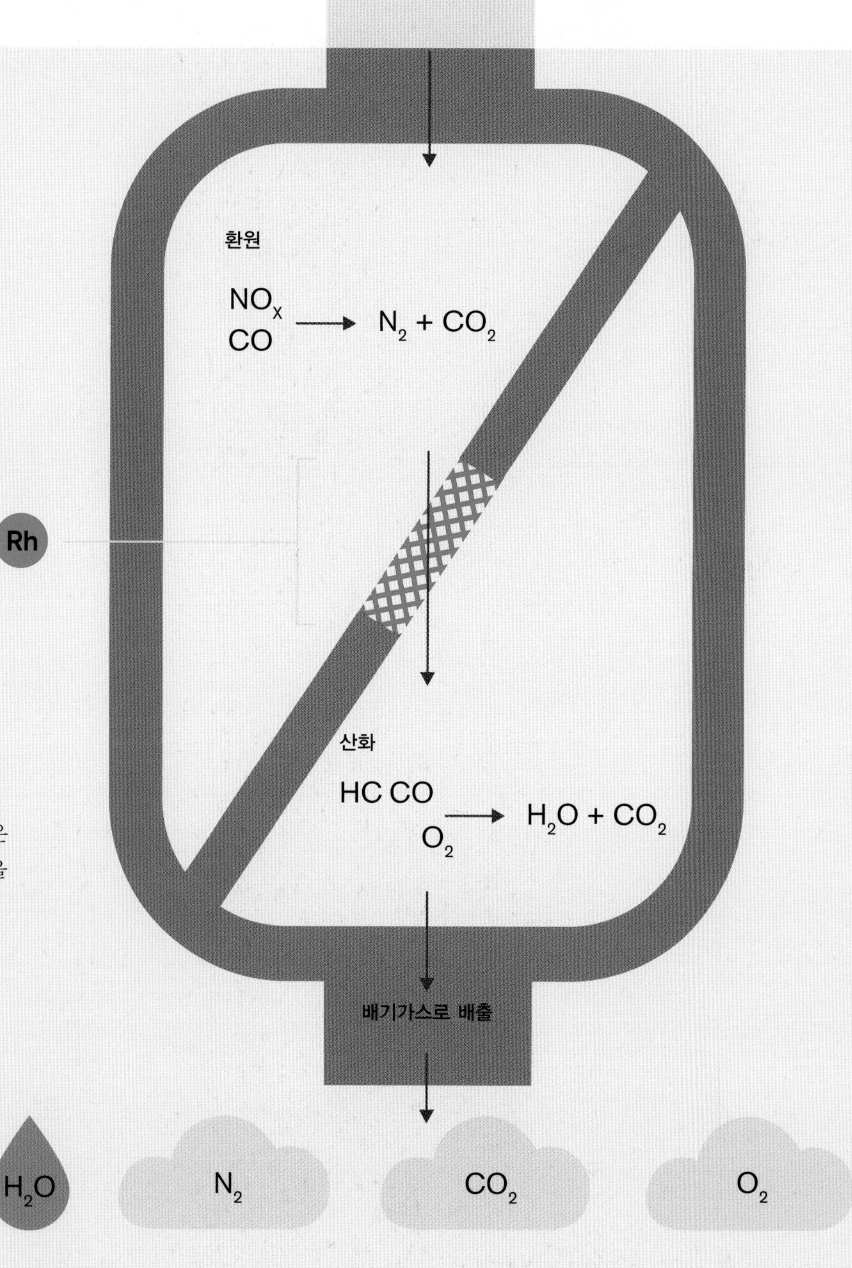

환원촉매

촉매 변환 장치는 자동차 배기가스에 있는 유독성 가스와 공해 물질을 덜 유해한 물질로 바꾸는 장치이다. 로듐은 스모그의 주 원인이 되는 질소 산화물을 제거한다. 즉, 질소 산화물을 배기가스 안에 있는 일산화탄소와 반응시켜 질소와 이산화탄소로 만드는 것이다. 팔라듐 촉매는 반대로 작용하는데, 이것은 미연소 탄화 수소를 산화시켜서 물과 이산화탄소로 변하게 한다.

팔라듐

Pd 46

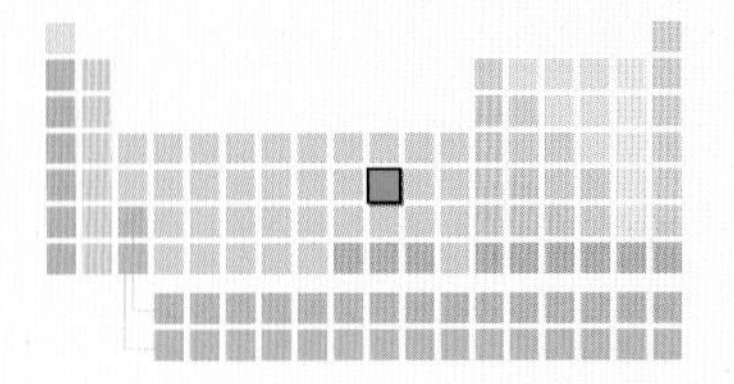

원자량: 106.42
색: 은백색
상태: 고체
녹는점: 1,555°C (2,831°F)
끓는점: 2,963°C (5,365°F)
결정구조: 면심입방체

분류: 전이금속
원자 번호: 46

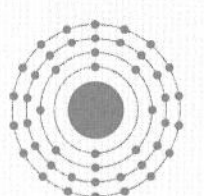

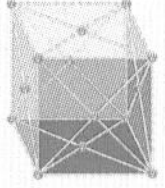

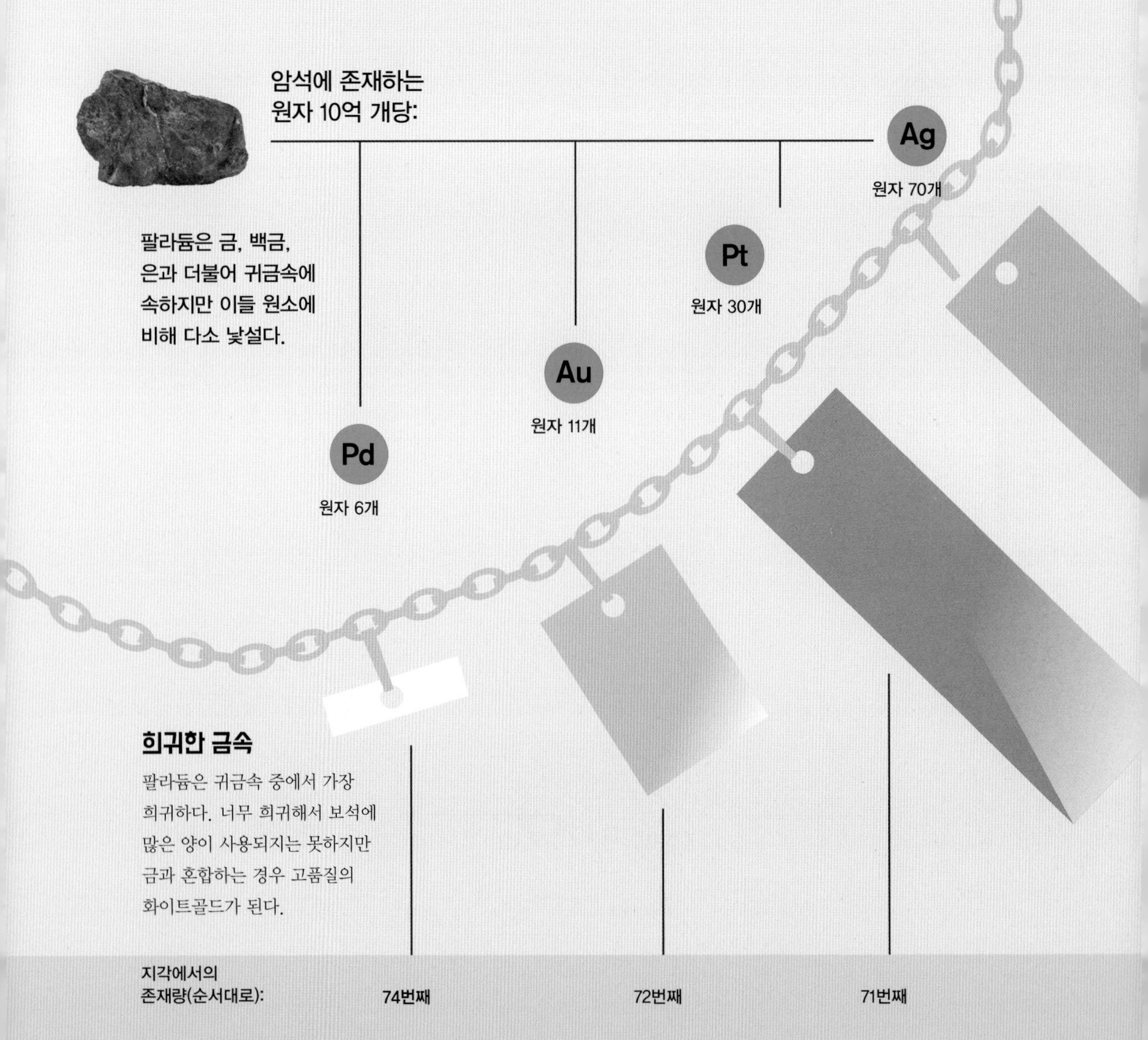

팔라듐은 금, 백금, 은과 더불어 귀금속에 속하지만 이들 원소에 비해 다소 낯설다.

희귀한 금속

팔라듐은 귀금속 중에서 가장 희귀하다. 너무 희귀해서 보석에 많은 양이 사용되지는 못하지만 금과 혼합하는 경우 고품질의 화이트골드가 된다.

은

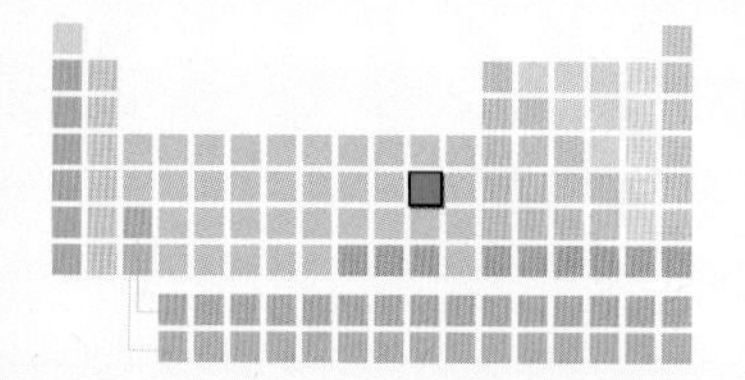

원자량: 107.8682
색: 눈부시게 흰 금속색
상태: 고체
녹는점: 962°C (1,764°F)
끓는점: 2,162°C (3,924°F)
결정구조: 면심입방체

분류: 전이금속
원자 번호: 47

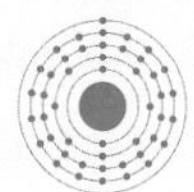
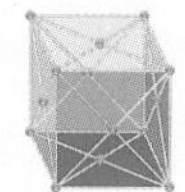

은은 적어도 5,000년 전부터 사용되어 왔다. 천연 상태의 순수한 은은, 광물을 풍부하게 함유한 물이 암석을 통과해 흐르는 장소에서 생성된다. 은은 귀금속 중에서 가장 반응성이 높은 원소이며, 빛에 민감한 성질로 인해 사진 기술 발달에 있어 중요한 역할을 했다.

이미지 캡쳐

빛이 브로민화은 입자에 닿는다.

빛 에너지가 브로민화은의 일부를 은 이온과 브로민 이온으로 분리시킨다.

현상액 화학물질이 브로민화은을 은과 브로민으로 환원시키지만, 이러한 과정은 이미 은 원자가 존재하고 있는 입자 내에서만 일어난다.

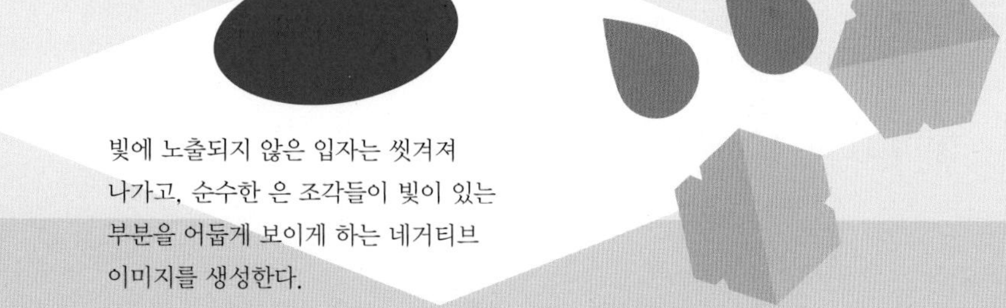

빛에 노출되지 않은 입자는 씻겨져 나가고, 순수한 은 조각들이 빛이 있는 부분을 어둡게 보이게 하는 네거티브 이미지를 생성한다.

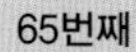
65번째

카드뮴

48
Cd

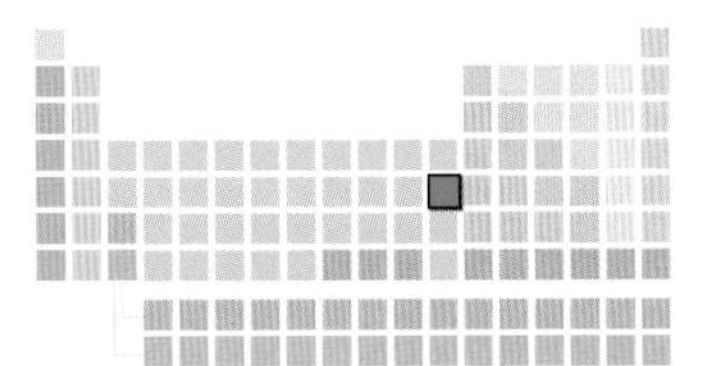

원자량: 112.411
색: 은청색
상태: 고체
녹는점: 321°C (610°F)
끓는점: 767°C (1,413°F)
결정구조: 육방체

분류: 전이금속
원자 번호: 48

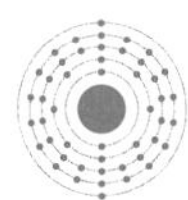
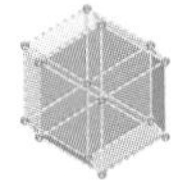

옹스트롬

카드뮴은 무르고 독성이 강한 금속이다. 이 원소에 지속적으로 노출되면 관절이 예민해지면서 고통을 느끼는 이른바 이타이타이병(itai-itai disease)에 걸리는데, 이는 '아야-아야' 라는 뜻의 일본어이다. 이 원소의 독성이 알려지기 전까지 황화카드뮴은 고흐, 마티스, 모네 같은 유명한 화가들이 즐겨 사용했던 노란색 유화 물감을 만드는 데 쓰였다. 그러나 오늘날에는 붉은빛을 방출하는 카드뮴의 성질이 이용되는데, 이 적색 파장의 길이는 옹스트롬(ångström; Å)이라고 불리는 아주 작은 길이 단위를 측정하는데 사용된다.

작지만 유용한 금속

빛을 비롯한 방사선의 파장은 대개 매우 짧다. 길이를 측정하는 새로운 단위가 필요해지면서, 1868년 100억 분의 1m를 나타내는 길이인 옹스트롬이 생겨났다. 하지만 이렇게 짧은 거리를 어떻게 측정할 수 있을까? 1907년, 카드뮴의 적색 스펙트럼 파장을 6438.46963Å으로 결정했다. 카드뮴이 선택된 이유는 이 스펙트럼 선이 구분하기 쉬웠기 때문으로, 이후 다른 모든 파장의 길이를 측정하는 기준이 되었다.

파장

인간의 눈은 빛의 파장을 색으로 파악한다. 눈은 4,000Å(청색)에서 7,000Å(적색) 사이의 빛을 감지할 수 있다. 훨씬 더 큰 에너지를 지닌 X-선의 파장은 약 1Å이다.

인듐

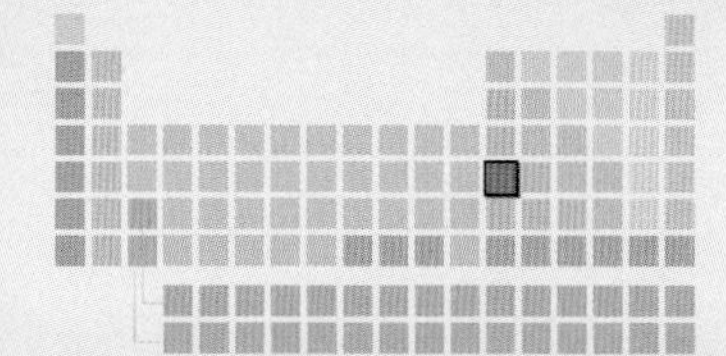

원자량: 114.818
색: 은회색
상태: 고체
녹는점: 157°C (314°F)
끓는점: 2,072°C (3,762°F)
결정구조: 정방체

분류: 전이후금속
원자 번호: 49

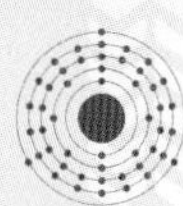

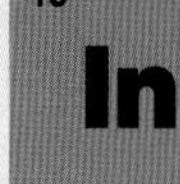

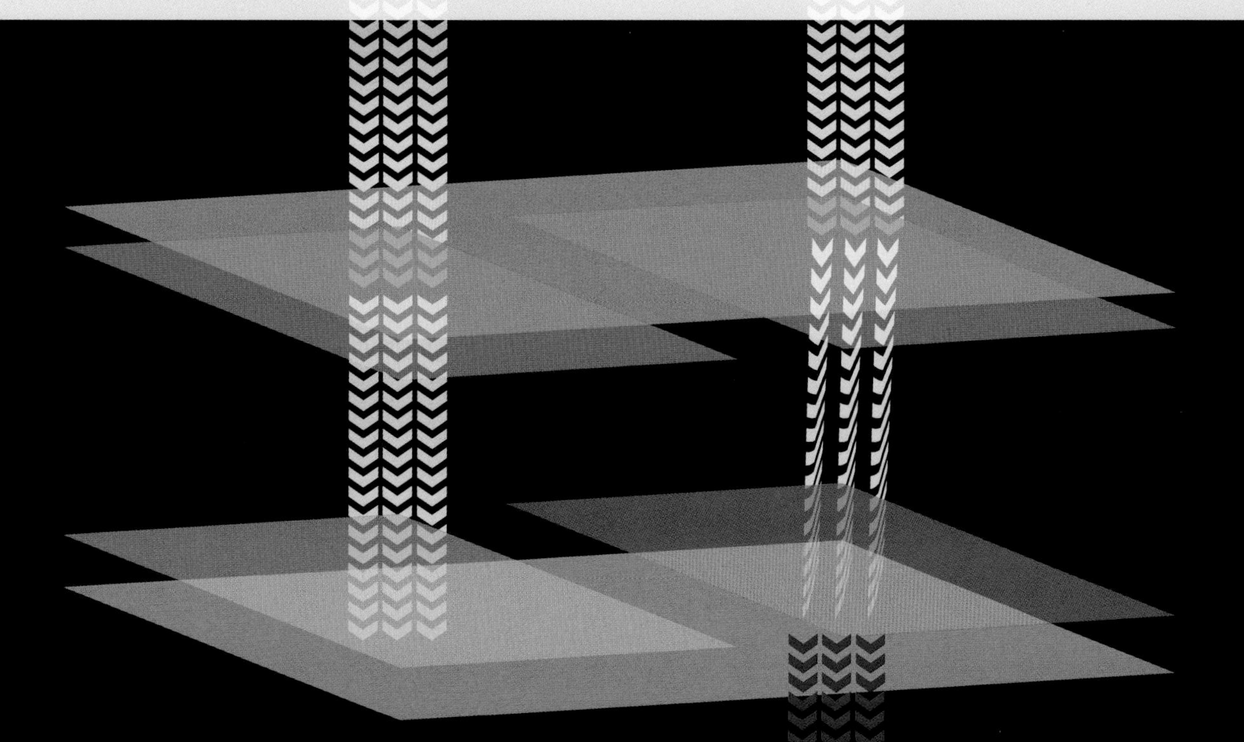

예전에는 스트론튬이 구형 TV 스크린에 사용되어 그 수요가 많았었지만, 오늘날 다양한 분야에서 널리 활용되고 있는 원소는 바로 인듐이다. 인듐 주석 산화물(ITO)은 액정 화면(LCD)의 컬러 도트를 생성하는 픽셀에 전류를 흐르게 만드는 도체인 투명전극에 사용된다. 인듐 주석 산화물이 쓰이는 이유는 이것을 박막으로 만들면 빛이 그대로 통과해 투명하게 보이기 때문이다.

인듐의 이름은 인디고(indigo)라는 색깔에서 파생되었다. 인디고는 원래 인도에서 쓰이던 보라색 염료로, 인듐에 전기를 통하면 선명하고 짙은 청색선이 나타난다

주석

50
Sn

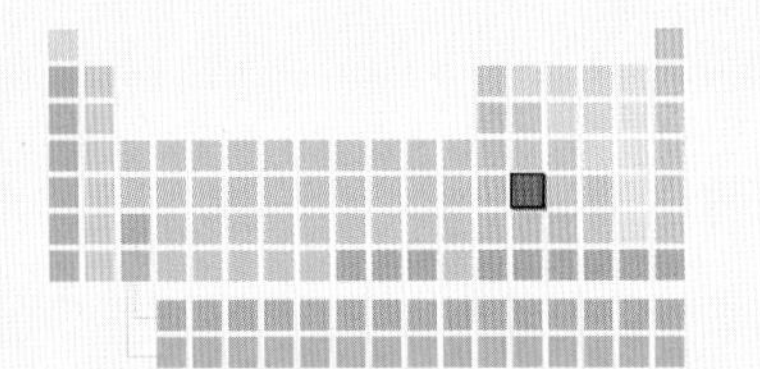

원자량: 118.710
색: 은백색
상태: 고체
녹는점: 232°C (449°F)
끓는점: 2,602°C (4,716°F)
결정구조: 정방체

분류: 전이후금속
원자 번호: 50

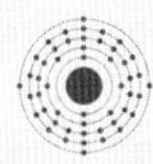

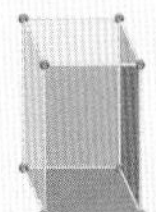

50

은 마법의 숫자

주석은 원자핵 안에 50개의 양성자를 갖는다. 각각의 양성자는 2개씩 짝을 지어 25개의 쌍을 이루면서 원자핵에 안정성을 부여하며, 그 결과 주석은 모든 원소 중 안정적인 동위원소를 가장 많이 가지고 있다. 한 원소의 동위원소들은 양성자의 개수는 모두 동일하나 중성자의 개수가 다르다. 모든 원소는 다양한 동위원소를 가지는데 이들 대부분은 방사성이 강하고 수명이 짧다. 그러나 주석은 62개에서 74개의 중성자를 지닌 안정적인 동위원소가 10개나 된다.

자연 존재비

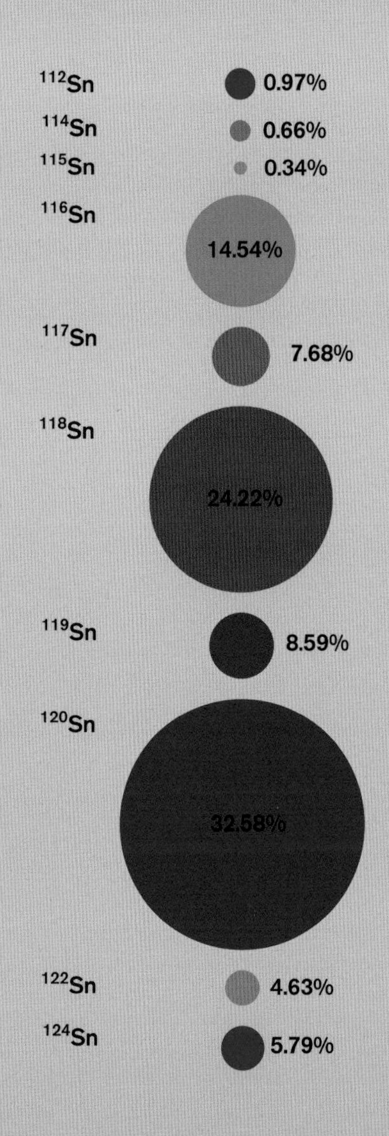

안티모니

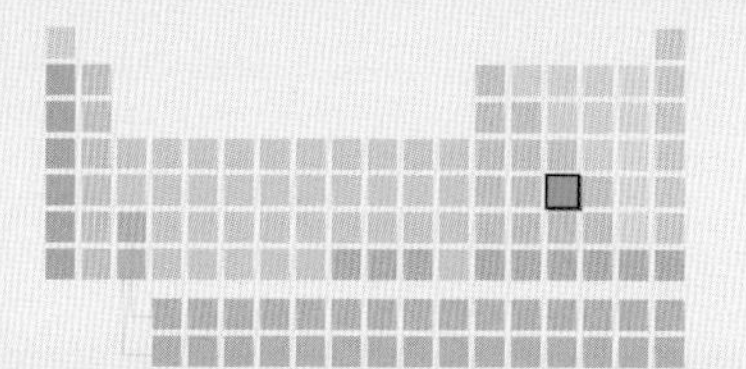

원자량: 121.760
색: 은회색
상태: 고체
녹는점: 631°C (1,168°F)
끓는점: 1,587°C (2,889°F)
결정구조: 삼방체

분류: 준금속
원자 번호: 51

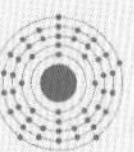

51
Sb

이 은색 준금속 광물은 오래전부터 쓰여 왔다. 황화물인 휘안석(stibnite)은 고대 이집트에서 눈 화장에 쓰였다. 휘안석은 현재 안티모니의 주요 광석이지만 전 세계적으로 매장량이 점점 줄어들고 있다.

전 세계 총 매장량
1,987,000
톤

전 세계 연간 생산량
180,000
톤

안티모니는 차량용 납 축전지에서 납을 단단하게 하는 경화제이다. 또한 TV 스크린 등에 사용되는 유리에 생기는 기포를 제거한다. 삼산화 안티모니는 난연제로 쓰인다.

톤
1,000,000
950,000
900,000
850,000
800,000
750,000
700,000
650,000
600,000
550,000
500,000
450,000
400,000
350,000
300,000
250,000
200,000
150,000
100,000
50,000
0

중국 (47.81%)
러시아 (17.61%)
볼리비아 (15.6%)
호주 (7.05%)
기타 국가들 (5.03%)
미국 3.02%)
타지키스탄 (2.52%)
남아프리카공화국 (1.36%)

11
년 후 고갈?

텔루륨

Te 52

원자량: 127.60
색: 은백색
상태: 고체
녹는점: 449°C (841°F)
끓는점: 988°C (1,810°F)
결정구조: 육방체

분류: 준금속
원자 번호: 52

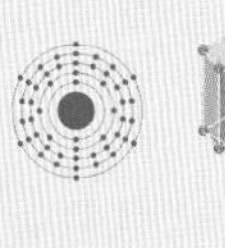

텔루륨은 빛과 관련이 많다. 이것은 도자기에 다양한 광택 효과를 내는 유약을 만드는 데 쓰인다. 디지털 카메라에서 영상을 캡쳐하는 전하결합소자(CCD: charge coupled device)에도 텔루륨이 들어 있으며, 규소 패널보다 효율은 떨어지지만 훨씬 저렴한 태양광 패널을 만드는 데도 텔루륨화 카드뮴(cadmium telluride)이 이용된다

01
010100100
10101010101
010010010
01010

광부들의 소동

1893년 호주 칼굴리(Kalgoorlie) 골드 러시 당시, 금광에서 일하던 광부들은 광택이 도는 짙은 색 광물인 칼라베라이트(calaverite)를 발견했다. 하지만 그들은 이것을 '바보들의 금'이라 여기며 하찮게 취급했고, 새로운 도로를 만들 때 바닥을 단단히 다지기 위해 이들을 깔았다. 1896년, 이 광석이 텔루륨화금(gold telluride)으로 밝혀지자 광부들은 다시 돌아가 도로를 파내 이를 회수했다.

아이오딘

원자량: 126.90447
상태: 고체
색: 검정색
녹는점: 114°C (237°F)
끓는점: 184°C (364°F)
결정구조: 사방체

분류: 할로젠
원자 번호: 53

53
I

아이오딘은 음식으로 반드시 섭취해야 하는 원소이다. 전 세계 많은 지역의 토양에 천연 아이오딘의 양이 충분하지 않기 때문에, 대개 소금에 아이오딘을 첨가하여 보충한다. 생애 초기에 아이오딘이 결핍되면 뇌 발달에 문제를 일으키고, 성인에서는 갑상선 비대로 인해 목이 부풀어 오르는 갑상선종(goitre)을 유발할 수 있다.

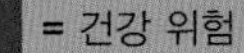

= 건강 위험
= 아이오딘-유발 갑상선기능항진증 위험
= 적절한 아이오딘 섭취
= 경도 아이오딘 결핍
= 중등도 아이오딘 결핍

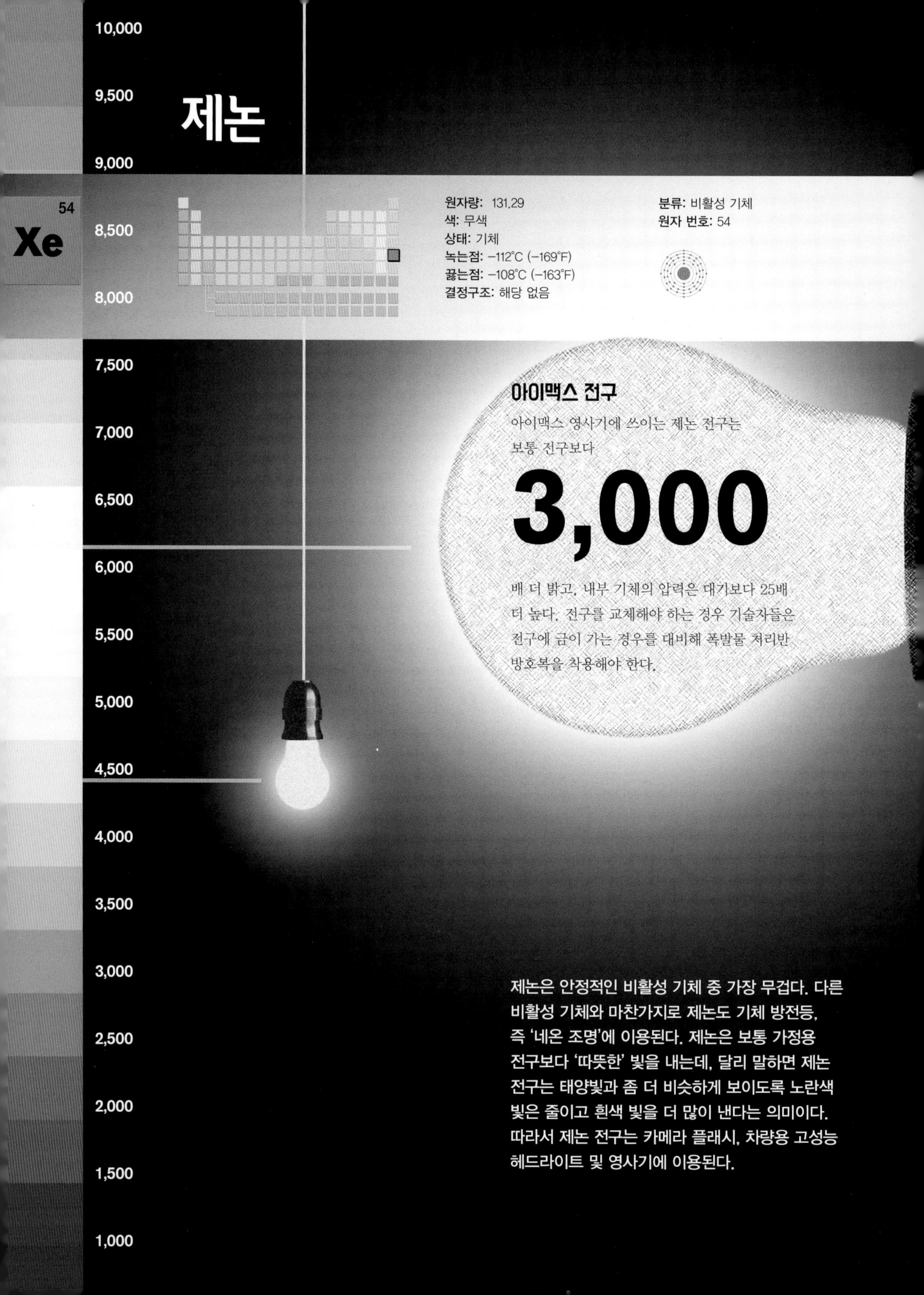

제논

54
Xe

원자량: 131.29
색: 무색
상태: 기체
녹는점: −112°C (−169°F)
끓는점: −108°C (−163°F)
결정구조: 해당 없음
분류: 비활성 기체
원자 번호: 54

아이맥스 전구

아이맥스 영사기에 쓰이는 제논 전구는 보통 전구보다

3,000

배 더 밝고, 내부 기체의 압력은 대기보다 25배 더 높다. 전구를 교체해야 하는 경우 기술자들은 전구에 금이 가는 경우를 대비해 폭발물 처리반 방호복을 착용해야 한다.

제논은 안정적인 비활성 기체 중 가장 무겁다. 다른 비활성 기체와 마찬가지로 제논도 기체 방전등, 즉 '네온 조명'에 이용된다. 제논은 보통 가정용 전구보다 '따뜻한' 빛을 내는데, 달리 말하면 제논 전구는 태양빛과 좀 더 비슷하게 보이도록 노란색 빛은 줄이고 흰색 빛을 더 많이 낸다는 의미이다. 따라서 제논 전구는 카메라 플래시, 차량용 고성능 헤드라이트 및 영사기에 이용된다.

세슘

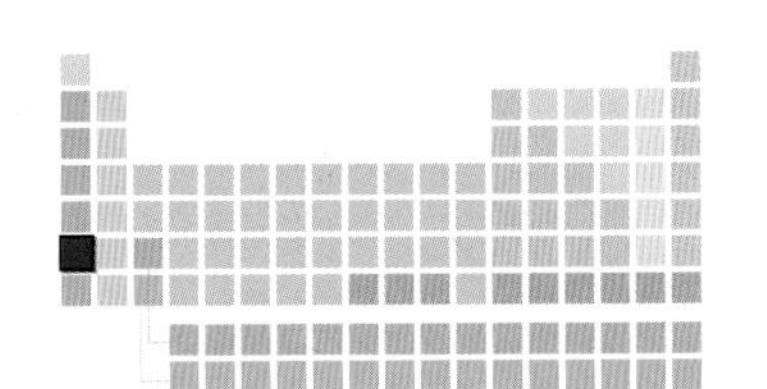

원자량: 132.90545
색: 은빛 금색
상태: 고체
녹는점: 28°C (83°F)
끓는점: 671°C (1,240°F)
결정구조: 체심입방체

분류: 알칼리 금속
원자 번호: 55

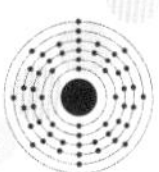

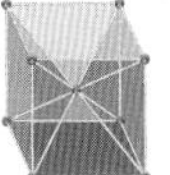

55
Cs

세슘 원자시계는 세슘의 진동수를 이용해 시간을 재는 것으로, 1조 분의 1초까지도 측정이 가능하다. 이 시계는 매우 정확해서 300년에 1초 정도 오차를 갖는다(이 수치는 1955년형 초기 모델에 해당되며, 최신 모델은 3,000만년에 1초의 오차를 보임). 세슘 원자시계는 국제 표준시계로 채택되었고, GPS 인공위성에 탑재되어 지구 상의 위치를 정밀하게 파악하는데 쓰이고 있다.

2. 이온의 에너지 준위는 낮은 것도 있고 높은 것도 있다.

3. 자기장을 이용해 에너지 준위가 낮은 이온 흐름을 굴절시켜 체임버 안으로 들어가게 한다.

4. 체임버 내부에서 마이크로파가 세슘 이온을 고에너지 상태로 만든다.

5. 검출기는 체임버 밖으로 나오는 이온의 수를 세서 수정 진동자로 신호를 보낸다.

6. 진동자는 전기 펄스에 의해 규칙적으로 진동하면서 시간을 잰다. 체임버 안의 마이크로파의 양은 이 진동과 관련이 있다.

이온 생성은 피드백 루프에서 진동과 연결된다. 진동이 느려지면 마이크로파도 적어지고, 고에너지 상태의 세슘 감지도 줄어든다. 그러면 전기 펄스는 수정 진동자를 재가동시켜서 검출기에서 감지되는 이온의 숫자를 늘린다. 이 같은 피드백 시스템을 통해 진동자는 항상 정확한 속도로 진동하게 된다.

자석

자석

검출기

마이크로파

수정 진동자가 파장을 조절

진동자로 피드백

바륨

56
Ba

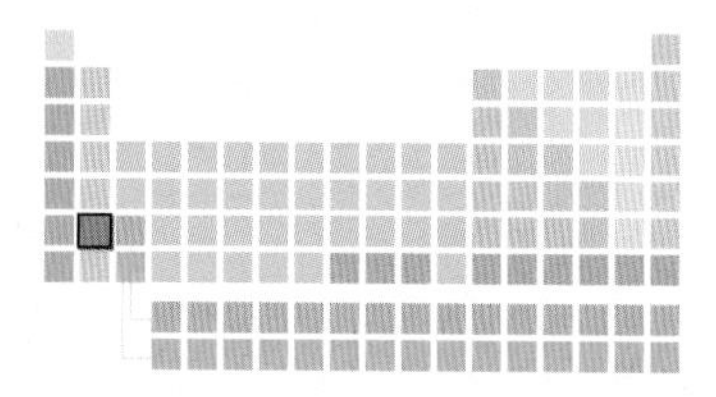

원자량: 137.327
색: 은회색
상태: 고체
녹는점: 729°C (1,344°F)
끓는점: 1,897°C (3,447°F)
결정구조: 체심입방체

분류: 알칼리 토금속
원자 번호: 56

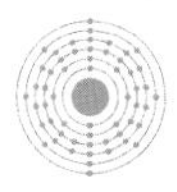

바륨이라는 이름은 '무겁다'는 뜻의 그리스어에서 파생되었다. 바륨 화합물은 밀도가 높고 매우 무겁다. 가장 흔히 사용되는 화합물로는 황산바륨이 있는데, 천연 상태에서는 중정석(baryte)으로 불린다. 중정석은 시추용 이수로 쓰이며, 위 X-선을 찍을 때 조영제로도 사용된다. 순수한 바륨은 반응성이 높은 금속으로 진공관에 소량 사용된다. 진공관에 남아있는 산소가 기기를 망가뜨릴 수 있기 때문에, 산소를 '제거'하는 게터(getter)로 바륨을 사용하는 것이다.

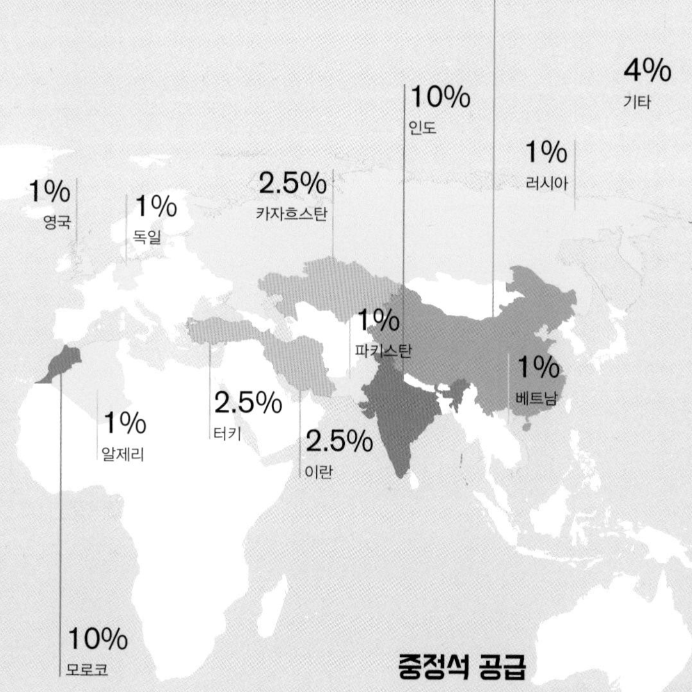

중정석 공급

대부분의 바륨은 세계 각지에서 채굴한 중정석으로부터 얻는다. 위더라이트(witherite), 즉 탄산바륨 광석에서도 소량 산출된다.

란타넘

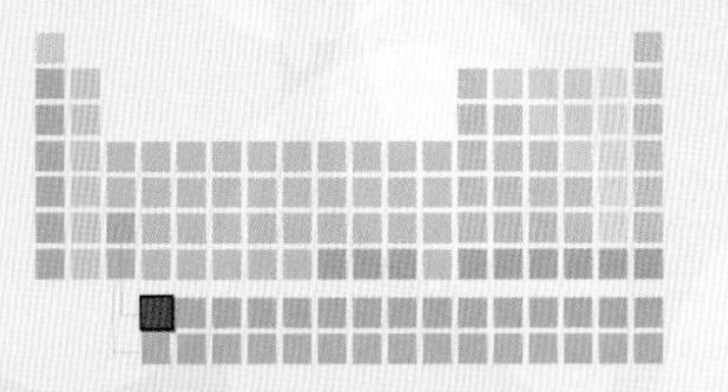

원자량: 138.90547
색: 은백색
상태: 고체
녹는점: 920°C (1,688°F)
끓는점: 3,464°C (6,267°F)
결정구조: 육방체

분류: 란타넘족
원자 번호: 57

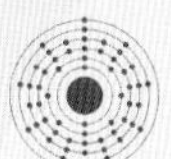

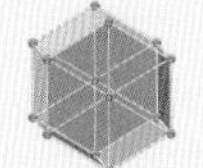

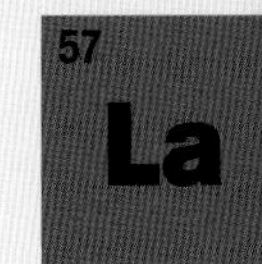

란타넘은 채굴하기는 어렵지만 비교적 흔하며, 무거운 금속 원소이다. 연간 7만 톤 정도의 란타넘이 강력한 치환 반응을 통해 희토류 광석에서 정제된다. 란타넘은 다양한 지능형 소재에서 활용도가 증가하고 있는데, 지능형 소재란 온도나 전하 같은 조건을 정밀한 방식으로 변화시킴에 따라 매우 특수한 성질을 갖는 새로운 종류의 물질을 가리킨다. 란타넘은 전지나 유리 제조, 조명 같은 보다 평범한 분야에서도 많이 활용된다.

수소 스펀지

란타넘 합금은 수소 스펀지로도 이용된다. 합금에 있는 미세한 공간으로 수소를 흡수한 후, 란타넘 합금 자체 부피의 최대 400배에 해당하는 엄청난 양의 수소를 짜낼 수 있는 것이다. 이러한 스폰지는 연료로 사용할 수 있는 수소 저장 전지로 개발되고 있다.

H

고성능 렌즈

렌즈의 유리에 란타넘을 포함시키면 상이 왜곡되는 수차(aberration)를 줄일 수 있다. 즉, 들어오는 모든 빛이 약간이라도 퍼지지 않고 같은 지점으로 모이는 것이다.

빛을 내는 그물

가스등의 점화구 부분에 씌우는 그물(맨틀)에는 란타넘 산화물이 함유되어 있다. 이것은 연소하는 기체가 내는 열을 밝은 백색 빛으로 바꾸는 역할을 한다.

불꽃 점화

정제된 란타넘의 4분의 1 정도가 라이터의 불꽃을 내는 발화석(flint)을 만드는 데 사용된다.

세륨

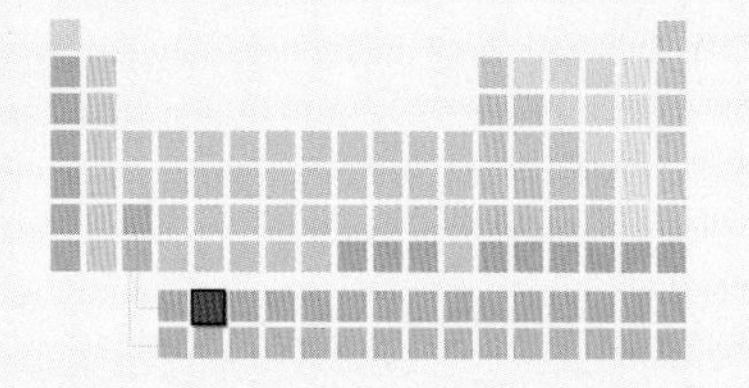

원자량: 140.116
색: 철회색
상태: 고체
녹는점: 795°C (1,463°F)
끓는점: 3,443°C (6,229°F)
결정구조: 면심입방체

분류: 란타넘족
원자 번호: 58

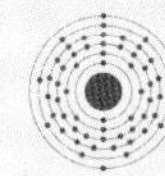

세륨은 란타넘족 원소 중 가장 흔하며, 기술 산업 분야에서 가장 널리 이용되는 원소이다. 다른 란타넘족 원소와 마찬가지로 자석이나 유리를 제조하는데 쓰이며, 촉매로도 작용한다.

하이브리드 자동차

세륨은 연료에서부터 계기판의 터치스크린에 이르기까지 오늘날 자동차의 모든 부분에서 쓰이는 필수 물질이다.

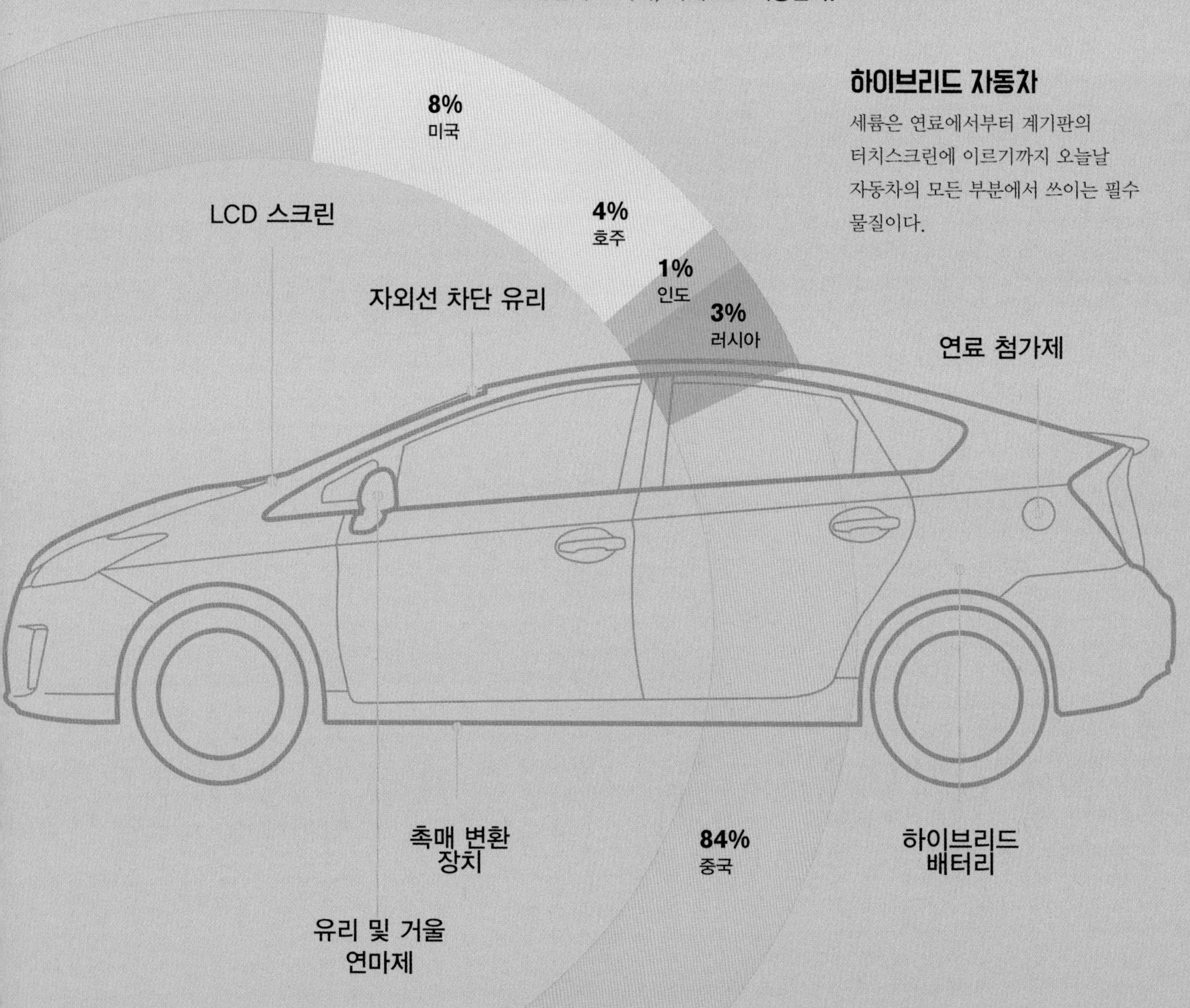

프라세오디뮴

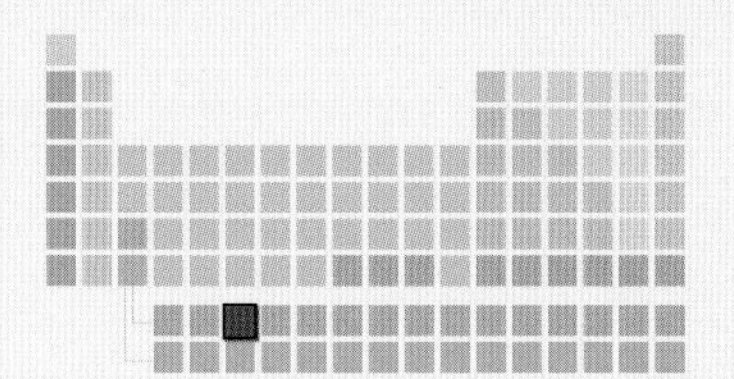

원자량: 140.90765
색: 은회색
상태: 고체
녹는점: 935°C (1,715°F)
끓는점: 3,520°C (6,368°F)
결정구조: 육방체

분류: 란타넘족
원자 번호: 59

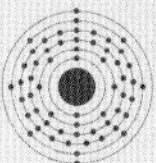

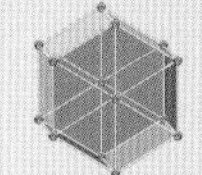

프라세오디뮴이라는 명칭은 '초록색 쌍둥이'라는 뜻으로, 이 원소를 공기 중에 두면 녹색 산화물 피막을 형성하는 특성과도 연관이 있다. 이 금속은 주로 색 또는 빛과 관련되어 활용된다.

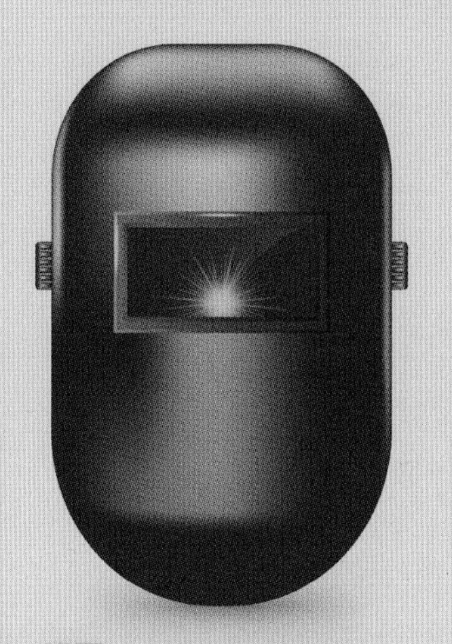

빛의 감속

프라세오디뮴을 함유한 규산염 결정에 빛을 비추면 놀라운 효과가 발생한다. 빛의 속도가 약 3억 m/s에서 1,000m/s 미만으로 느려지는 것이다. 이런 빛의 감속 기술은 속도와 효율을 중시하는 네트워크에서 통신 품질을 향상시키는 데 이용될 수 있다.

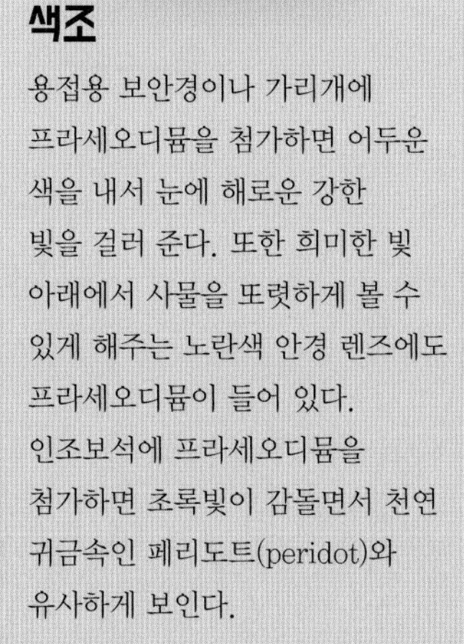

색조

용접용 보안경이나 가리개에 프라세오디뮴을 첨가하면 어두운 색을 내서 눈에 해로운 강한 빛을 걸러 준다. 또한 희미한 빛 아래에서 사물을 또렷하게 볼 수 있게 해주는 노란색 안경 렌즈에도 프라세오디뮴이 들어 있다. 인조보석에 프라세오디뮴을 첨가하면 초록빛이 감돌면서 천연 귀금속인 페리도트(peridot)와 유사하게 보인다.

네오디뮴

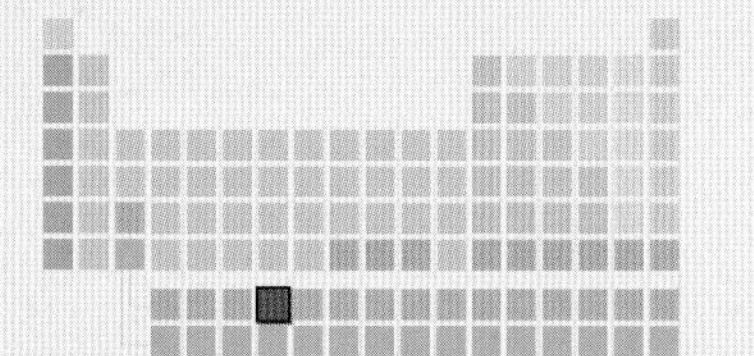

원자량: 144.242
색: 은백색
상태: 고체
녹는점: 1,024°C (1,875°F)
끓는점: 3,074°C (5,565°F)
결정구조: 육방체

분류: 란타넘족
원자 번호: 60

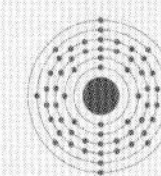

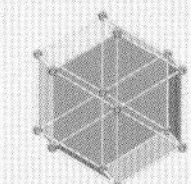

네오디뮴을 철, 붕소와 합금하면 NIB 자석이 만들어진다. NIB 자석은 자석 크기 대비 인력(pulling power)의 관점에서 비교했을 때 가장 강력한 자석이다. NIB 자석이 들어올릴 수 있는 물체의 무게는 다음과 같다:

자석 무게의 1,000배

작지만 강한 물질

NIB 자석의 강력한 힘 덕분에 마이크, 기타의 픽업 및 다른 오디오 시스템 같은 많은 전자기 기술의 소형화가 가능해졌다. 컴퓨터 하드디스크에도 NIB 자석이 사용되어 마그네틱 코드로 데이터를 읽고, 쓰고, 삭제한다.

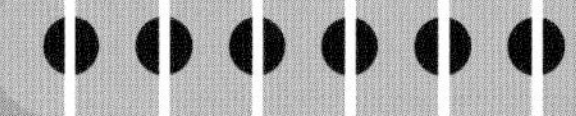

강력한 회전력

보다 큰 크기의 NIB 자석은 전기 자동차에서 강력한 토크를 만들 수 있다. 이것이 전기 자동차가 빠른 속도로 가속할 수 있는 힘이다.

프로메튬

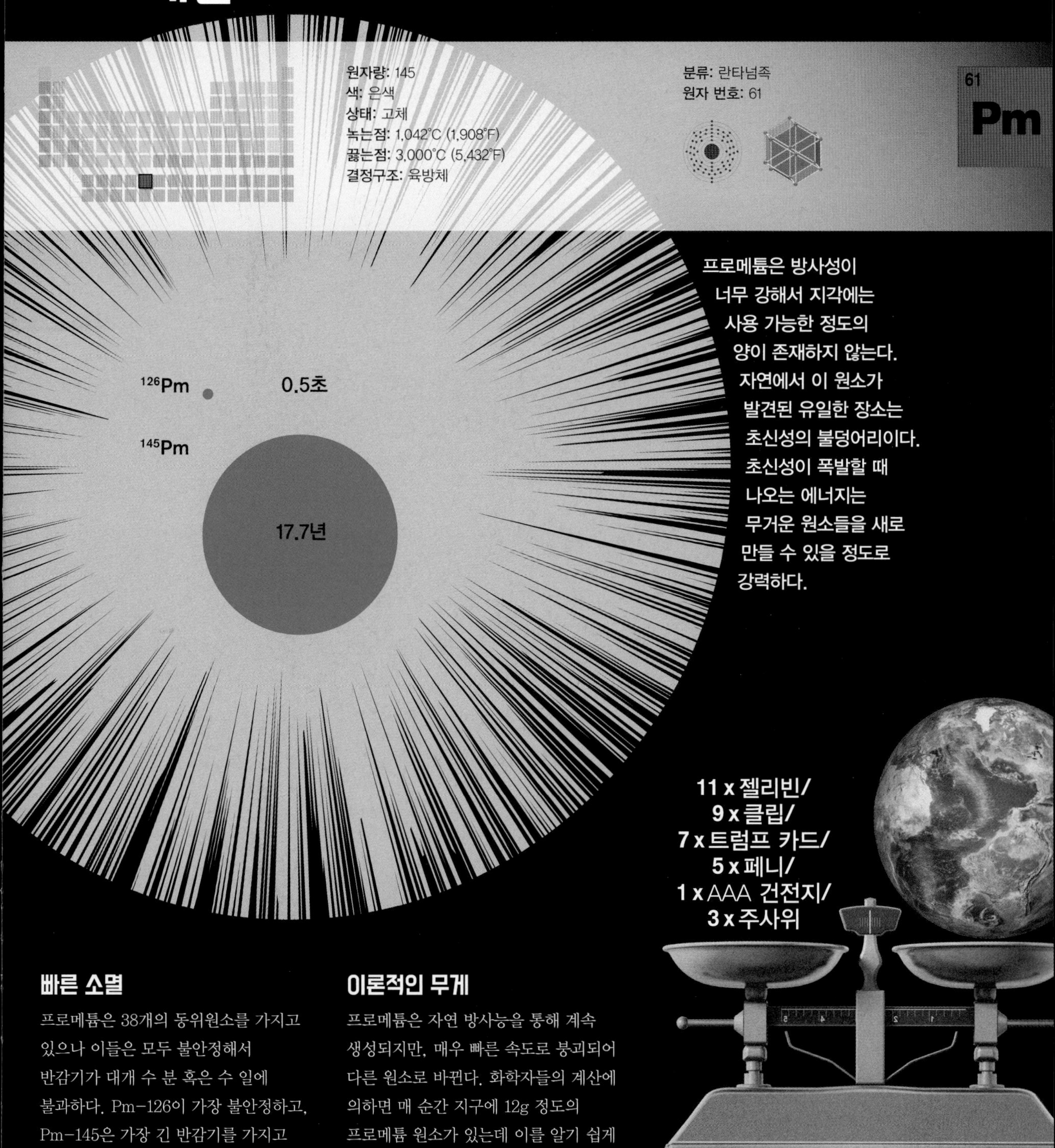

빠른 소멸

프로메튬은 38개의 동위원소를 가지고 있으나 이들은 모두 불안정해서 반감기가 대개 수 분 혹은 수 일에 불과하다. Pm-126이 가장 불안정하고, Pm-145은 가장 긴 반감기를 가지고 있다.

이론적인 무게

프로메튬은 자연 방사능을 통해 계속 생성되지만, 매우 빠른 속도로 붕괴되어 다른 원소로 바뀐다. 화학자들의 계산에 의하면 매 순간 지구에 12g 정도의 프로메튬 원소가 있는데 이를 알기 쉽게 환산하면 다음과 같다.

사마륨

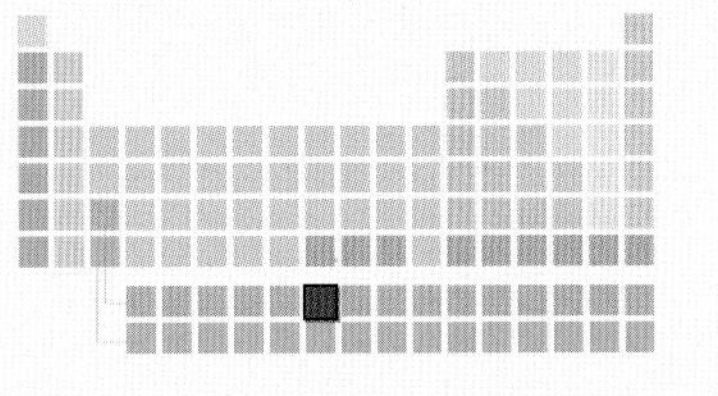

원자량: 150.36
색: 은백색
상태: 고체
녹는점: 1,072°C (1,962°F)
끓는점: 1,794°C (3,261°F)
결정구조: 능면체

분류: 란타넘족
원자 번호: 62

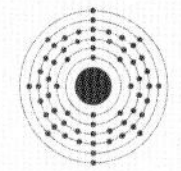

사마륨과 코발트를 섞으면 일반적인 철 자석보다 10,000배나 더 강한 자석을 만들 수 있다. 사마륨 자석은 네오디뮴 자석에 비해 인력은 약하지만, 고온에서 자성을 더 잘 유지할 수 있기 때문에 보다 에너지 집약적인 분야에 많이 이용된다.

무연료 비행

2016년 7월, 솔라 임펄스(Solar Impulse)라는 일인승 비행기가 세계 일주를 마치고 아부다비에 착륙했다. 이 비행기는 여러 단계를 거쳐 전 세계를 비행했는데, 놀라운 점은 연료를 전혀 쓰지 않았다는 사실이다. 비행기의 날개에 태양광 패널을 설치해 야간에도 비행이 가능하도록 배터리를 재충전시켰고, 4개의 고효율 전기 프로펠러 엔진에서 동력을 얻었다. 바로 이 엔진에 사마륨 자석이 사용되어 비행에 필요한 회전력을 생성했다.

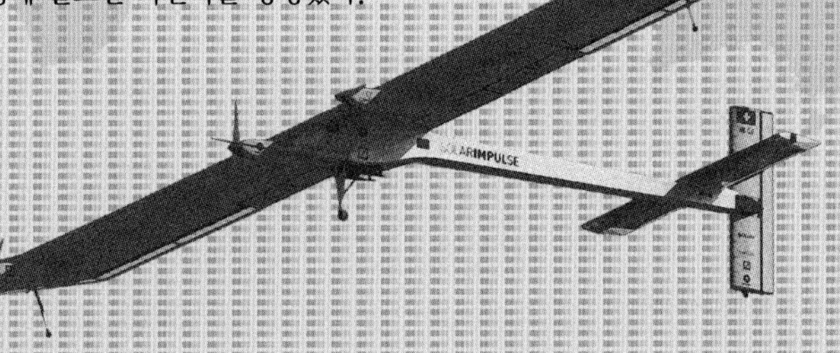

사마륨-코발트 자석은 철 자석보다
10,000 배 더 강력하다

유로퓸

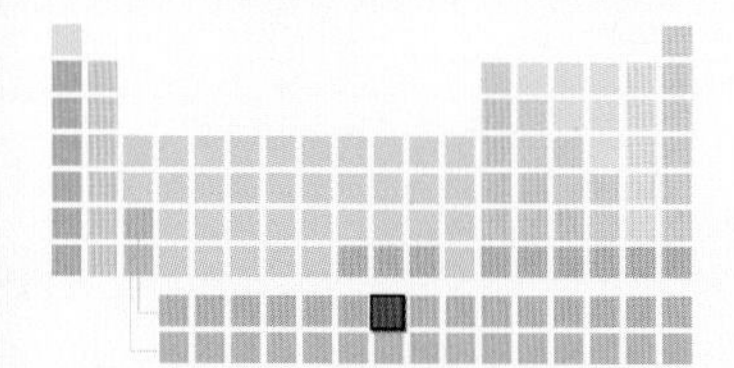

원자량: 151.964
색: 은백색
상태: 고체
녹는점: 826°C (1,519°F)
끓는점: 1,529°C (2,784°F)
결정구조: 체심입방체

분류: 란타넘족
원자 번호: 63

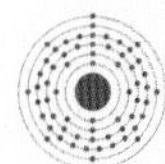

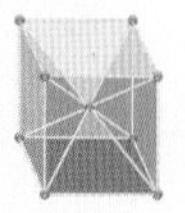

비록 이 원소의 이름은 유럽 대륙을 따서 지어졌지만, 전 세계 대부분의 유로퓸은 아시아(몽골)나 북아메리카(캘리포니아)에 매장되어 있다. 이 금속의 주된 용도는 발광 다이오드(LED: light-emitting diodes)의 내부에서 빛을 내는 인광체에 이용되는 것이다. 이 전자 부품은 평면 디스플레이의 컬러 픽셀을 만든다. 유로퓸은 붉은색과 푸른색 LED에 사용되며, 같은 란타넘족 원소인 터븀이나 이터븀은 초록빛을 생성한다.

유로퓸이 가장 풍부하게 매장되어 있는 곳은 중국 내몽골 자치구에 있는 바얀오보(Bayan obo) 광산이다. 이 곳에서 채굴하는 바스트네사이트(bastnäsite) 광석에는 희토류가 풍부한데, 이 중 고작

0.2%만이 유로퓸

이다. 중국의 광산은 전 세계 유로퓸의 주요 공급원이고, 이 곳에서 생산되는 유로퓸은 모든 정제된 란타넘족 원소 총량의 45%에 달한다.

비밀 표식

유로퓸은 인광 성질을 가지기 때문에 자외선 불빛 아래에서 빛을 낸다. 전 세계 많은 나라에서 지폐에 형광 잉크나 형광 주입물로 인쇄한 상징물을 숨겨 두어 지폐의 진위 여부를 판별할 수 있게 한다. 통상 이러한 보안장치는 비밀로 유지되지만, 유로화 지폐에 유로퓸이 사용되었다는 사실은 이미 밝혀졌다.

가돌리늄

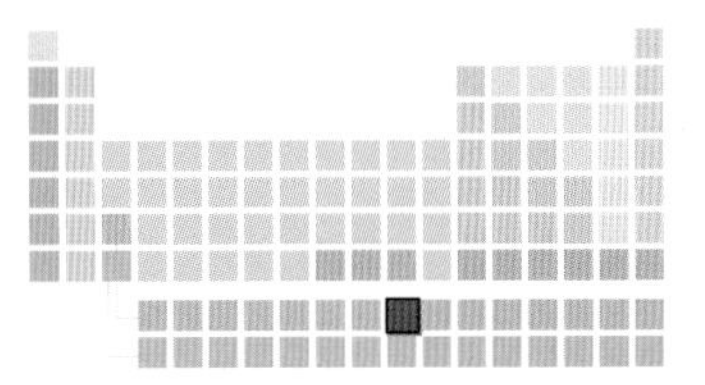

원자량: 157.25
색: 은색
상태: 고체
녹는점: 1,312°C (2,394°F)
끓는점: 3,273°C (5,923°F)
결정구조: 육방체

분류: 란타넘족
원자 번호: 64

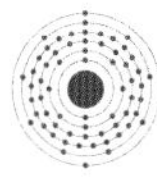

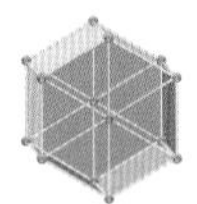

가돌리늄은 발견자의 이름을 따서 원소명이 결정된 최초의 원소이다. 이 금속은 1886년 어둡고 광택이 있는 광물인 가돌리나이트(gadolinite)에서 추출되었는데, 가돌리나이트는 이것을 발견했던 핀란드의 화학자 가돌린(Johann Gadolin)이 자신의 이름을 따서 명명했던 광물이다.
현재까지 19개의 원소명이 발견자의 이름에서 유래했다.

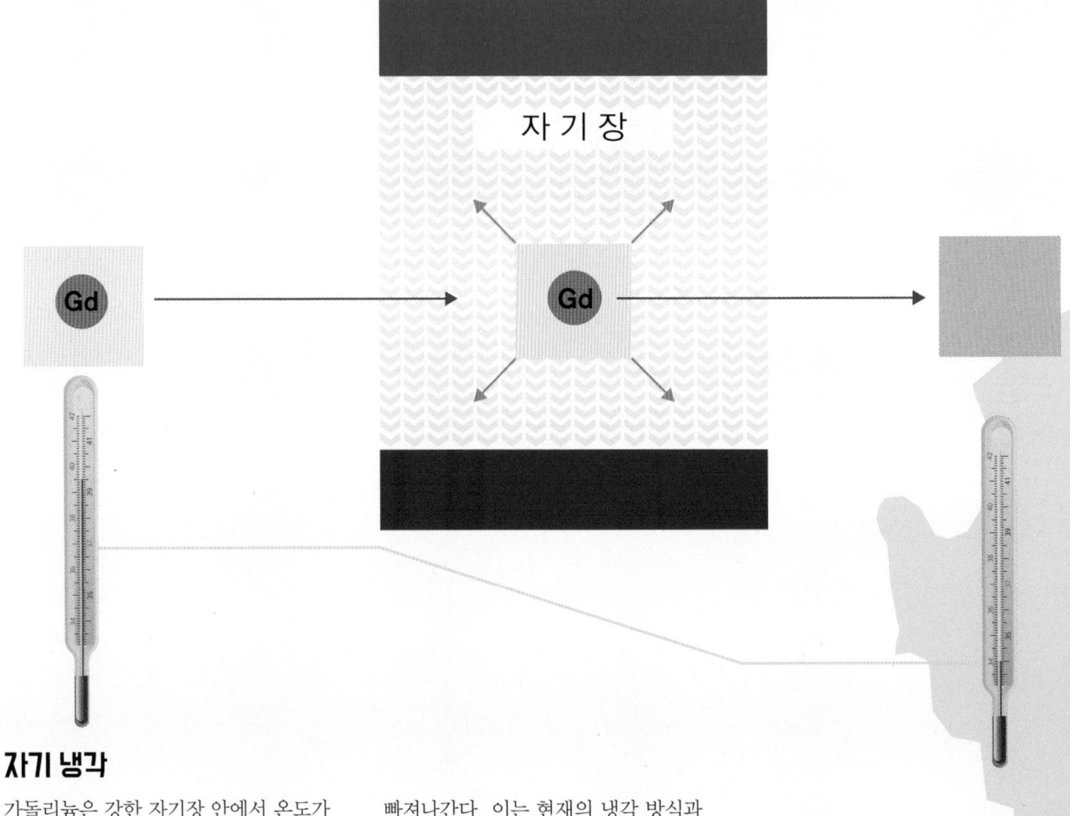

자기 냉각

가돌리늄은 강한 자기장 안에서 온도가 올라가지만, 즉각적으로 열을 발산하기 때문에 자기장 안으로 들어오기 전에 비해 차가운 상태가 되어 자기장을 빠져나간다. 이는 현재의 냉각 방식과 완전히 다른 시스템으로, 저렴하면서도 공해를 덜 유발시키는 방법으로 냉각이 가능하다.

터븀

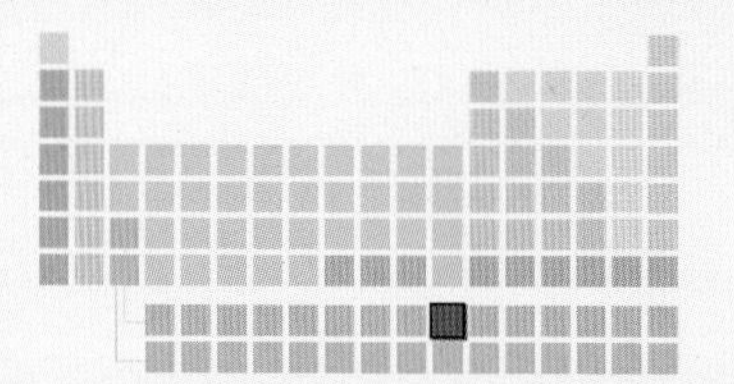

원자량: 158.92535
색: 은백색
상태: 고체
녹는점: 1,356°C (2,473°F)
끓는점: 3,230°C (5,846°F)
결정구조: 육방체

분류: 란타넘족
원자 번호: 65

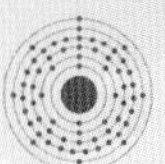
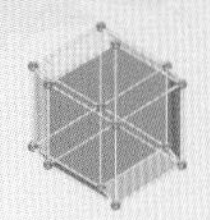

65
Tb

다른 란타넘족 원소와 마찬가지로, 터븀도 여러 틈새 분야에서 활용된다. 터븀이 가진 독특한 특성 중 하나는 자신을 통과해 흐르는 전류에 따라 진동하는 자기 변형(magnetostriction)이다. 이것은 터븀이 어떤 평평한 표면(예를 들어 테이블이나 창문)도 확성기로 바꿀 수 있음을 뜻한다. 터븀은 진동을 물체 표면으로 전달해서 음파를 만들어낸다. 이러한 효과는 이미 음파 탐지시스템에 이용되고 있으며, 앞으로 더 많은 분야에 활용될 것이다.

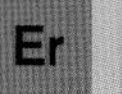

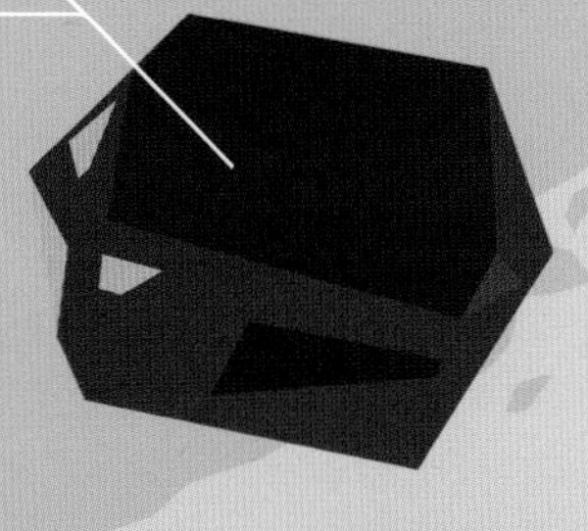

발견 장소의 이름

터븀은 1843년 이트리아(yttria)라는 광물에서 발견되었다. 이트리아는 스웨덴의 광산에서 발견된 혼합 광물인데, 인근의 이테르비(Ytterby) 마을에서 비롯된 이름이었다. 터븀 역시 이 마을의 이름을 따서 지음으로서, 이트륨, 어븀, 이터븀과 함께 이 마을 이름에서 유래된 원소들의 무리에 속하게 되었다. 특정 장소의 이름에서 파생된 원소가 이렇게 많은 경우는 이테르비가 유일하다.

노란색 인광체

전류가 흐르면 터븀 인광체는 선명한 레몬빛의 노란색을 낸다. 이 빛은 필터를 통해 평면 디스플레이에서 초록색 픽셀을 생성한다.

같은 장소, 다른 이름

가돌리늄의 광석인 가돌리나이트도 이테르비 마을의 광산에서 발견되었다.

디스프로슘

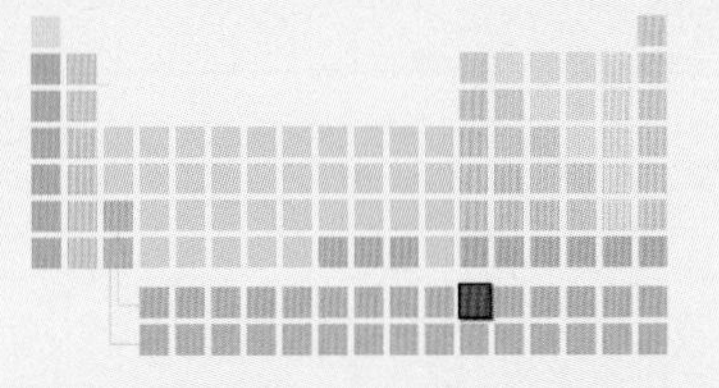

원자량: 162.5
색: 은백색
상태: 고체
녹는점: 1,407℃ (2,565℉)
끓는점: 2,562℃ (4,653℉)
결정구조: 육방체

분류: 란타넘족
원자 번호: 66

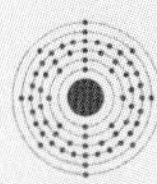

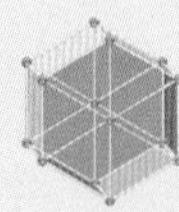

희토류 광물 안에 뒤죽박죽 섞여 있는 란타넘족 원소들 사이에서 디스프로슘을 발견하는 데에는 수년간의 분석 과정이 필요했다. 그리고 마침내 이 원소의 존재가 확인되자, 그리스어로 '얻기 힘든 것'이라는 뜻을 지닌 이름으로 불리게 되었다. 이러한 묘사는 오늘날에도 유효하여 디스프로슘의 연간 생산량은 100톤이 조금 넘는 정도이다.

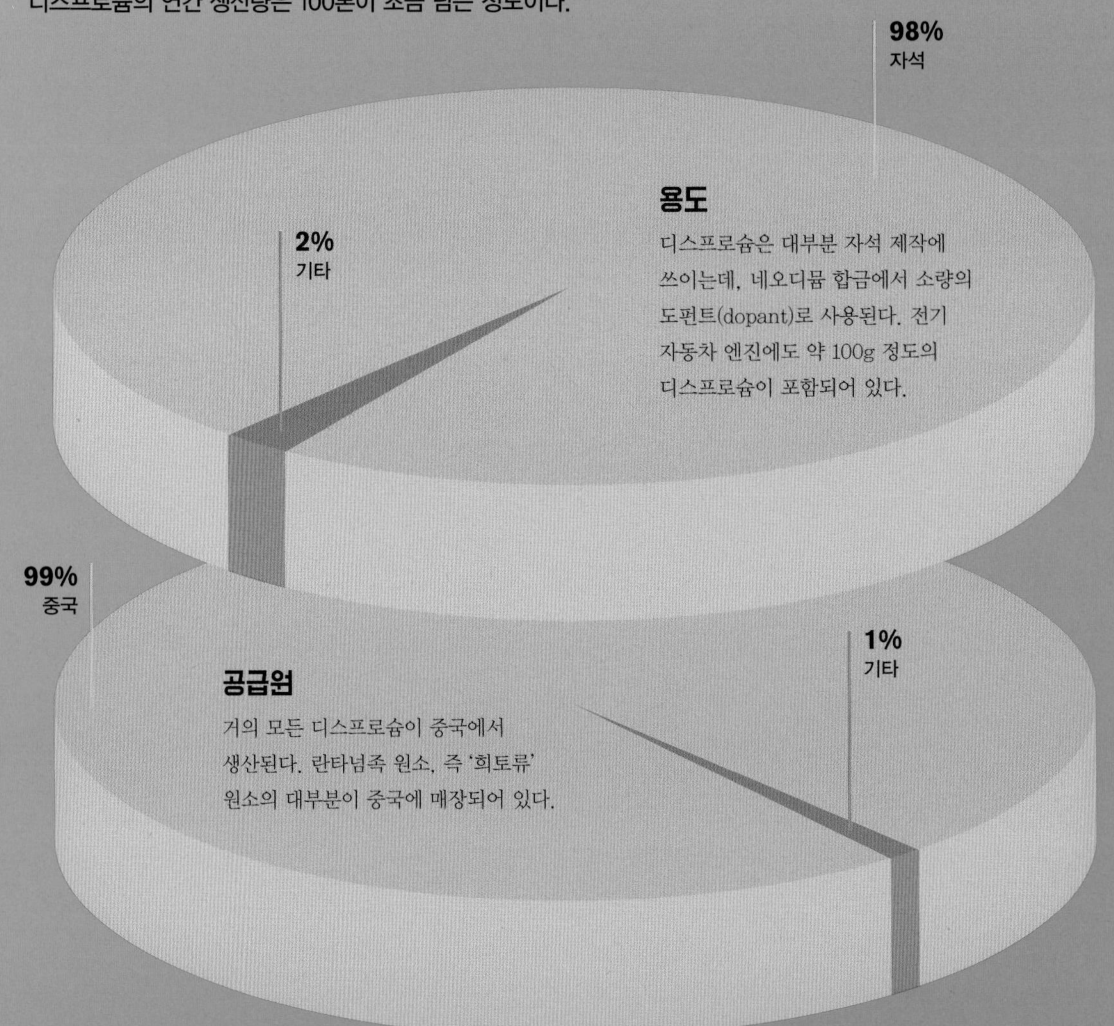

용도

디스프로슘은 대부분 자석 제작에 쓰이는데, 네오디뮴 합금에서 소량의 도펀트(dopant)로 사용된다. 전기 자동차 엔진에도 약 100g 정도의 디스프로슘이 포함되어 있다.

공급원

거의 모든 디스프로슘이 중국에서 생산된다. 란타넘족 원소, 즉 '희토류' 원소의 대부분이 중국에 매장되어 있다.

홀뮴

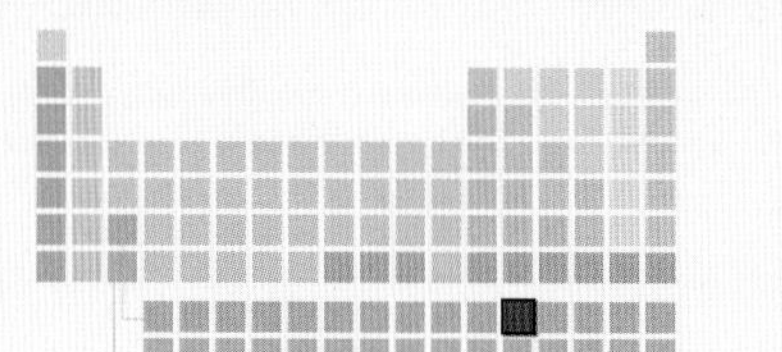

원자량: 164.93032
색: 은백색
상태: 고체
녹는점: 1,461℃ (2,662℉)
끓는점: 2,720℃ (4,928℉)
결정구조: 육방체

분류: 란타넘족
원자 번호: 67

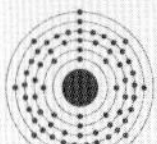

홀뮴이라는 이름은 스웨덴의 수도 스톡홀름의 옛 이름에서 비롯되었다. 란타넘족 원소의 상당수가 스웨덴에서 캐낸 광물에서 발견되었다. 홀뮴은 전자공학 분야에서 널리 활용되지만, 가장 흥미로운 용도는 핵잠수함에서 '가연성 독물(burnable poison)'로 사용되는 것이다. 잠수함의 엔진이 제어봉을 이용해 핵분열을 조정하는 동안, 홀뮴, 붕소, 가돌리늄과 같은 '독물'을 탑재한 원자로는 중성자를 흡수해서 핵반응이 안정적으로 지속되도록 한다.

레이저 메스

홀뮴은 조직을 지지거나 자르기 위한 2-μm 수술용 레이저를 만드는 데 이용된다. 홀뮴 레이저는 수술용 메스보다 훨씬 더 정교하게 수술 부위를 절단할 수 있다. 또 근육이나 지방 조직을 지지거나 혈관을 봉합하는 데에도 이용된다.

차가운 힘

홀뮴은 자기 모멘트가 가장 큰 원소이다. 이는 넓은 의미에서 본다면 가장 높은 밀도의 자기장을 생성할 수 있다는 말이다. 하지만 이러한 성질은 19K, 즉 −254℃ 에서만 나타난다.

68
Er

어븀

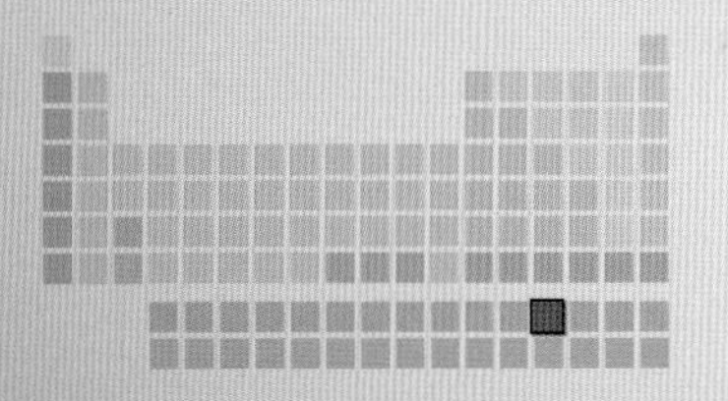

원자량: 167.259
색: 은색
상태: 고체
녹는점: 1,362°C (2,484°F)
끓는점: 2,868°C (5,194°F)
결정구조: 육방체

분류: 란타넘족
원자 번호: 68

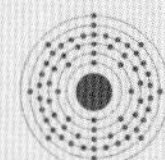
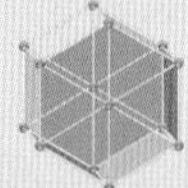

어븀은 스웨덴 이테르비 마을의 이름을 따서 명명된 또 다른 금속 원소로, 이제는 전 세계적으로 널리 사용되고 있다. 어븀은 해저 케이블을 통해 통신 신호를 전달하는 레이저 증폭기에 도펀트로 쓰인다.

약해지는 신호

레이저로 보내는 통신 신호는 광섬유를 통해 장거리로 전달되면 약해진다. 따라서 약 70km마다 어븀 증폭기를 통해 이를 다시 강하게 만든다.

레이저 펌프

통신 신호는 미량의 어븀을 포함하고 있는 이산화규소 결정을 통과하며 빛을 낸다. 이 결정은 레이저에 의해 에너지를 얻어서 통신 신호를 더욱 선명하게 만드는데, 이 신호는 케이블에서 오는 빛과 동일하지만 더욱 강력해진다.

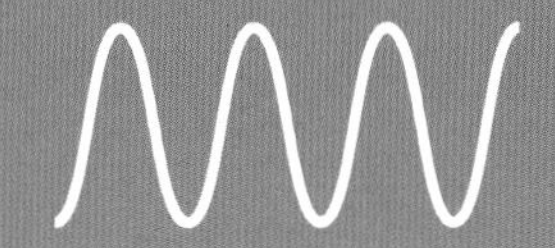

장미빛 유리

분홍빛이 나는 유리는 산화어븀을 이용해 색을 낸다. 산화어븀은 초록빛을 흡수하고 붉은빛과 연한 푸른빛을 반사시켜 분홍빛을 만든다.

상어의 공격

증폭기는 광섬유를 포함하고 있는 전기 케이블을 통해 전원을 공급 받아야 한다. 이 때 생성된 전기장으로 인해 유인된 상어가 케이블을 물어뜯을 수도 있다.

툴륨

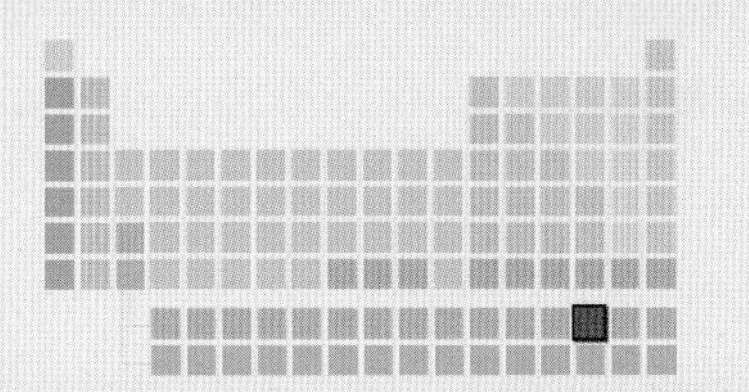

원자량: 168.93421
색: 은회색
상태: 고체
녹는점: 1,545°C (2,813°F)
끓는점: 1, 950°C (3,542°F)
결정구조: 육방체

분류: 란타넘족
원자 번호: 65

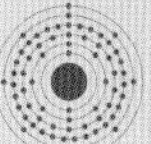

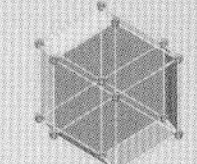

이 회색 금속은 란타넘족의 '아웃사이더'라 할 수 있다. 주된 성질은 다른 란타넘족 원소와 비슷하지만, 고유한 특성이나 특별히 활용되는 분야가 없기 때문이다. 툴륨의 방사성 동위원소 중 하나가 휴대용 X-선 발생원으로 사용되고 있을 뿐이다.

원소 이름의 유래

툴륨은 그리스 신화에 나오는, 전 세계에 추위를 가져오는 먼 북쪽 전설의 땅 툴레(Thule)에서 유래했다. 고대의 탐험가들 중 툴레에 도착한 사람은 아무도 없었지만, 대신 이들 대부분은 스칸디나비아 지역에 도착했다. 1879년 스웨덴의 화학자 클레베(Per Teodor Cleve)는 스칸디나비아 지역에서 최초로 툴륨을 발견하였다. 툴륨은 1911년 영국의 제임스(Charles James)에 의해 처음으로 분리되었는데, 그는 무려 15,000번이나 시도를 거듭했고, 마침내 순수한 툴륨을 얻을 수 있었다.

이터븀

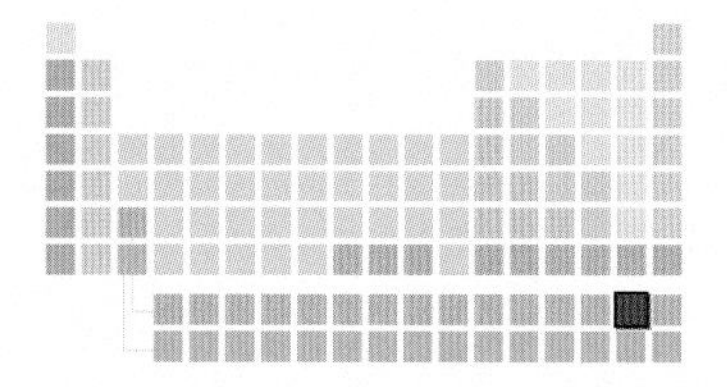

원자량: 173.054
색: 은색
상태: 고체
녹는점: 824°C (1,515°F)
끓는점: 1,196°C (2,185°F)
결정구조: 면심입방체

분류: 란타넘족
원자 번호: 70

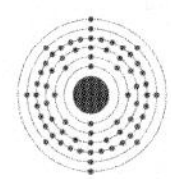

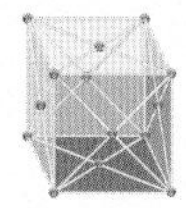

이터븀은 이트륨, 터븀, 어븀에 이어 스웨덴의 이테르비 마을의 이름을 따서 명명된 마지막 원소이다. 화학자들의 상상력 부재로 보일 수 있겠지만, 이 금속의 발견을 둘러싼 30여 년에 걸친 긴 논쟁 끝에 얻어진 이름이었다.

1878 드 마리낙(Jean Charles Galissard de Marignac)이 어븀 샘플에서 이테르비아(ytterbia)라 불리는 물질을 분리했다.

1905 벨스바흐(Carl Auer von Welsbach)는 이테르비아에서 두 가지 원소를 발견했다. 그는 이것을 각각 알데바라늄(aldebaranium)과 카시어페이움(cassiopeium)이라 불렀다.

1906 제임스(Charles James)는 이테르비아에 두 가지 원소가 존재한다는 사실을 입증했으나 이들에 따로 이름을 붙이지는 않았다.

1907 위르뱅(Georges Urbain)은 이테르비아에서 두 가지 화합물을 분리했고, 이들을 각각 네오이터븀(neoytterbia)과 루테시아(lutecia)라고 불렀다.

1909 우르뱅과 벨스바흐 사이에 우선권을 둘러싼 논쟁이 생겼다. 당시 학계는 우르뱅의 손을 들어줬고, 원소의 이름은 이터븀(ytterbium)과 루테튬(lutetium)으로 결정되었다. 그러나 독일 화학자들은 1950년대까지 벨스바흐가 지은 이름을 더 선호했다.

1953 최초로 순수한 이터븀을 분리했다.

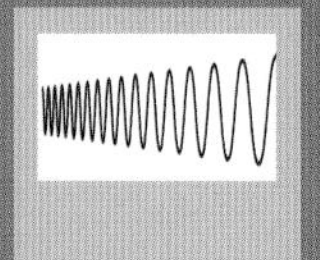

압력에 따른 변화

이터븀의 전도성은 압력에 따라 달라지는데, 압력이 높아지면서 도체에서 반도체로 전환되었다가 다시 도체로 돌아온다. 이 물질은 핵폭발이나 지진 시 발생하는 거대한 압력을 측정하는 데 쓰인다.

루테튬

원자량: 174.9668
색: 은색
상태: 고체
녹는점: 1,652°C (3,006°F)
끓는점: 3,402°C (6,156°F)
결정구조: 육방체

분류: 란타넘족
원자 번호: 71

71
Lu

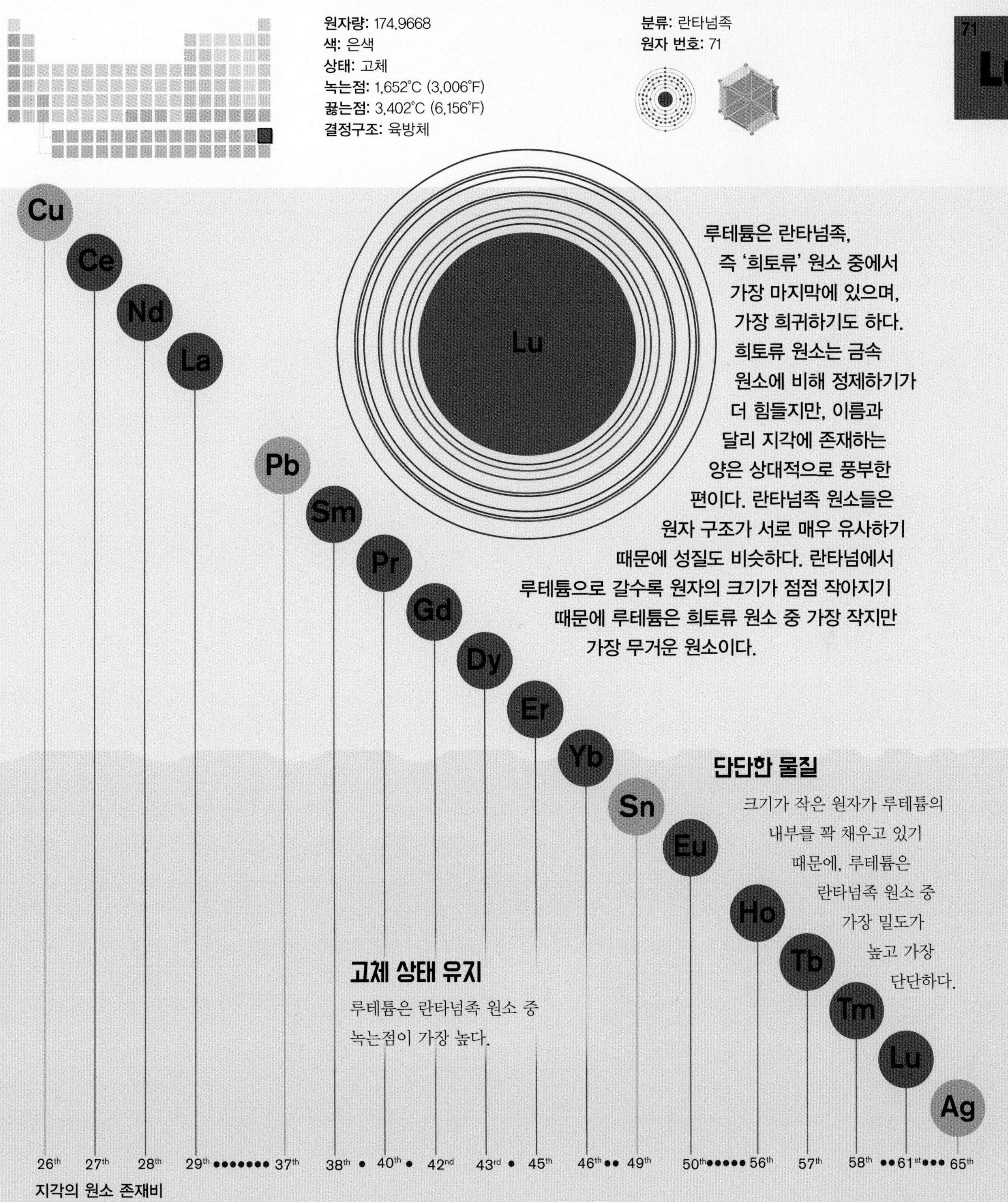

루테튬은 란타넘족, 즉 '희토류' 원소 중에서 가장 마지막에 있으며, 가장 희귀하기도 하다. 희토류 원소는 금속 원소에 비해 정제하기가 더 힘들지만, 이름과 달리 지각에 존재하는 양은 상대적으로 풍부한 편이다. 란타넘족 원소들은 원자 구조가 서로 매우 유사하기 때문에 성질도 비슷하다. 란타넘에서 루테튬으로 갈수록 원자의 크기가 점점 작아지기 때문에 루테튬은 희토류 원소 중 가장 작지만 가장 무거운 원소이다.

단단한 물질

크기가 작은 원자가 루테튬의 내부를 꽉 채우고 있기 때문에, 루테튬은 란타넘족 원소 중 가장 밀도가 높고 가장 단단하다.

고체 상태 유지

루테튬은 란타넘족 원소 중 녹는점이 가장 높다.

하프늄

72
Hf

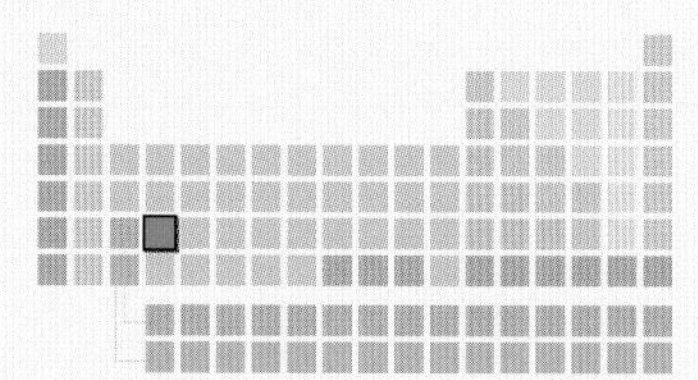

원자량: 178.49
색: 은회색
상태: 고체
녹는점: 2,233°C (4,051°F)
끓는점: 4,603°C (8,317°F)
결정구조: 육방체

분류: 전이금속
원자 번호: 72

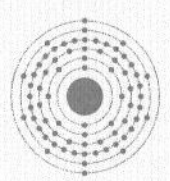

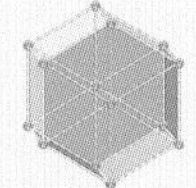

하프늄은 지르코늄 광석 안에 4% 정도의 비율로 존재하지만 오랫동안 발견되지 않았던 원소이다. 이는 이들 두 원소의 화학적 성질이 거의 비슷하기 때문이다.

중성자 흡수

하프늄은 5개의 안정적인 동위원소를 가진다. 이들은 중성자를 잘 흡수하기 때문에 원자로 제어봉에 사용된다.

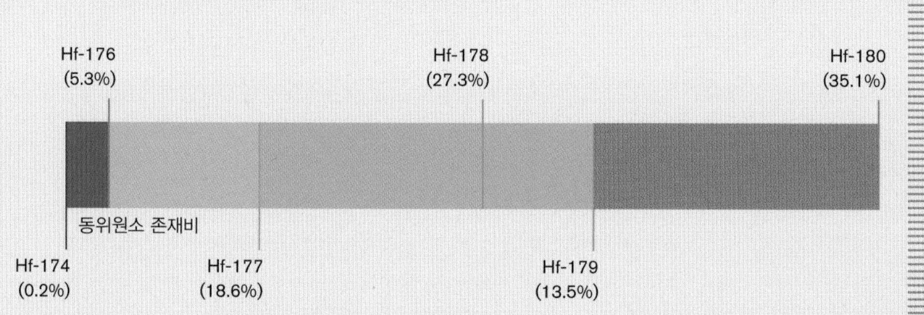

수요와 공급

연간 약 80톤의 순수한 하프늄이 생산된다. 새로운 원자력 발전 프로젝트 시행으로 인한 수요 증가로 최근 하프늄의 가격이 상승했다.

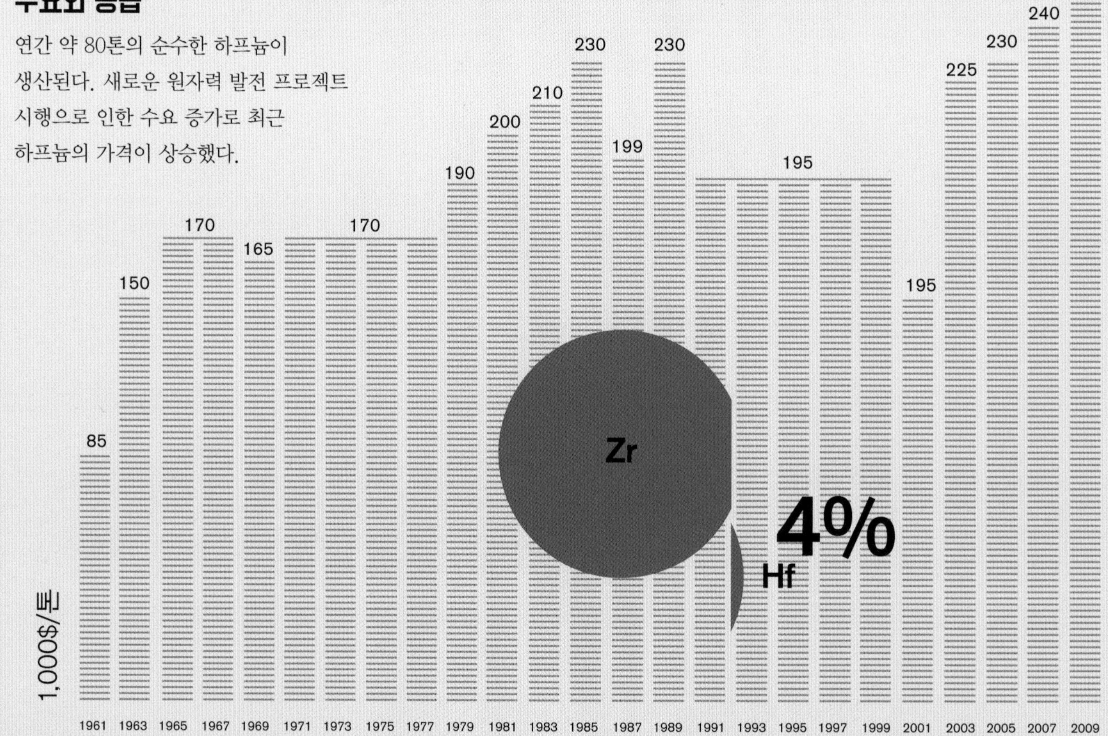

0 200 400 600 800 1,000 1,200 1,400 1,600

채굴량(톤)

1991

호주
브라질
캐나다
콩고
아프리카(콩고 제외)
전 세계(상기 지역 제외)

탄탈럼

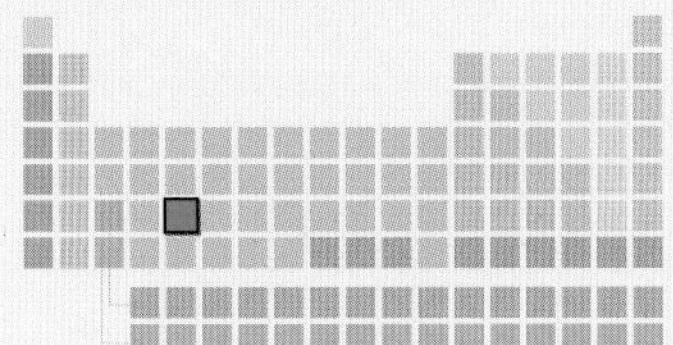

원자량: 180.9479
색: 은회색
상태: 고체
녹는점: 3,017°C (5,463°F)
끓는점: 5,458°C (9,856°F)
결정구조: 체심입방체

분류: 전이금속
원자 번호: 73

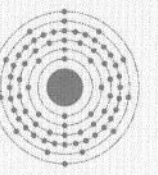

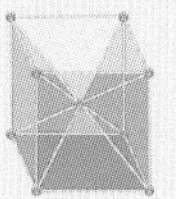

탄탈럼은 핸드폰이나 태블릿 같은 전자 용품에 필수적인 소형 커패시터(축전기)를 만드는 데 사용된다. 탄탈럼을 얻을 수 있는 주요 광석 중 하나는 콜탄인데, 여기에는 나이오븀도 함께 들어 있다. 콜탄은 대부분 중앙 아프리카에서 발견되기 때문에, 이 곳이 앞으로 탄탈륨 생산을 주도할 것으로 예측된다.

고릴라의 분노

콜탄 광산 운영을 둘러싼 중앙 아프리카에서의 갈등은 지난 20년간 동부 저지대의 고릴라 개체수를 급격히 감소시켰다.

텅스텐

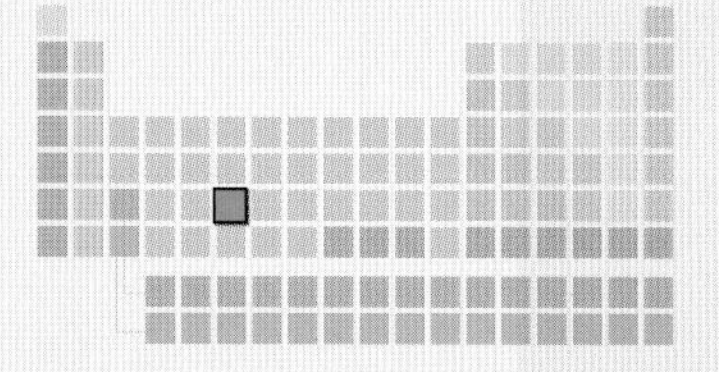

텅스텐은 '무거운 돌'을 뜻하는 스웨덴어에서 유래했다. 텅스텐은 밀도가 높은 철망가니즈중석(wolframite; '늑대의 흙'을 뜻함)에서 발견되었고, 원소 기호 'W'가 여기에서 비롯되었다. 텅스텐은 백열 전구의 필라멘트로 가장 쉽게 접하게 되지만, 이는 텅스텐의 쓰임새 중 아주 작은 부분에 불과하다.

20%
강철/합금

55%
초경합금

38%
일반 마모 부품

14%
자동차

15%
석유 및
천연가스
시추

10%
채굴 및
건설

14%
항공우주 및
방위 산업

7%
전자공학

2%
기타

10 C 다이아몬드

9 W 초경합금

8

7

6

5

4 Fe

초경합금

텅스텐의 반 이상이 초경합금(cemented carbide)을 만드는 데 쓰이는데, 이것은 가장 단단한 물질 중 하나이다. 모스 경도계의 9단계에 해당하며, 비교하자면 강철은 모스 경도 4단계로 초경합금보다 100배 더 무르다.

원자량: 183.84
색: 은백색
상태: 고체
녹는점: 3,422°C (6,192°F)
끓는점: 5,555°C (10,031°F)
결정구조: 체심입방체

분류: 전이금속
원자 번호: 74

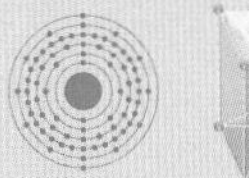

공급원

매해 약 75,000톤의 텅스텐이 정제되는데, 이 중 80% 정도가 중국에서 생산된다

17%
금속/합금 제품

8%
기타

4%
전구

녹는점

텅스텐은 금속 원소 중 녹는점이 가장 높다. 더 높은 온도에서도 고체 상태로 유지되는 것은 탄소뿐이다. 텅스텐은 산소 아세틸렌 용접기로는 녹일 수 있으나, 태양에서 비교적 차가운 지점인 흑점의 온도에서는 녹지 않는다.

C
3,642°C

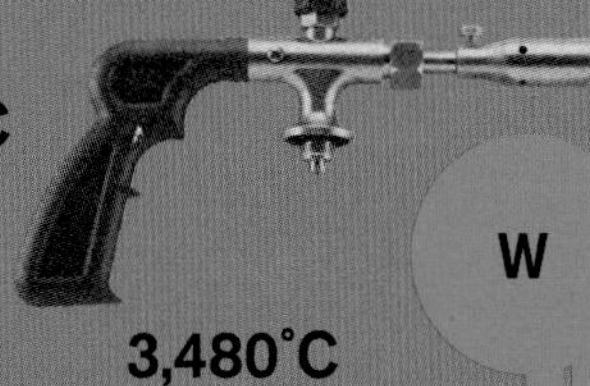

3,480°C

W
3,422°C

3,000°C

열 팽창

순수한 텅스텐은 가열해도 천천히 팽창한다. 강철은 온도가 1도 올라갈 때마다 텅스텐보다 3배 가량 더 팽창한다

W

Fe

레늄

75
Re

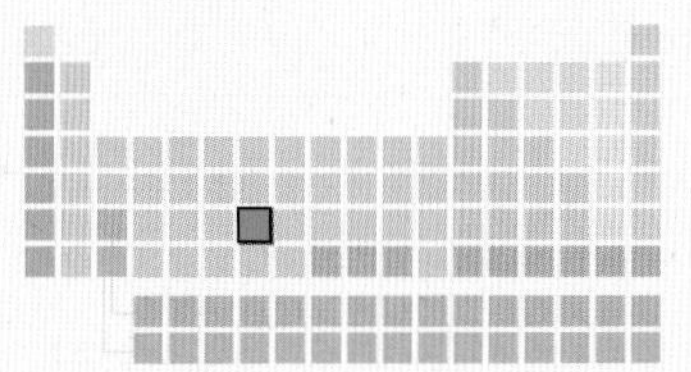

원자량: 186.207
색: 은백색
상태: 고체
녹는점: 3,186°C (5,767°F)
끓는점: 5,596°C (10,105°F)
결정구조: 육방체

분류: 전이금속
원자 번호: 75

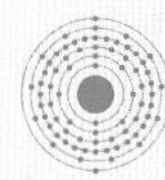
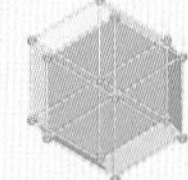

레늄은 1925년에 안정적인 원소 중 가장 마지막으로 발견되었다. 매년 50톤 미만의 레늄이 정제되는데, 대부분 망가니즈와 몰리브데넘 광석에서 나온다. 하지만 이 금속의 연간 수요는 60톤 정도 되기 때문에 나머지 10톤은 재활용을 통해 충당한다.

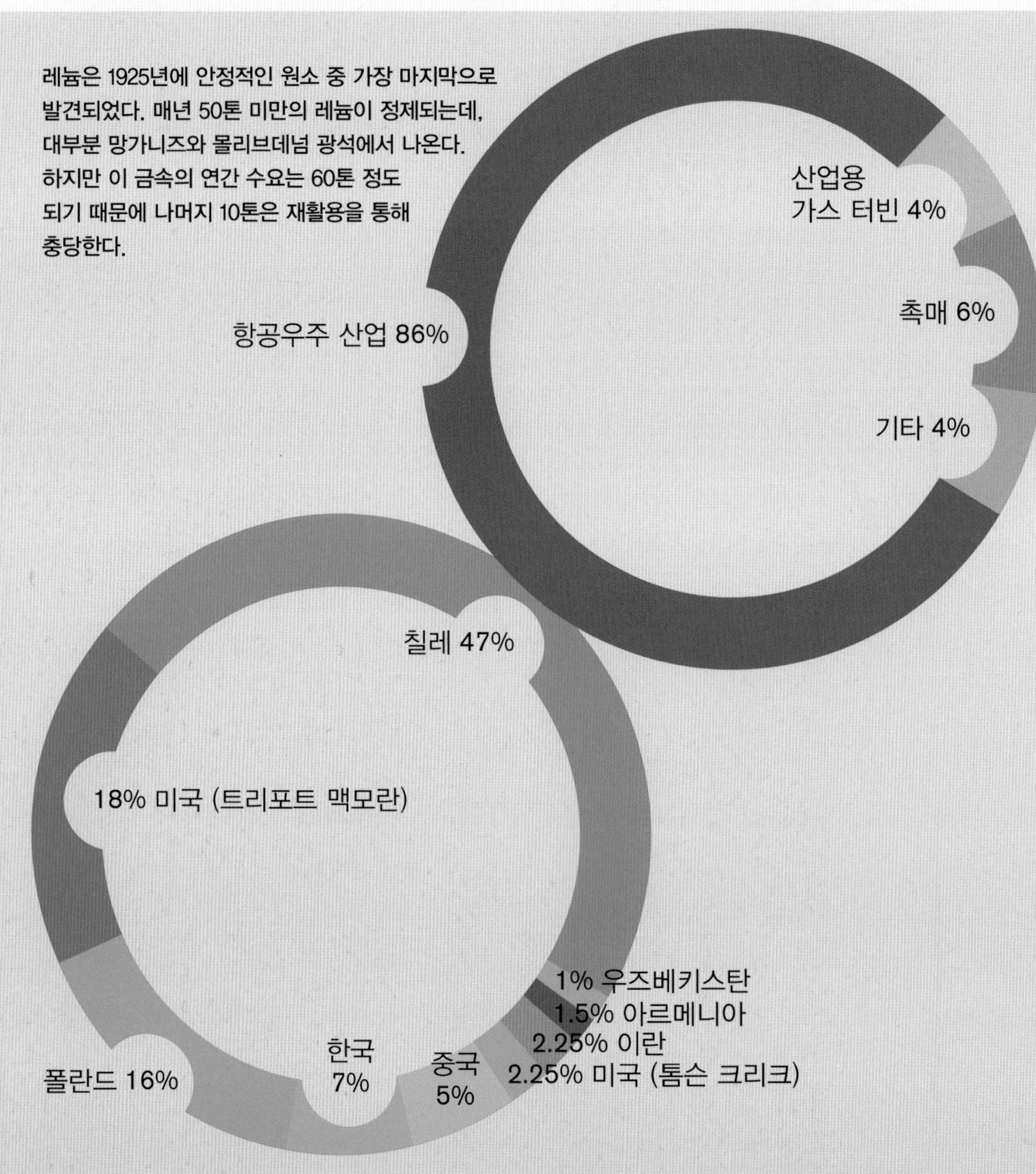

오스뮴

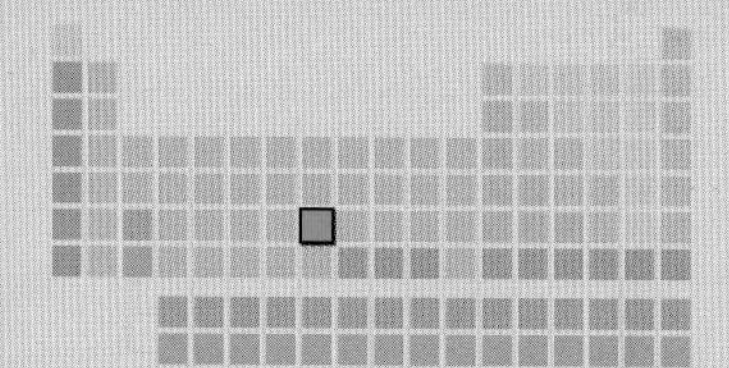

원자량: 190.23
색: 청회색
상태: 고체
녹는점: 3,033°C (5,491°F)
끓는점: 5,012°C (9,054°F)
결정구조: 육방체

분류: 전이금속
원자 번호: 76

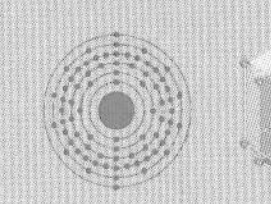

76
Os

오스뮴은 지각에서 가장 희귀한 원소로 암석의 원자 100억 개당 하나의 비율로 존재한다. 또한 밀도도 가장 높다 (일부에서는 이리듐의 밀도가 가장 높다고 주장하기도 한다).

오스뮴 = 원자 1개

지문

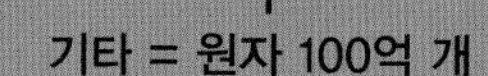

기타 = 원자 100억 개

오늘날의 용도

오스뮴은 기름 및 지방과 잘 결합한다. 생물학적 표본의 염색에 사용되어 전자 현미경으로 볼 수 있게 하며, 오스뮴 분말은 지문에 남아 있는 기름 찌꺼기에 잘 달라붙기 때문에 지문 채취에도 사용된다.

오스뮴-이리듐 합금은 내마모성이 뛰어나 만년필 펜촉에 사용된다.

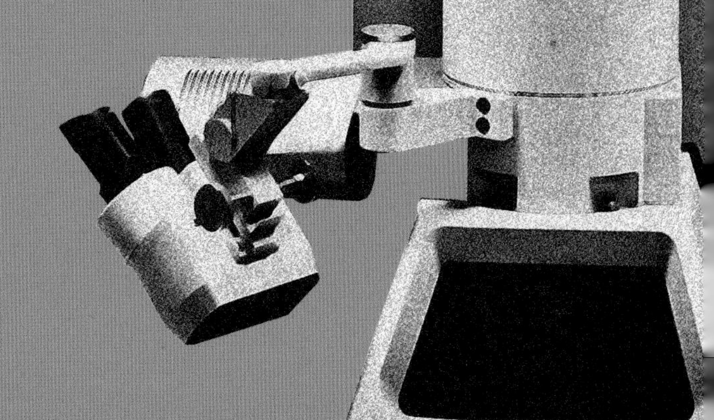

과거의 용도

초창기 전구의 필라멘트로 오스뮴이 가장 선호되었으나 이후 텅스텐으로 대체되었다. 1950년대 축음기 바늘을 만드는 데도 쓰였다.

이리듐

Ir 77

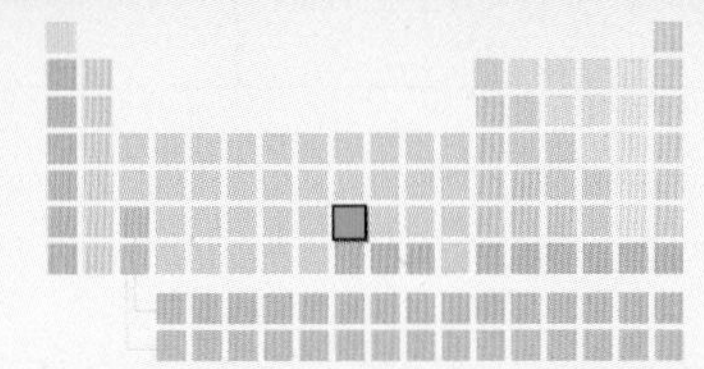

원자량: 192.217
색: 은백색
상태: 고체
녹는점: 2,466°C (4,471°F)
끓는점: 4,428°C (8,002°F)
결정구조: 면심입방체

분류: 전이금속
원자 번호: 77

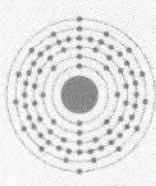

이리듐은 지구 암석의 거의 전역에 걸쳐 드물게 존재한다. 그러나 특이하게도 전 세계 곳곳의 암석에서 발견되는 얇은 석영 먼지층에는 매우 높은 농도의 이리듐이 함유되어 있다. 이 먼지의 기원은 6,500만 년 전, 10km 너비의 소행성이 멕시코 지역을 강타했던 시점으로 거슬러 올라간다. 폭발로 인한 파편이 지구를 먼지 구름으로 뒤덮었고, 이것이 결국 오늘날 우리가 보는 먼지층을 형성하게 된 것이다. 이 안에 있는 이리듐은 우주 폭발 당시의 암석에서 온 것이다. 생물학자들은 이 사건이 공룡의 멸종을 가져왔다고 설명한다.

백금

원자량: 195.078
색: 은백색
상태: 고체
녹는점: 1,768°C (3,215°F)
끓는점: 3,825°C (6,917°F)
결정구조: 면심입방체

분류: 전이금속
원자 번호: 78

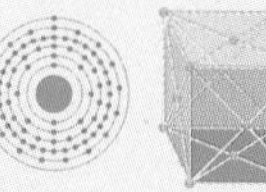

78
Pt

35.9% 보석
40.4% 자가촉매
6.4% 투자
5.9% 화학
3.2% 의학 및 생의학
3% 유리
2.6% 석유
2.6% 전기

스페인어로 '작은 은'을 뜻하는 백금은 단지 보석에만 쓰이는 것은 아니다. 사실 생산량의 60%는 미용 목적이 아닌 산업용으로 이용된다. 연간 175톤의 백금이 생산되는데 이 중 80% 정도가 남아프리카 대륙에서 나온다.

금

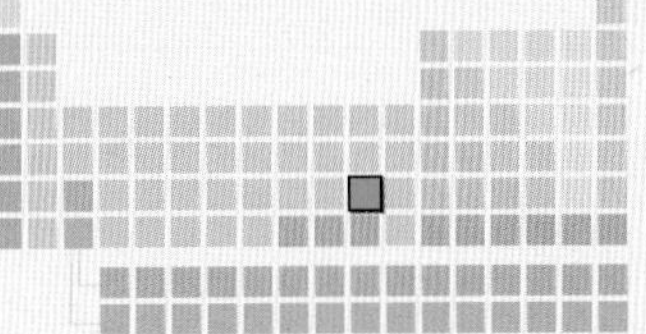

금은 '가치'의 대명사라 할 수 있다. 고유의 노란빛을 지니는 이 금속은 수천 년 동안 부의 상징이었다. 금은 거의 비활성이며 자연에서 순수한 상태로 발견되는데, 언제나 본래 그대로의 모습을 유지하며 부식도 되지 않는다. 한마디로 금은 안전 자산이다. 다른 원소들과 달리, 색이 바래거나 바스러져 가루가 되지도 않는다.

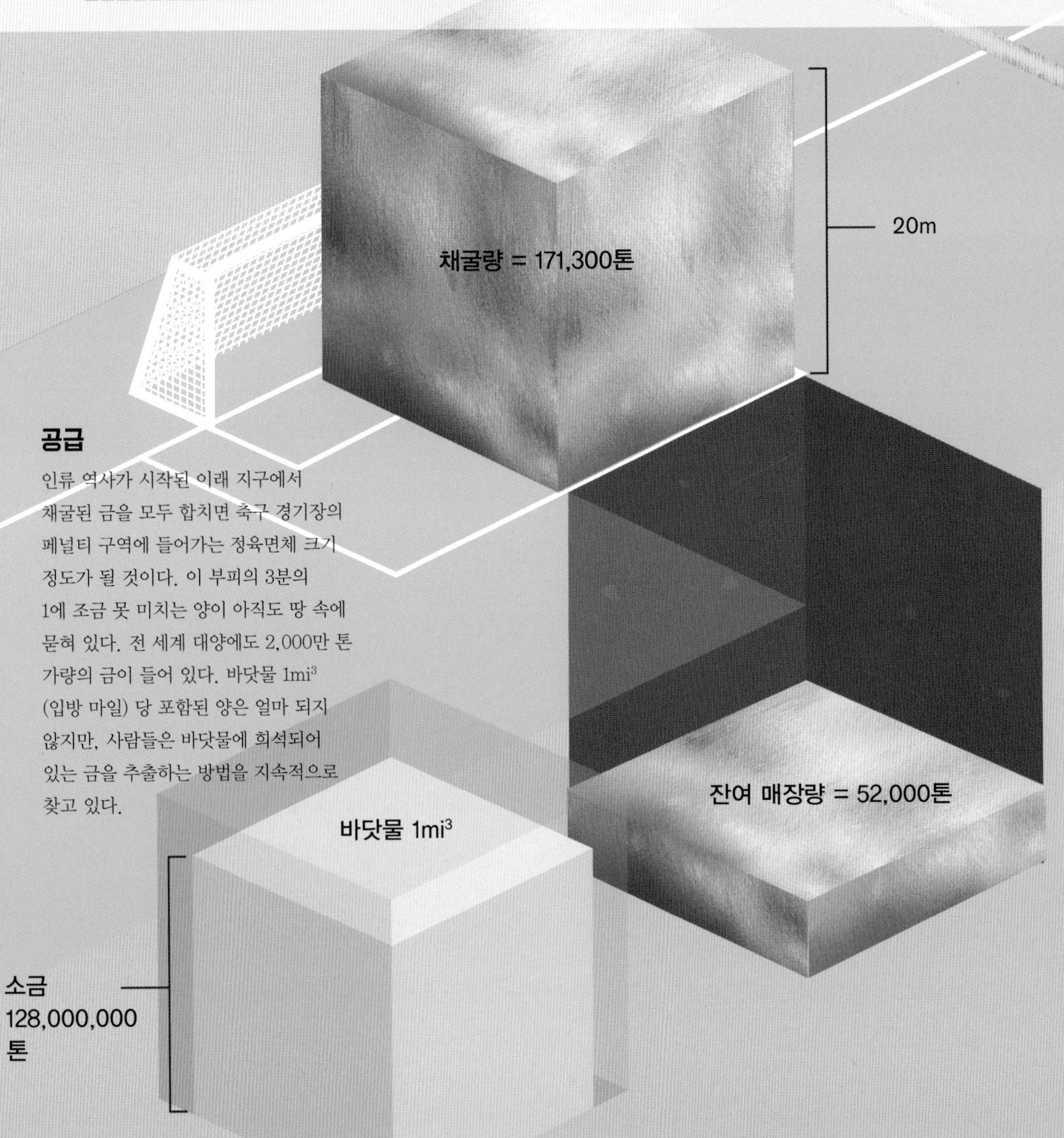

공급

인류 역사가 시작된 이래 지구에서 채굴된 금을 모두 합치면 축구 경기장의 페널티 구역에 들어가는 정육면체 크기 정도가 될 것이다. 이 부피의 3분의 1에 조금 못 미치는 양이 아직도 땅 속에 묻혀 있다. 전 세계 대양에도 2,000만 톤 가량의 금이 들어 있다. 바닷물 1mi³ (입방 마일) 당 포함된 양은 얼마 되지 않지만, 사람들은 바닷물에 희석되어 있는 금을 추출하는 방법을 지속적으로 찾고 있다.

원자량: 196.96655
색: 금속성 노란색
상태: 고체
녹는점: 1,064°C (1,948°F)
끓는점: 2,856°C (5,173°F)
결정구조: 면심입방체

분류: 전이금속
원자 번호: 79

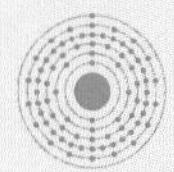

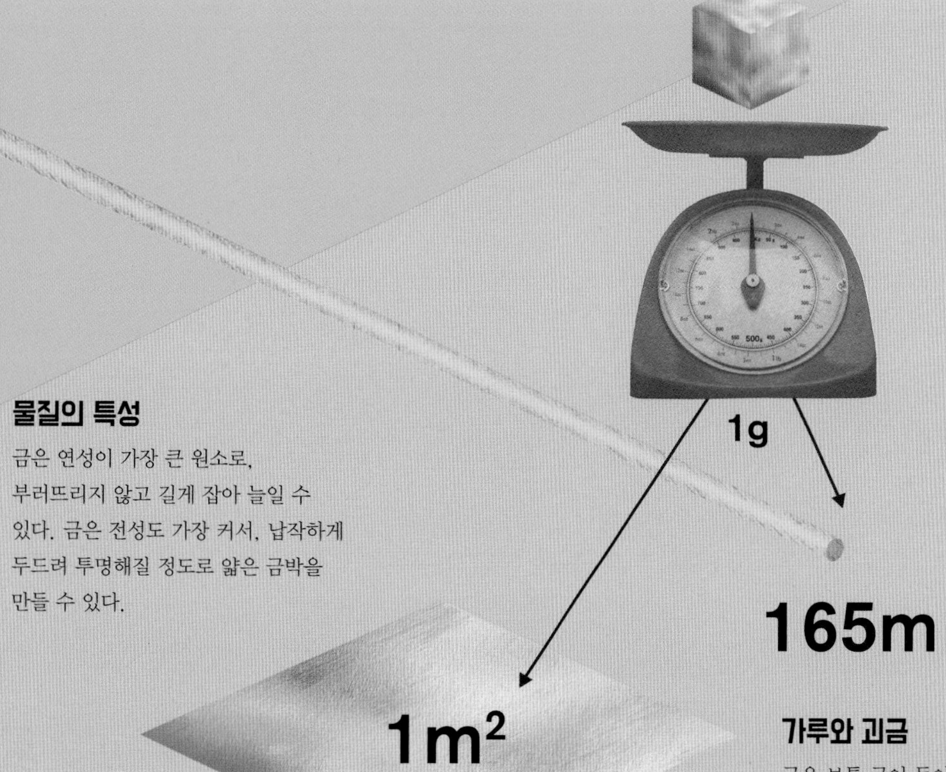

물질의 특성

금은 연성이 가장 큰 원소로, 부러뜨리지 않고 길게 잡아 늘일 수 있다. 금은 전성도 가장 커서, 납작하게 두드려 투명해질 정도로 얇은 금박을 만들 수 있다.

가루와 괴금

금은 보통 금이 들어 있는 암석을 고운 가루로 부순 후 추출해 낸다. 종종 보다 큰 덩어리인 괴금(nugget)으로 발견되기도 하는데, 이제까지 발견된 것 중 가장 큰 것은 1869년 호주에서 발견된 '웰컴 스트레인저(Welcome Stranger)'이다.

무게	97.14 kg
크기	61 x 31 cm^2

수은

80
Hg

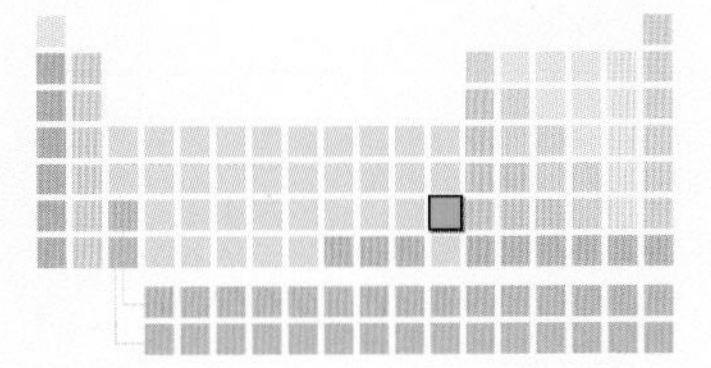

원자량: 200.59
색: 은백색
상태: 액체
녹는점: −39°C (−38°F)
끓는점: 357°C (674°F)
결정구조: 능면체

분류: 전이금속
원자 번호: 80

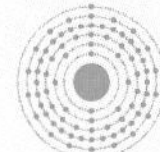

수은은 표준 상태에서 액체로 존재하는 두 가지 원소 중 하나이다 (다른 하나는 브로민). 이 원소의 이름은 로마 신화에 등장하는 가장 동작이 민첩한 전령의 신 '머큐리'에서 유래했다. 초기에는 '빠르게 흐르는 은'이라는 뜻으로 'quicksilver'라고 불렸으며, 원소 기호 'Hg'는 '액체 은(water silver)'을 뜻하는 라틴어 *hydrargyrum*에서 파생되었다.

위험한 물질!

수은 증기를 흡입하면 신경계에 영구적인 손상이 초래되기 때문에 현대 제조업에서는 수은을 거의 사용하지 않는다. 그러나 수은은 일부 산업 분야에서 여전히 활용되고 있는데, 특히 불법으로 금을 채굴하는 광산에서는 암석을 수은에 담궈 녹인 다음 금을 추출한다.

공기 공기

공기 공기

높은 밀도

수은은 물보다 밀도가 14배 더 높다. 17세기의 기술자들은 물을 10m 이상 끌어올릴 수 없음을 알게 되었다. 이들이 수은을 이용해 좀 더 소규모로 동일한 실험을 해보았더니, 이번에는 물의 높이의 14분의 1인 76cm 밖에 올라가지 않았다. 액체의 상승 높이는 공기의 압력, 즉 액체에 가해지는 대기의 무게 때문인 것으로 밝혀졌다. 이것이 바로 기체의 압력을 측정하는 장치인 기압계의 시초였고, 원자의 성질을 풀 수 있는 첫 번째 단서가 되었다.

수은량 (톤)

700
600
500
400
300
200
100

정유 | 클로르 알카리 | 철강 | 소비재 | 시멘트 생산 | 비철금속 | 석탄연소 | 영세 소규모 금 채광

탈륨

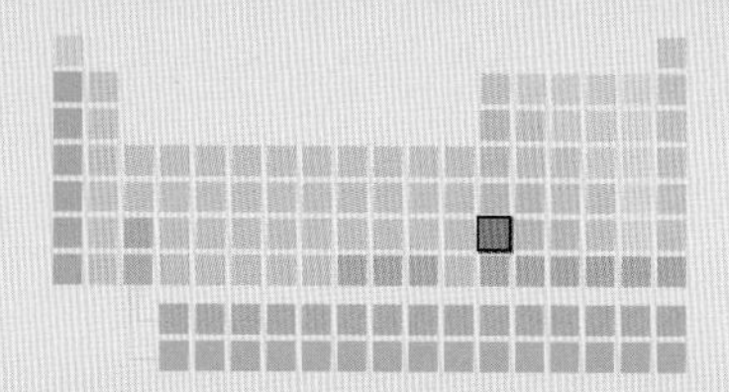

원자량: 204.3833
색: 은백색
상태: 고체
녹는점: 304°C (579°F)
끓는점: 1,473°C (2,683°F)
결정구조: 육방체

분류: 전이후금속
원자 번호: 81

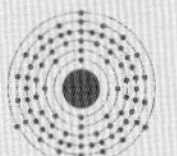

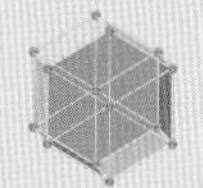

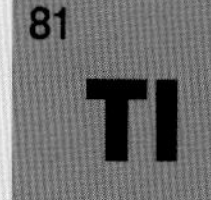

탈륨은 독성이 강한 중금속으로 노출 시 전신에 영향을 미치며, 종국에는 끔찍한 죽음을 초래한다. 혹자는 황산탈륨을 '독살범의 독약(poisoner's poison)'이라 부르기도 하는데, 이는 황산탈륨이 무색 무취이며 체내에서 검출하기도 어렵기 때문이다.

변비

사지 통증

구토 및 오심

복통

손톱의 미즈선 (Mees' lines)

탈모

심박동수 증가

경련, 혼수 및 사망

반수치사량 (median lethal dose)

대부분의 사람들은 체중 1kg 당 15mg의 탈륨에 노출되면 사망한다.

빛을 비추기

탈륨은 방출 스펙트럼에서 나오는 초록색에서 이름이 유래했다. 탈륨 독성에 중독되었는지 여부는 소변에 빛을 비춰보면 알 수 있다. 소변 안에 탈륨이 조금이라도 있다면 초록빛을 흡수할 것이다.

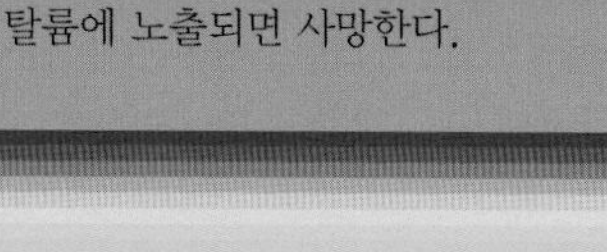

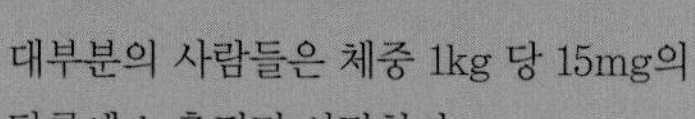

납

82

Pb

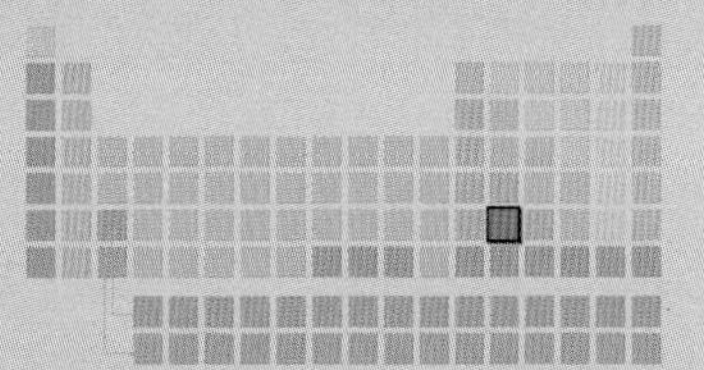

원자량: 207.2
색: 회색
상태: 고체
녹는점: 327℃ (621℉)
끓는점: 1,749℃ (3,180℉)
결정구조: 면심입방체

분류: 전이후금속
원자 번호: 82

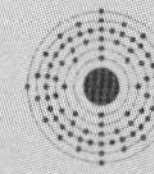

침침한 시야

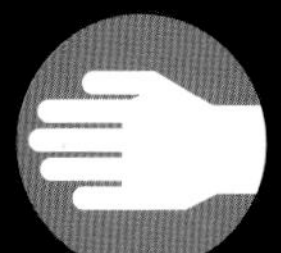

손발 저림

불분명 발음

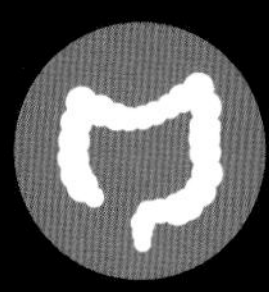

변비와 설사

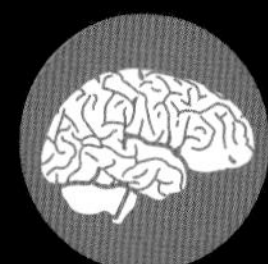

기억력 소실

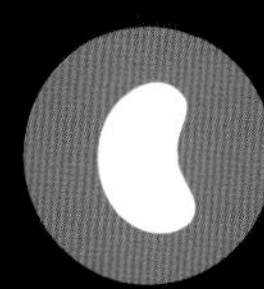

신부전

경련

검푸른 피부색

청력 소실

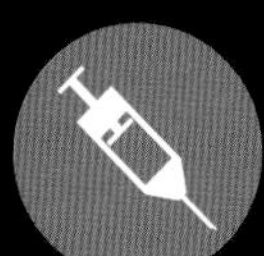

빈혈

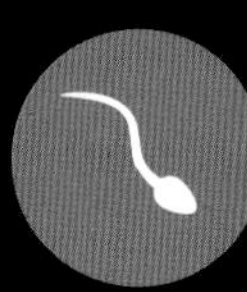

불임

쇠약감

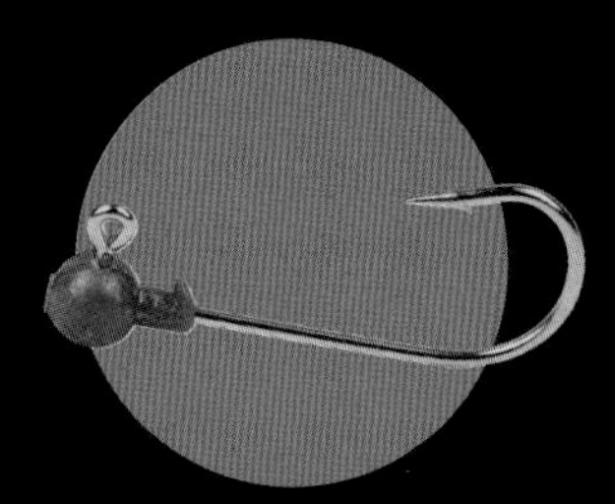

낚시용 봉돌

땜납

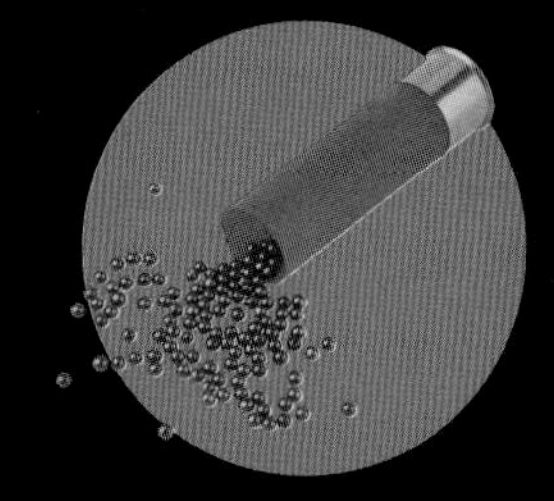

산탄총 탄알

납은 이미 9,000년 전부터 사용되었으며, 대량으로 정제된 첫 번째 금속일 것이다. 그러나 이 금속은 오랜 기간 동안 사람들에게 중독을 일으켜 왔다. 납 중독은 사망으로 이어지는 경우는 거의 없지만, 소화기계나 신경계에 다양한 만성 질환을 일으킨다. 기존의 용도로 납을 사용하는 것은 지난 40년 동안 꾸준히 감소하는 추세이다.

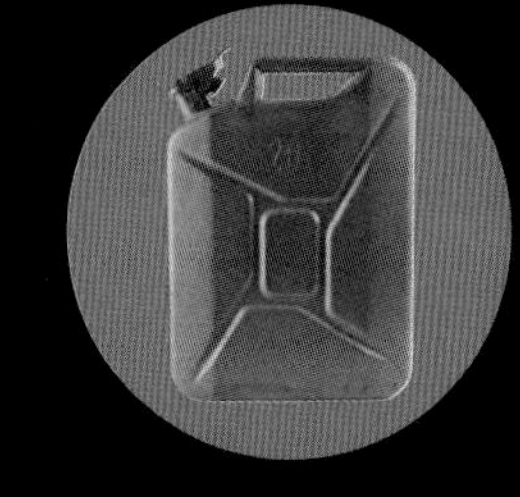

납은 연료가 균등하게 연소되도록 한다

비스무트

원자량: 208.98040
색: 은색
상태: 고체
녹는점: 272°C (521°F)
끓는점: 1,564°C (2,847°F)
결정구조: 삼방체

분류: 전이후금속
원자 번호: 83

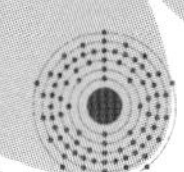

83
Bi

비스무트는 방사성 원소로 분류되지는 않지만, 비스무트 원자는 매우 천천히 탈륨으로 붕괴된다. 이 원소의 반감기는 현재 우주의 나이의 10억 배이다.

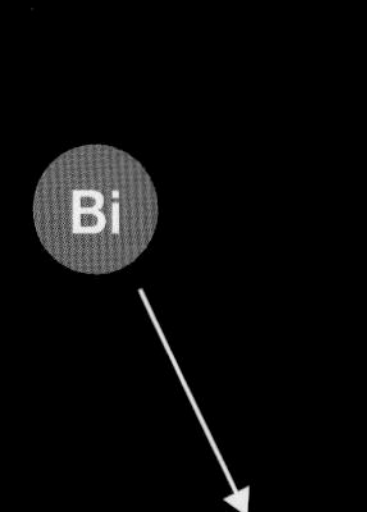

= x 1,000,000,000

대체

낚시용 봉돌

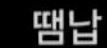

땜납

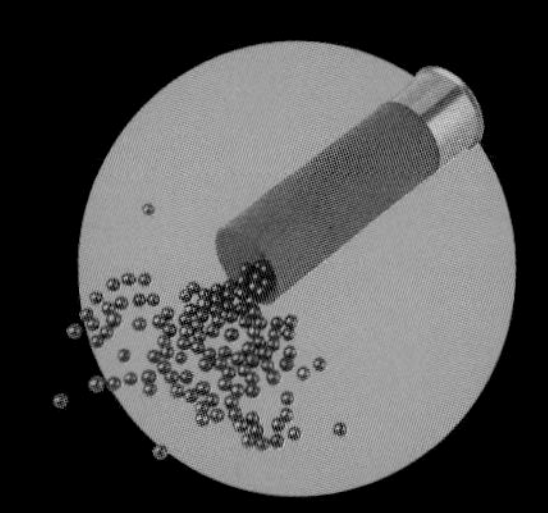

산탄총 탄알

펩토 비스몰(제산제)

납의 대체물

비스무트는 납과 밀도가 거의 같으며 녹는점이 낮기 때문에, 한때 납이 쓰였던 분야에서 훌륭한 대체물로 활용된다. 또한 이 금속은 소화불량, 복통, 설사 등 소화기 질환에 대한 치료제로도 널리 이용된다.

마이크로그램(μg) 100 200 300 400 500 600 700 800 900 1,000 1,100 1,200 1,300 1,400

폴로늄

84
Po

원자량: 209
색: 은회색
상태: 고체
녹는점: 254°C (489°F)
끓는점: 962°C (1,764°F)
결정구조: 입방체

분류: 준금속
원자 번호: 84

물질	치사량
내륙의 맹독성 독사	치사량: 체중 1kg 당 1,500μg ⟶
리신	1,300μg
고엽제	1,200μg
사린	1,000μg
VX 가스	142μg
바트라코톡신	124μg
아브린	42μg
마이토톡신	8μg
폴로늄	0.6ng
보툴리눔 독소	0.062ng

폴로늄은 방사성 동위원소만 가지고 있는 최초의 원소이다(엄청나게 느린 속도로 극소량만 붕괴되는 비스무트를 제외한다면). 폴로늄의 붕괴는 결코 무시할 수 있는 정도는 아니다. 가장 흔한 동위원소인 Po-210의 반감기가 고작 138일에 불과하기 때문이다. 이것은 방사능 중에서 가장 위험한 형태인 알파 입자를 방출하기 때문에, 아주 적은 양이라도 체내로 들어가게 되면, 비록 수 주가 걸리긴 하지만 예외 없이 사망에 이르게 된다. 이렇게 느리게 작용하는 특징에도 불구하고 폴로늄의 독성은 치명적인 화학물질 순위에서 보툴리눔에 이어 두 번째이다.

아스타틴

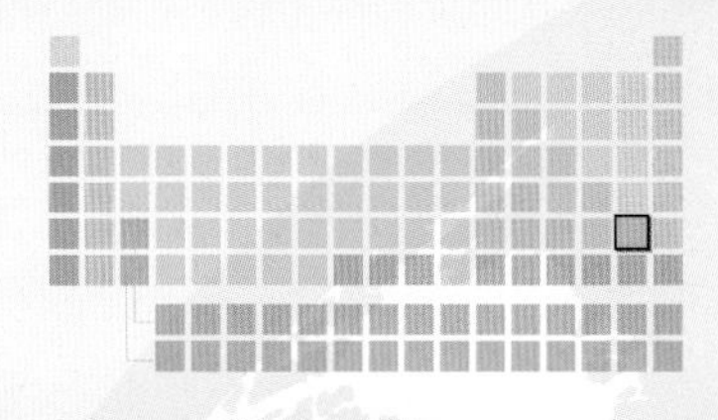

원자량: 210
색: 미상
상태: 고체
녹는점: 302°C (576°F)
끓는점: 337°C (639°F)
결정구조: 미상

분류: 할로젠
원자 번호: 85

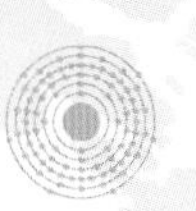

85
At

5,974,000,000,000,000,000,000,000kg

아스타틴은 다섯 번째 할로젠 원소이다. 하지만 방사성이 매우 강해서 지구 상에 극소량만 존재한다. 아스타틴 원자는 항상 다른 방사성 원소의 붕괴 과정에서 생성된다. 그러나 가장 안정적인 아스타틴 동위원소의 반감기가 단지 7시간에 불과하고, 다른 대부분의 동위원소는 수 분 내에 붕괴해 버리기 때문에, 이들 원자는 오랫동안 존재하지는 않는다.

At 30g

라돈

86
Rn

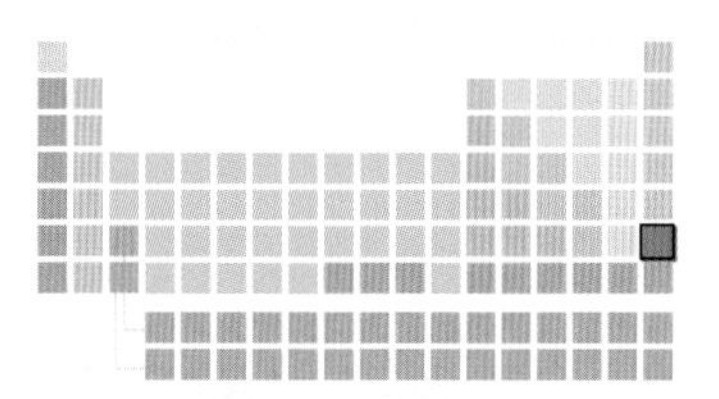

원자량: 222
색: 무색
상태: 기체
녹는점: −71°C (−96°F)
끓는점: −62°C (−79°F)
결정구조: 해당 없음

분류: 비활성 기체
원자 번호: 86

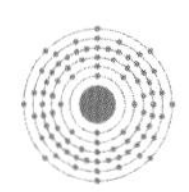

라돈은 비활성 기체로 화학 반응이 활발하지 않다. 그러나 이 원소는 방사성이 매우 강하기 때문에 라돈의 자연 방사능에 노출되면 건강에 엄청난 위협을 받는다. 기체로 존재하기 때문에, 암석에서 자연 붕괴에 의해 생성된 다음 빠져나갈 수 있다. 라돈은 공기보다 밀도가 높으므로 건물의 지하실이나 실내에 축적되어 위험을 초래할 수 있다.

라돈 검출 지역

라돈은 화강암 암반으로 이루어져 있는 지역에서 흔히 발견된다. 라돈이 감지되면 환풍기와 환기구를 통해 가정에서 라돈이 빠져나가도록 해야 한다.

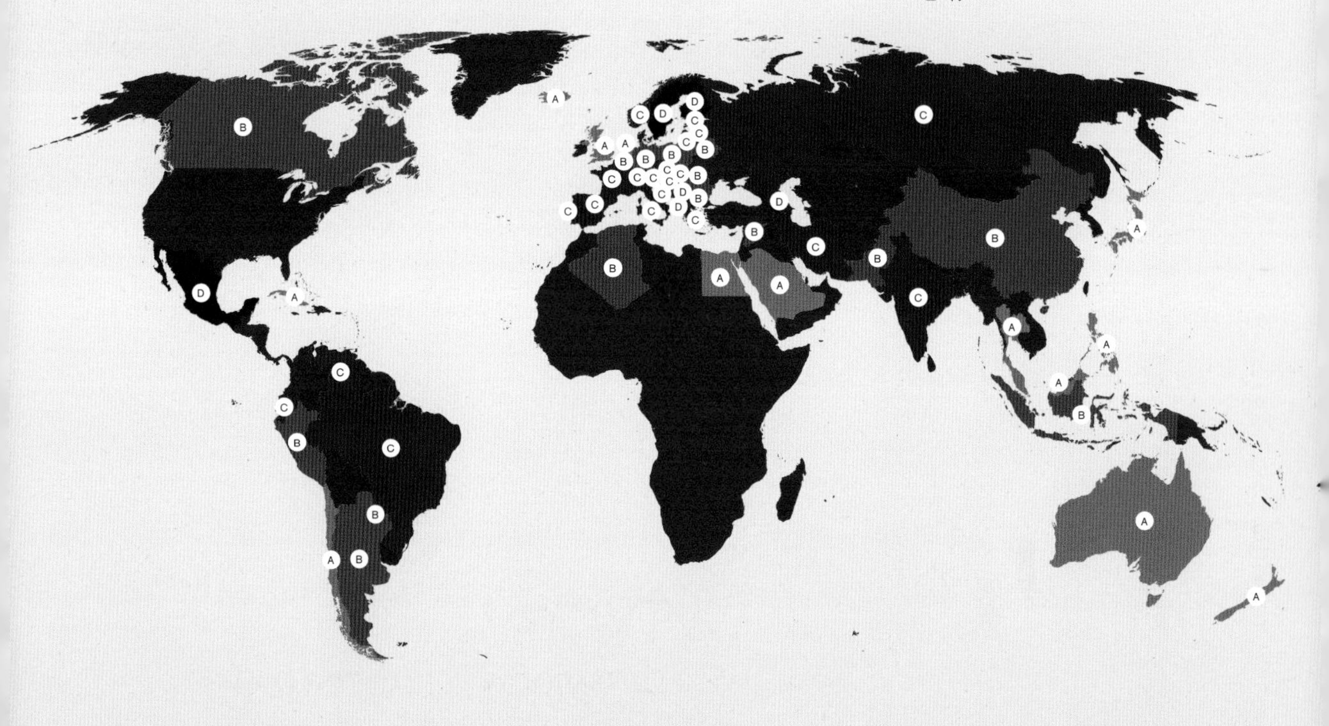

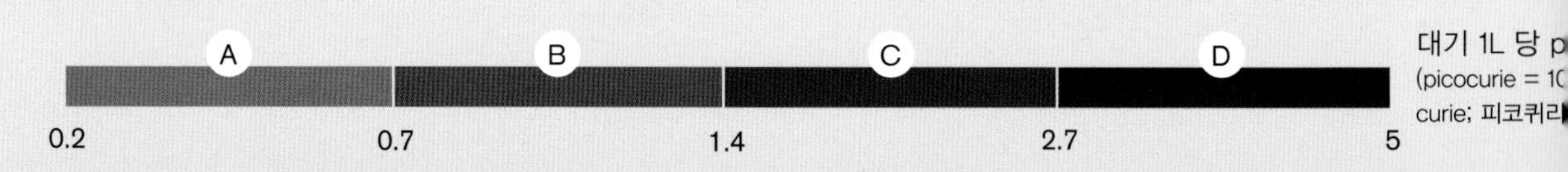

대기 1L 당 p
(picocurie = 1(
curie; 피코퀴리

프랑슘

원자량: 223
(동위원소: 프랑슘-223)
상태: 고체
색: 미상
녹는점: 27°C (80°F) (추정)
끓는점: 680°C (1,256°F) (추정)

분류: 알칼리 금속
원자 번호: 87

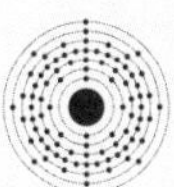

방사성을 가지고 있는 프랑슘 원자는 반감기가 매우 짧기 때문에 지각에 아주 짧은 시간 동안만 존재한다. 이것은 1939년 프랑스의 화학자 페레(Marguerite Perey)에 의해 자연에 존재하는 원소 중 마지막으로 발견되었다. 페레는 모국의 이름을 따서 이 원소를 명명했는데, 이는 갈리움에 이어 프랑스의 국가명에서 유래한 두 번째 원소이다.

자기 트랩

프랑슘은 금에 산소 이온을 충돌시켜 인공적으로 합성한다. 현재까지 분리된 가장 많은 양의 프랑슘은 30개의 원자로 뭉쳐진 덩어리로, 자기 트랩(magnetic trap)을 이용해 모은 것이었다. 그러나 이 원자 뭉치 역시 한 변의 길이가 1cm인 프랑슘 입방체를 만드는 데 필요한 원자의 개수와 비교해 보면 여전히 작다.

300,000개의 원자

$1cm^3$ — **10,000,000,000,000,000**개의 원자

라듐

Ra 88

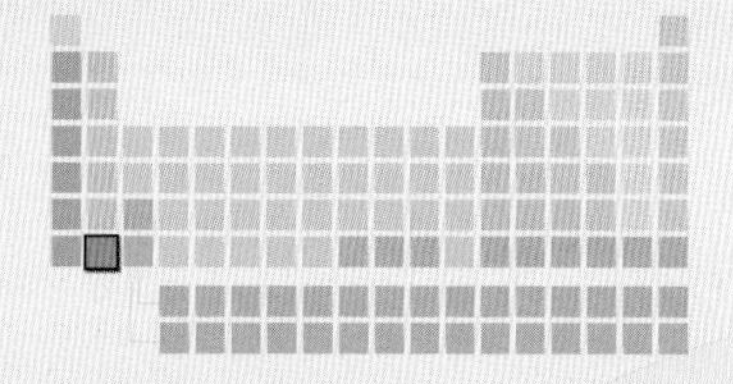

원자량: 226
색: 백색
상태: 고체
녹는점: 700°C (1,292°F)
끓는점: 1,737°C (3,159°F)
결정구조: 체심입방체

분류: 알칼리 토금속
원자 번호: 88

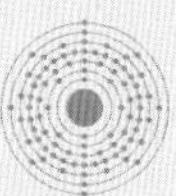

1,600 years

죽음의 시계

라듐으로 만든 야광 페인트는 어둠 속에서도 시계를 볼 수 있도록 하기 위해 사용되었다. 이 원소의 반감기는 1,600년 정도 되기 때문에 시계 부품에 있는 독성은 수세기 동안 지속될 것이다.

라듐은 1898년 처음 발견되자마자 대중의 상상력을 사로잡았다. 라듐의 방사성 화합물에서 방출되는 부드러운 초록빛이 원기를 회복시키는 힘처럼 느껴졌기 때문이었다. 그러나 한 세대가 지나고 나자, 라듐이 건강에 해롭다는 사실이 명백히 밝혀졌다.

만병통치약

20세기 초반, 이 방사능 원소는 만병통치약으로 판매되었다. 라듐이 주입된 물과 목욕소금은 활력을 주고, 라듐 크림은 노화를 방지하며, 라듐 치약은 미백 효과가 있는 것으로 여겨졌다.

위험한 치료법

1920년대에 이르자 라듐이 암을 유발하며, 특히 뼈에서 자연 칼슘을 대체하여 악성 골종양의 위험을 높인다는 사실이 명백해졌다. 그러나 1950년대까지 여전히 많은 사람들이 라듐 치료법의 효능을 맹신했다.

악티늄

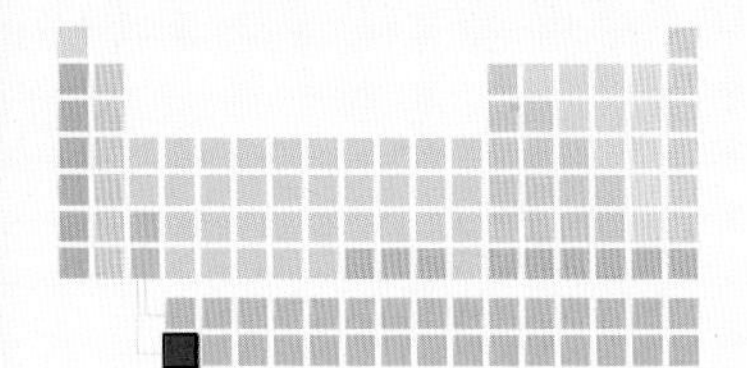

원자량: 227
색: 은색
상태: 고체
녹는점: 1,050°C (1,922°F)
끓는점: 3,198°C (5,788°F)
결정구조: 면심입방체

분류: 악티늄족
원자 번호: 89

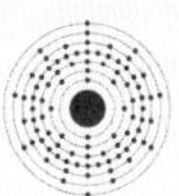

이 밀도가 높은 은색 금속은 악티늄족 원소 중 첫 번째 원소이다. 악티늄족은 주기율표의 바로 위에 있는 란타넘족과 마찬가지로, 같은 계열에 있는 첫 번째 원소의 이름을 따서 족의 이름을 지었다. 악티늄족 원소는 모두 방사성을 지니고 있으며 자연 상태에서 존재하는 가장 무거운 원소들을 포함한다.

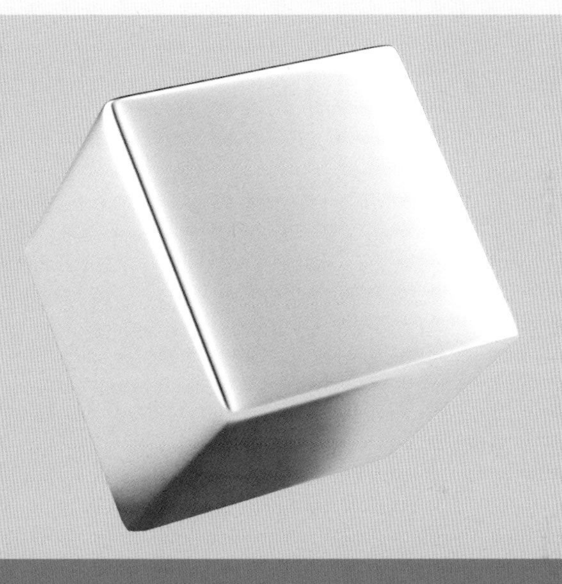

알파 입자의 원천

악티늄은 밝은 곳에서 보면 별다른 특징 없이 평범하지만, 어두운 곳에서는 짙은 푸른빛을 낸다. 이 빛은 알파 입자가 방출되면서 나온다.

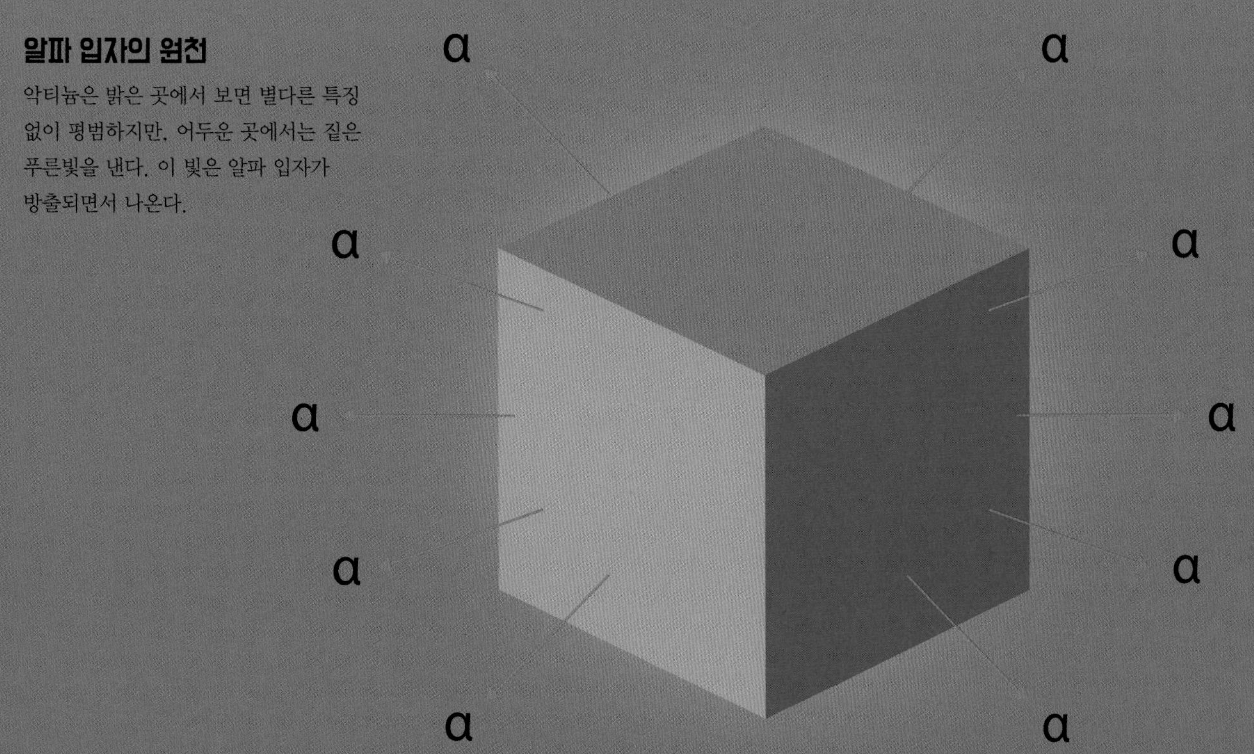

토륨

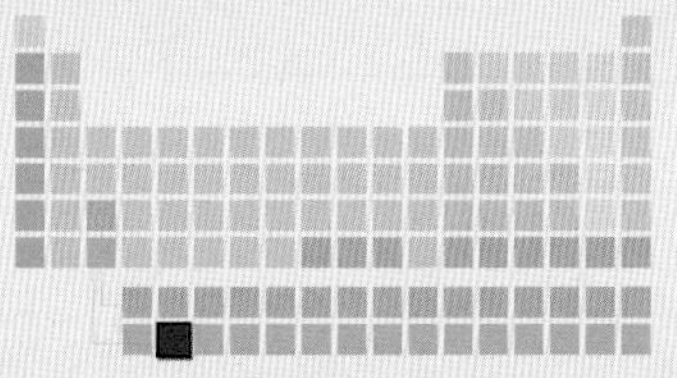

원자량: 232.0381
색: 은색
상태: 고체
녹는점: 1,842°C (3,348°F)
끓는점: 4,788°C (8,650°F)
결정구조: 면심입방체

분류: 악티늄족
원자 번호: 90

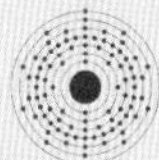

토륨은 지구 상에 존재하는 방사성 원소 중 가장 흔하다. 이것은 다양한 틈새 용도를 갖는데, 특히 내열 유리나 합금을 만드는 데 쓰인다. 토륨은 인산염 광석인 모나자이트에서 정제한다.

Th
233

Th
232

320,000t
스발바르 제도 (노르웨이)

172,000t
캐나다

60,000t
핀란드

155,000t
러시아

380,000t
이집트

880,000t
터키

50,000t
스웨덴

50,000t
카자흐스탄

434,000t
미국

300,000t
베네수엘라

100,000t
중국

846,500t
인도

1,300,000t
브라질

148,000t
남아프리카공화국

521,000t
호주

원동력

토륨이 붕괴하면서 나오는 에너지는, 화산 활동이나 판상 지각 표층의 움직임을 유발하는 지구 내부의 열을 생성하는 가장 큰 원동력이다.

프로트악티늄

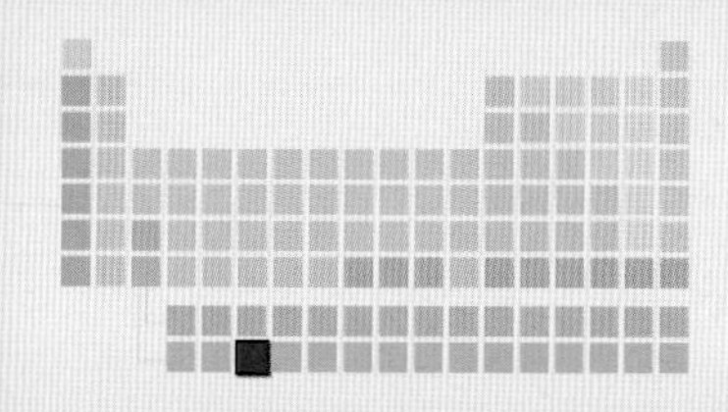

원자량: 231.03588
색: 은색
상태: 고체
녹는점: 1,568℃ (2,854℉)
끓는점: 4,027℃ (7,280℉)
결정구조: 정방체

분류: 악티늄족
원자 번호: 91

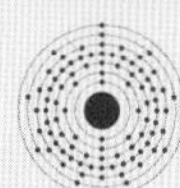

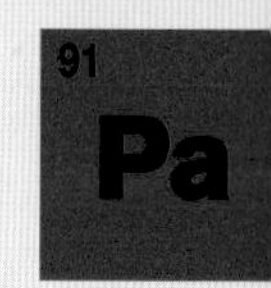

프로트악티늄은 자연에서 극소량 발견되었으며, 대부분 우라늄 광석 안에서 나왔다. 우라늄이 붕괴되면 프로트악티늄을 거쳐 악티늄을 생성하기 때문에 '악티늄 이전의 원소'라는 의미의 이름을 가지게 되었다.

Pa
233

토륨 사이클

토륨의 동위원소 중 일부는 방대한 양의 열을 발산하는 핵분열 과정을 거친다. 그러나 이들 동위원소는 매우 희귀하기 때문에 토륨 자체를 핵연료로 사용하는 것은 불가능에 가깝다. 하지만 토륨 원전에서는 '토륨 연료 사이클'을 이용해 토륨을 변환시켜 핵분열 연료로 사용하는 것이 가능할 수 있다. 토륨-232(Th-232)가 중성자를 포획해 토륨-233(Th-233)을 생성한다. Th-233이 붕괴되어 프로트악티늄-233(Pa-233)이 된 후, 이번에는 우라늄-233(U-233)으로 붕괴한다. 이렇게 만들어진 U-233은 핵분열을 일으키며 핵연료로 이용될 수 있다. U-233이 쪼개지면서 중성자를 방출하면, Th-232가 중성자를 다시 흡수하면서 새로운 순환이 시작된다.

중성자

낮은 용해도

높은 용해도

우라늄

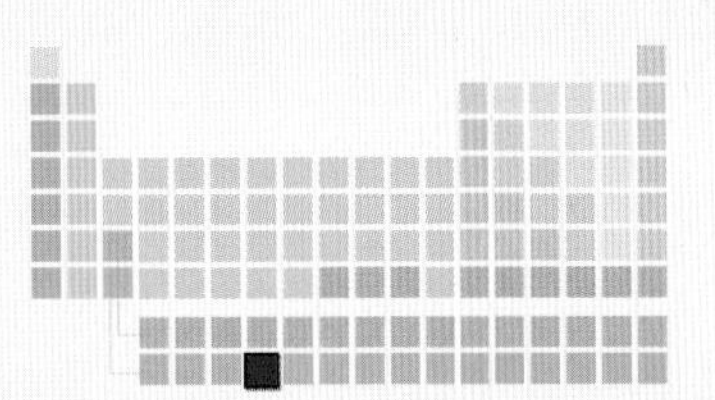

원자량: 238.02891
색: 은회색
상태: 고체
녹는점: 1,132°C (2,070°F)
끓는점: 4,131°C (7,468°F)
결정구조: 사방체

분류: 악티늄족
원자 번호: 92

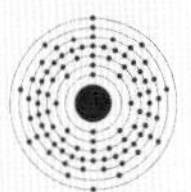

우라늄은 우리에게 가장 친숙한 방사성 원소이자 가장 처음 발견된 방사성 원소이다. 이 원소는 1788년에 최초로 발견되었고, 우라늄 광석에서 방사능을 처음으로 확인한 것은 1896년이었다. 현존하는 방사성 원소의 대부분은 우라늄이 붕괴하면서 만들어진 것들이며, 이들 역시 우라늄 광석을 분석하던 중 발견되었다.

U-238

U-238은 천연 우라늄의 99% 이상을 차지한다. U-238의 반감기는 45억 년인데, 이는 지구가 생성되었을 때 존재했던 우라늄의 반 정도만 현재까지 남아 있다는 의미이다.

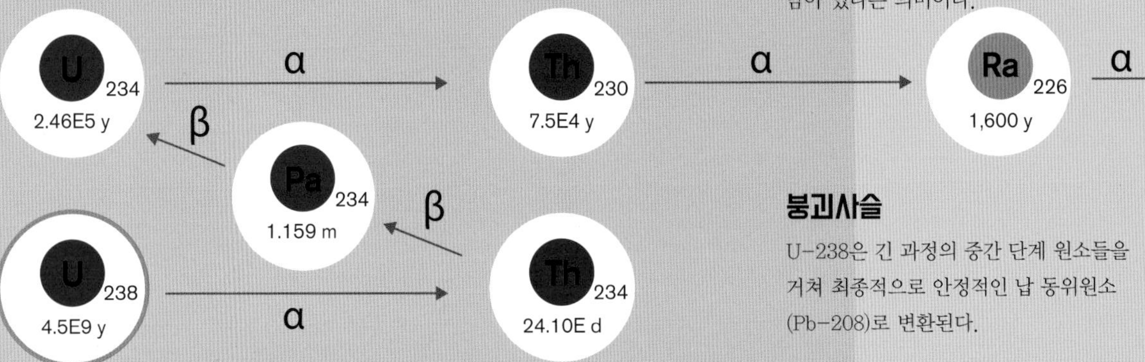

붕괴사슬

U-238은 긴 과정의 중간 단계 원소들을 거쳐 최종적으로 안정적인 납 동위원소(Pb-208)로 변환된다.

무기와 위협

우라늄-235(U-235)는 우라늄의 약 0.7%를 차지하는 동위원소로, 핵분열 연쇄 반응을 일으키는 핵분열성 물질이다. 세계 각지에서 우라늄을 정제하여 U-235를 생성하는데, 이것은 원자력발전소 및 핵무기의 열 에너지 공급원으로 이용된다. 비분열성 우라늄 동위원소는(여전히 방사능을 가지고 있지만) 무기 제작에 쓰인다.

호주	브라질	캐나다	카자흐스탄	몽골	니제르	러시아	우크라이나	미국	우즈베키스탄
28%	6%	12%	16%	2%	6%	5%	2%	3%	2%

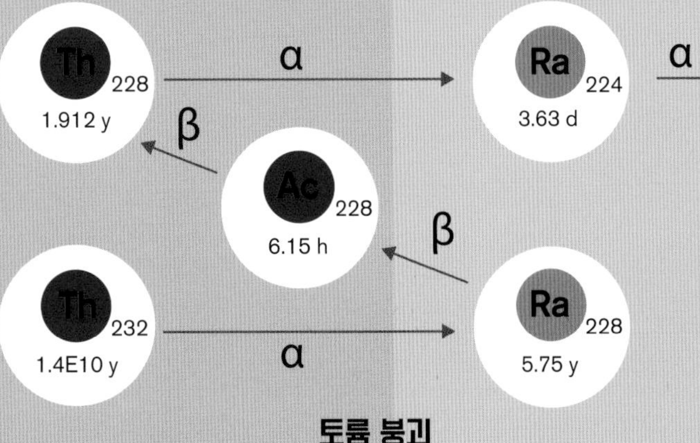

토륨 붕괴

Th-232의 반감기는 140억 년이다. Th-232 역시 붕괴하면 긴 연쇄반응을 거쳐 안정적인 납 동위원소로 변환된다.

낮은 용해도

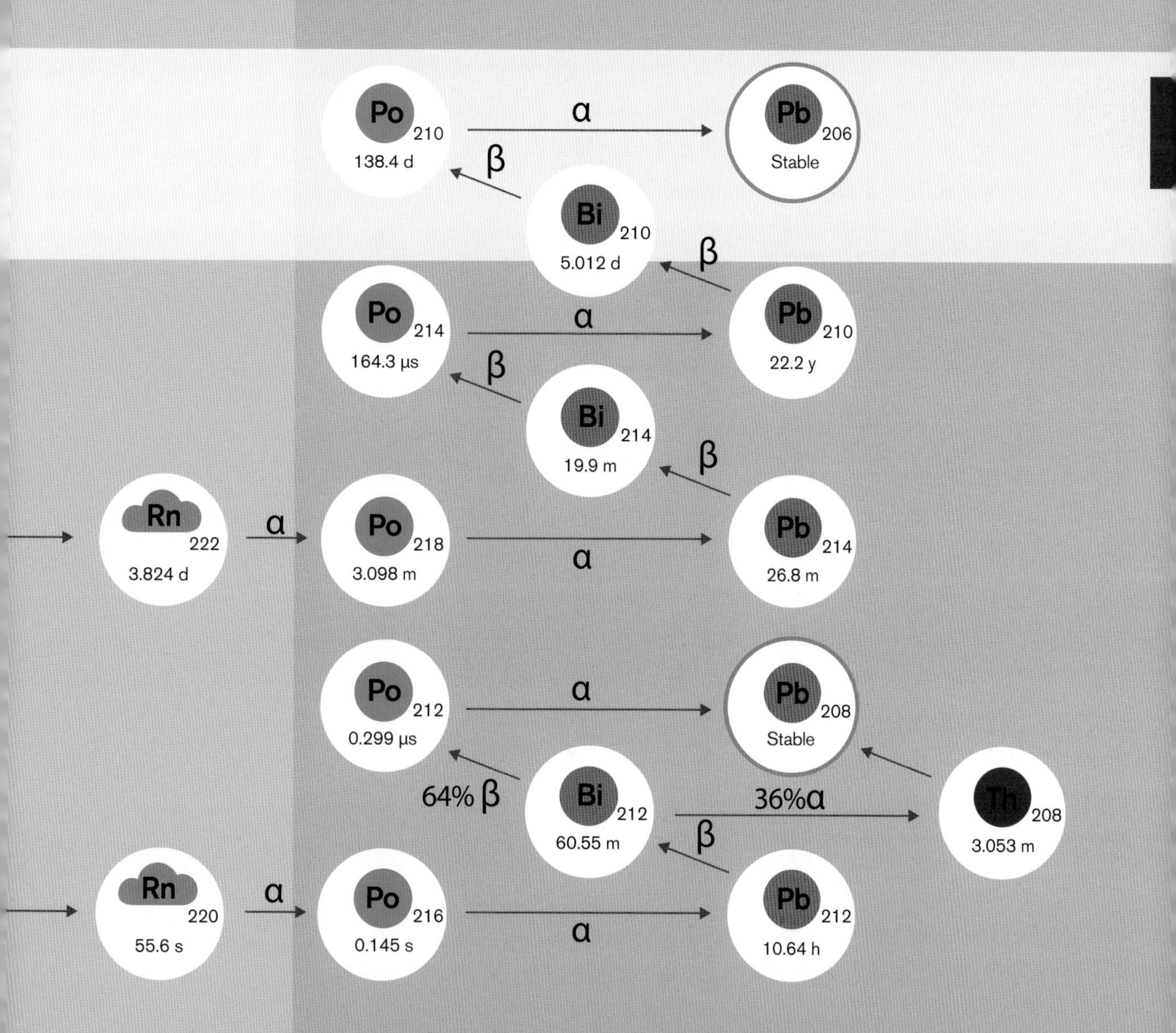

원소의 혼합

우라늄 및 토륨의 광석(예를 들어 피치블렌드나 모나자이트)은 소량의 다른 방사성 원소들을 함유한다. 라듐과 라돈은 다른 원소에 비해 용해도가 높아서 씻겨 내려가 더 넓은 환경으로 퍼질 수 있다.

Np

넵투늄

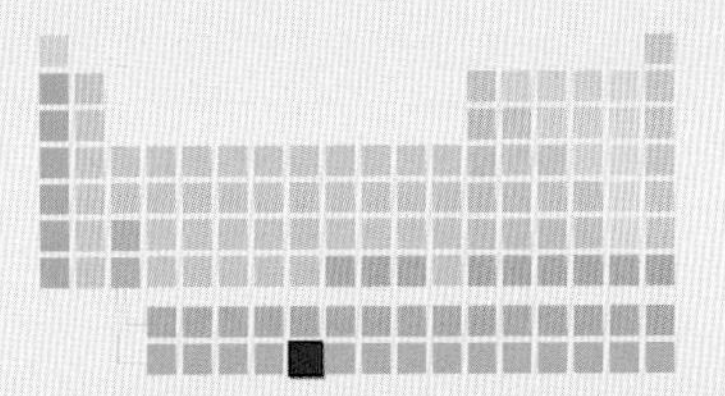

원자량: 237
색: 은색
상태: 고체
녹는점: 637°C (1,179°F)
끓는점: 4,000°C (7,232°F)
결정구조: 사방체

분류: 악티늄족
원자 번호: 93

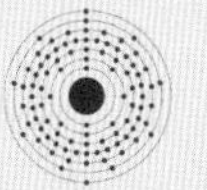

넵투늄은 첫 번째 초우라늄 원소(transuranic element)이다. 즉, 자연에서 발견된 가장 무거운 원소인 우라늄보다 더 무거운 원소 중에서 가장 먼저 발견된 것이다. 넵투늄은 1940년 원자로의 연구 및 개발 과정에서 관찰된 이래로, 희귀한 우라늄 동위원소의 방사성 붕괴 사슬에서 소량씩 발견된다.

행성의 이름

우라늄은 이 원소가 발견되기 직전에 관측된 행성인 천왕성(Uranus)에서 이름을 따왔다. 그 다음 원자 번호 93번 원소(넵투늄)가 발견되자, 우라늄의 경우에서와 마찬가지로 이 원소의 이름은 천왕성 다음의 행성인 해왕성(Neptune)에서 유래했다. 94번 원소(플루토늄)도 곧 발견되었는데, 이 원소의 이름은 당시에는 행성으로 알려져 있었던 명왕성(Pluto)에서 따왔다.

거의 모두 소멸

가장 안정적인 넵투늄 동위원소의 반감기는 200만 년이다. 이는 초기 지구에 존재했던 넵투늄이 8,000만 년 후에는 거의 남아있지 않을 정도로 붕괴해서 사라졌다는 의미이다.

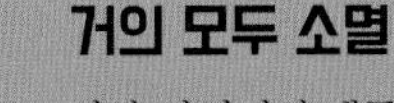

80,000,000 년

플루토늄

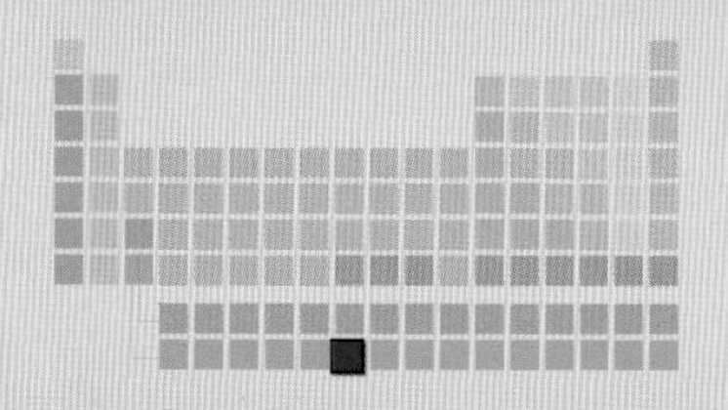

원자량: 244
색: 은백색
상태: 고체
녹는점: 639°C (1,183°F)
끓는점: 3,228°C (5,842°F)
결정구조: 단사체

분류: 악티늄족
원자 번호: 94

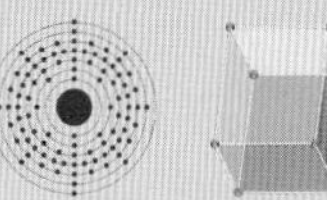

플루토늄은 제2차 세계대전 당시 핵무기 개발 계획이었던 맨해튼 프로젝트(Manhattan Project)의 진행 과정에서 발견되었다. 우라늄에 중성자를 충돌시키면 원자의 질량이 증가하면서 플루토늄이 생성된다. 이렇게 만들어진 동위원소 중 대다수는 상당히 안정한 상태로 반감기가 수천 년에 이른다. 그 중 하나인 Pu-239는 핵분열성 동위원소로 최초의 핵폭탄을 만드는 데 사용되었다.

대폭발

'가제트(The Gadget)'는 1945년 미국 아리조나에서 시행된 '트리니티 핵실험(Trinity Test)' 때 폭발한 최초의 핵폭탄이었다. 여기에는 6.4kg의 플루토늄이 쓰였는데, 이는 얼마 후 일본의 나가사키에 투하된 '팻맨(Fat Man)'과 거의 동일한 양이다. 히로시마에 투하된 '리틀보이(Little Boy)'는 우라늄으로 만들어져 플루토늄 폭탄보다는 덜 위력적이었다. 현대의 열핵폭탄(수소폭탄)과 비교하면 이들 초기 폭탄의 폭발력은 미약하다. 러시아의 열핵폭탄이었던 '차르 봄바(Tsar Bomba)'는 역사상 가장 강력한 인공 폭발물이었다.

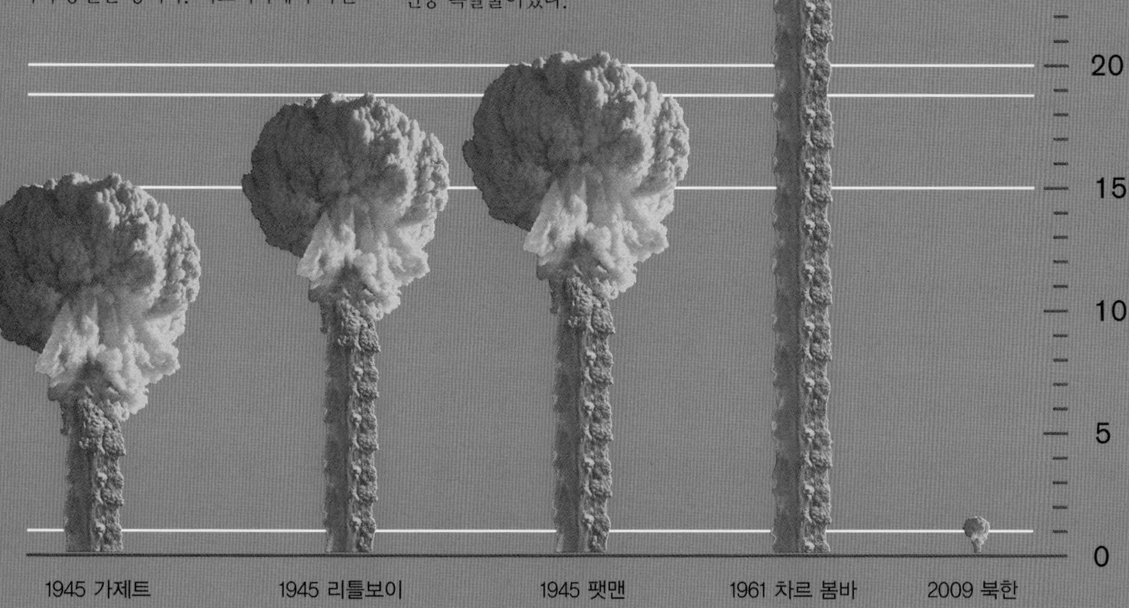

아메리슘

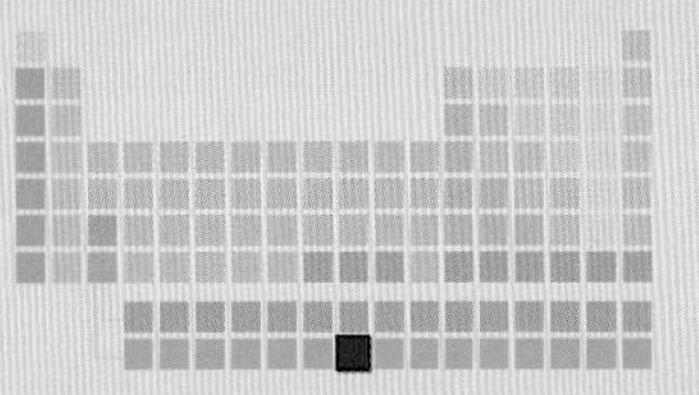

원자량: 243
색: 은백색
상태: 고체
녹는점: 1,176°C (2,149°F)
끓는점: 2,607°C (4,725°F)
결정구조: 육방체

분류: 악티늄족
원자 번호: 95

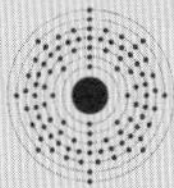

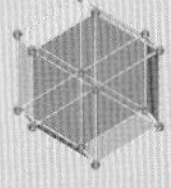

아메리슘은 가장 광범위하게 쓰이는 인공원소이다. 미량(1,000만 분의 3g)이 화재 경보용 연기 감지기를 만드는 데 이용된다.

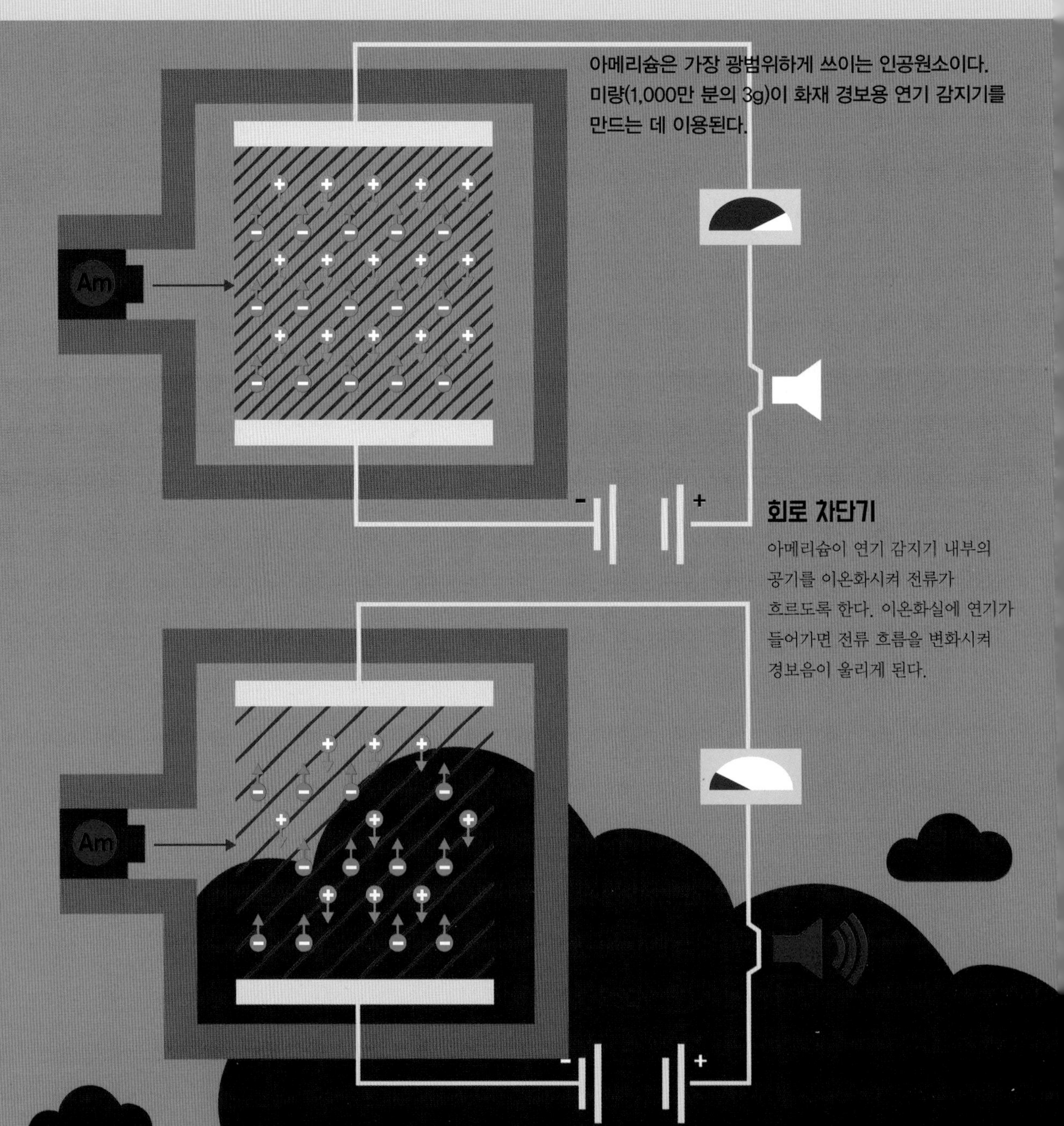

회로 차단기

아메리슘이 연기 감지기 내부의 공기를 이온화시켜 전류가 흐르도록 한다. 이온화실에 연기가 들어가면 전류 흐름을 변화시켜 경보음이 울리게 된다.

퀴륨

원자량: 247
색: 은색
상태: 고체
녹는점: 1,340°C (2,444°F)
끓는점: 3,110°C (5,630°F)
결정구조: 조밀육방체

분류: 악티늄족
원자 번호: 96

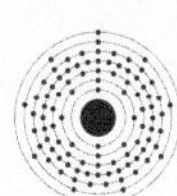

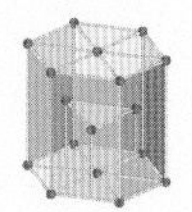

퀴륨은 강력한 알파 입자 발생원이다. 퀴륨의 동위원소 대부분은 붕괴하면서 큰 알파 입자를 방출하는데, 그 결과 퀴륨은 오늘날 화성 탐사로봇 및 혜성 착륙선 '파일리(Philae)'를 비롯한 무인 우주 탐사선의 필수 요소가 되었다. 미지 세계의 암석 조성을 분석하는 데 퀴륨의 방사능이 이용된다. 즉, 암석에 부딪혀 돌아오는 빛이 이 암석이 무엇으로 만들어졌는지에 대한 정보를 무인탐사선에 제공한다.

α α α

버클륨

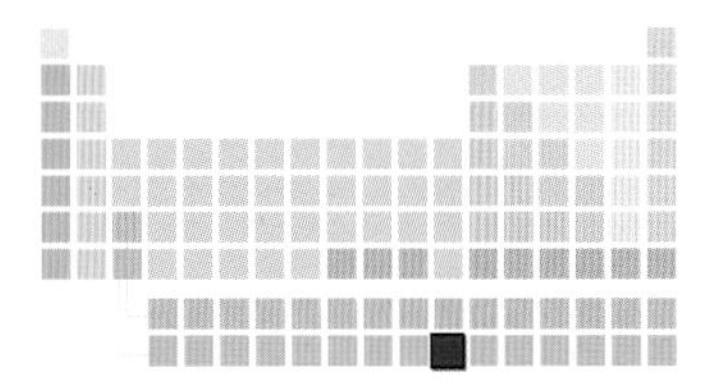

원자량: 247
색: 은색
상태: 고체
녹는점: 986°C (1,807°F)
끓는점: 미상
결정구조: 조밀육방체

분류: 악티늄족
원자 번호: 97

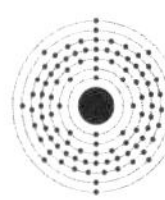

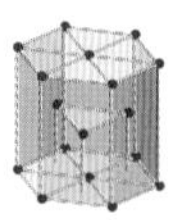

버클륨은 새로운 인공원소가 수년마다 하나씩 만들어지던 시기에 발견되었다. 새로운 이름을 짓는 것은 언제나 쉽지 않았는데, 95번부터 97번까지의 원소의 경우는 주기율표에서 바로 위쪽에 있는 원소들의 작명 방식에서 영감을 얻었다.

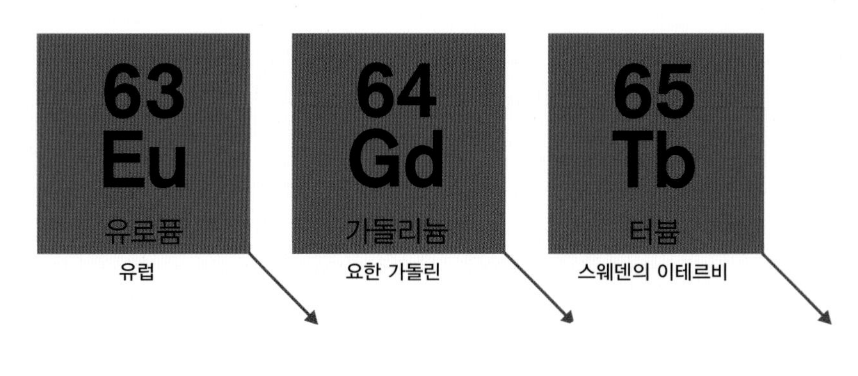

대륙 발견자 발견 장소

95
Am
아메리슘
아메리카

96
Cm
퀴륨
퀴리 부부

97
Bk
버클륨
캘리포니아의 버클리

발견의 대가

미국의 핵물리학자 시보그(Glenn Seaborg)는 버클륨을 포함해 모두 10개의 인공원소 발견에 관여했다.

93 Np 넵투늄 | 94 Pu 플루토늄 | 95 Am 아메리슘 | 96 Cm 퀴륨 | 97 Bk 버클륨 | 98 Cf 캘리포늄 | 99 Es 아인슈타이늄 | 100 Fm 페르뮴 | 101 Md 멘델레븀 | 102 No 노벨륨

캘리포늄

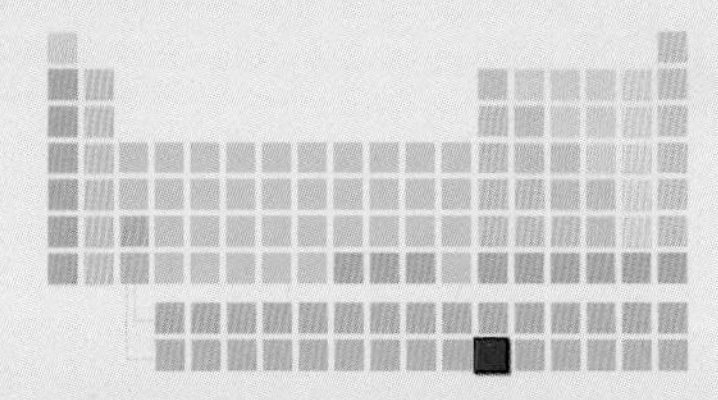

원자량: 251
색: 은백색
상태: 고체
녹는점: 900°C (1,652°F)
끓는점: 1,745°C (3,173°F) (추정)
결정구조: 이중육방체

분류: 악티늄족
원자 번호: 98

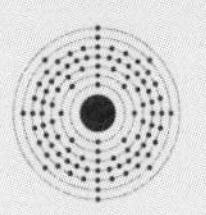

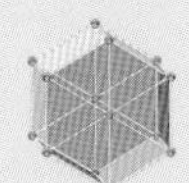

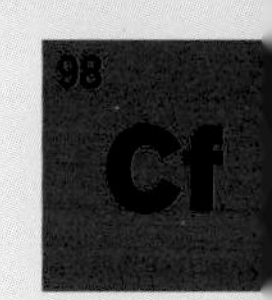

캘리포늄은 보다 큰 초페르뮴(transfermium) 인공원소의 합성에 이용되는 재료 물질이다. 이것은 최상의 중성자 공급원으로, 1μg의 캘리포늄은 1분 동안 1억 3,900만 개의 중성자를 방출한다. 그렇기 때문에 이 원소는 핵연료 점화에 쓰이며, 중성자를 필요로 하는 의료용 영상 장비나 방사선 치료에도 이용된다.

비싼 가격

캘리포늄은 모든 원소들 가운데 가장 비싸기 때문에 어떤 분야에서 사용되건 매우 소량만 쓰인다.

아인슈타이늄

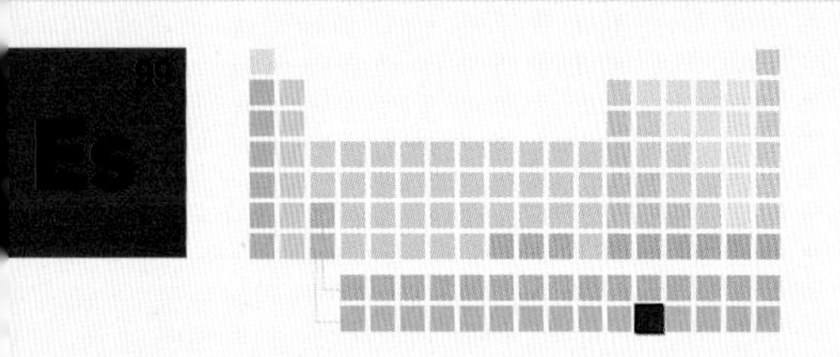

원자량: 252
색: 은색
상태: 고체
녹는점: 860°C (1,580°F)
끓는점: 미상
결정구조: 면심입방체

분류: 악티늄족
원자 번호: 99

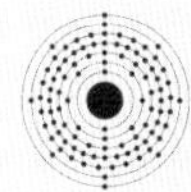

위대한 물리학자 아인슈타인을 기리며 명명된 아인슈타이늄은, 1952년 '아이비 마이크 수소폭탄 실험(Ivy Mike H–bomb test)'의 잔여물에서 발견되었다. 수소폭탄은 인류 최초의 열핵무기였는데, 핵분열을 통해 에너지를 생성하는 대신, 방사성 수소의 융합에서 더 많은 에너지를 방출한다. 그러나 핵융합 반응을 일으키기 위해서는 작은 핵분열 폭탄이 사용된다.

융합 에너지

아인슈타이늄은 '아이비 마이크 수소폭탄 실험' 당시 폭발물 안에 있던 우라늄 원자(U–238)가 수십 개의 중성자를 흡수해 캘리포늄–253로 변환되는 과정에서 생성되었는데, 이 캘리포늄–253이 붕괴하여 아인슈타이늄이 만들어졌다. 핵실험의 폭발력이 엄청났음에도 불구하고, 생성된 아인슈타이늄의 양은 고작 50mg에 불과했다.

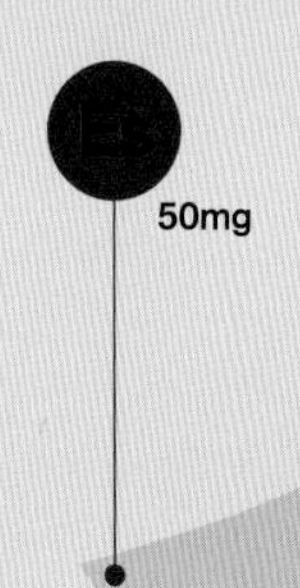

백문이 불여일견

아인슈타이늄은 육안으로 실물을 볼 수 있는 원소 중 가장 무거운 원소이다.

10 메가톤급
폭발력

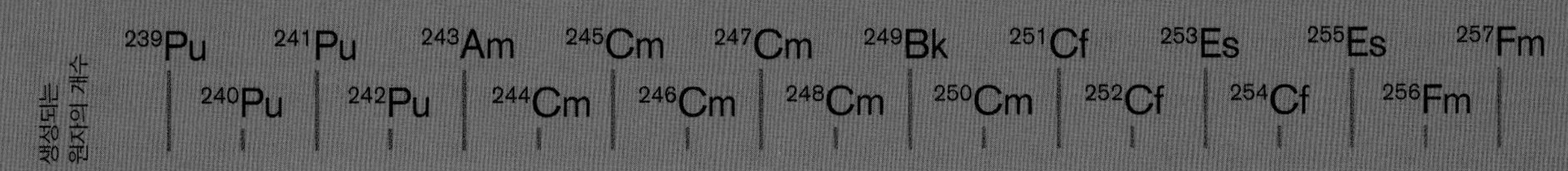

페르뮴

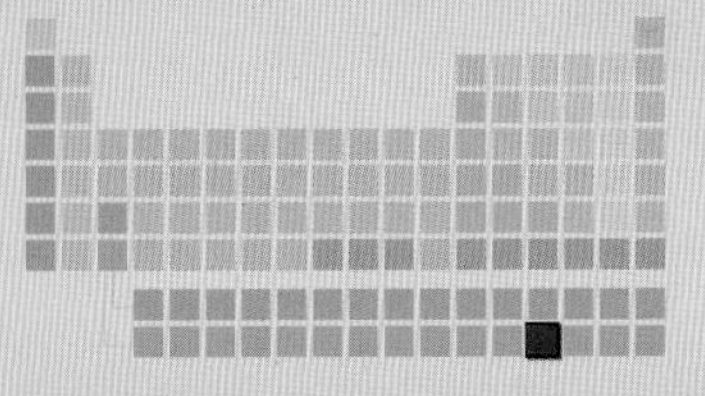

원자량: 257
색: 미상
상태: 고체
녹는점: 1,527℃ (2,781℉)
끓는점: 미상
결정구조: 미상

분류: 악티늄족
원자 번호: 100

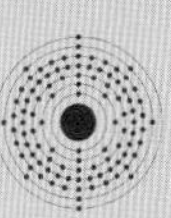

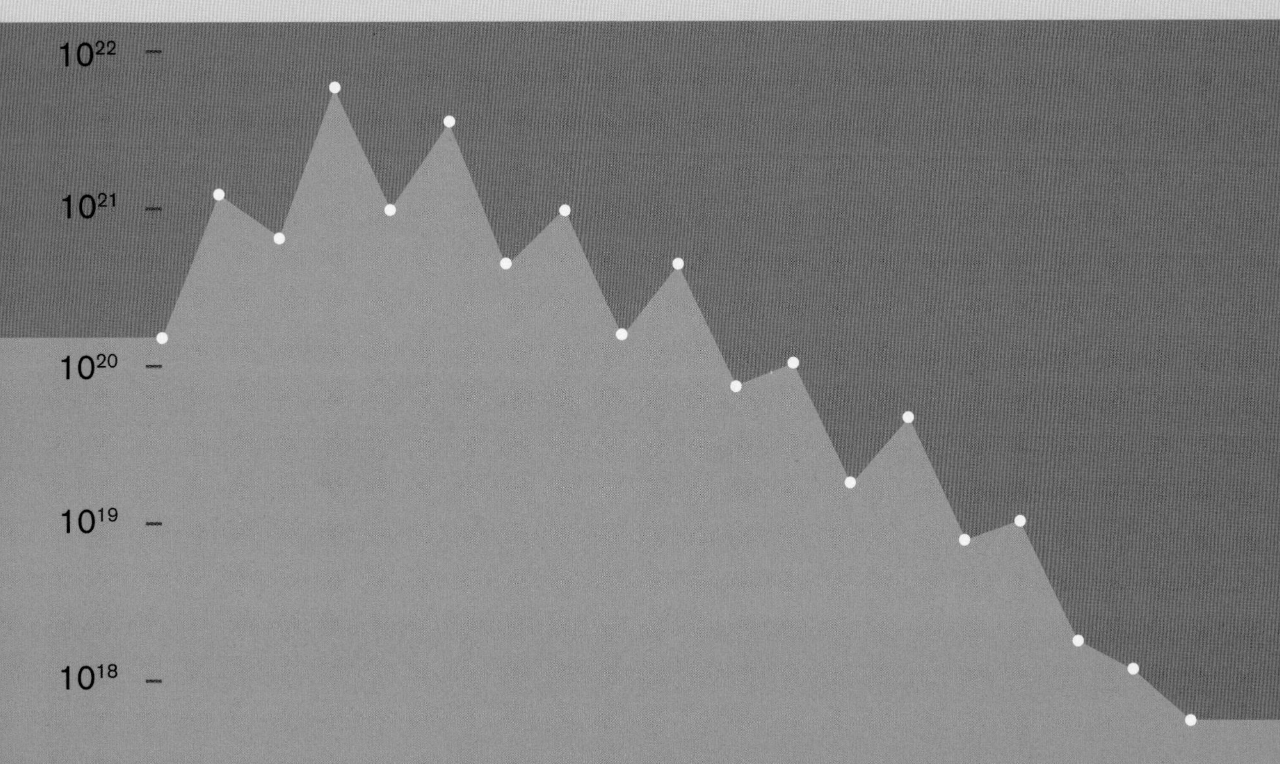

페르뮴이라는 명칭은 이탈리아의 물리학자 페르미(Enrico Fermi)를 기리는 의미에서 붙여졌다. 그는 제어된 핵분열 연쇄반응(controlled fission chain reaction)을 최초로 실현시켰는데, 이로 인해 핵무기 경쟁이 유발되기도 했다. 페르뮴은 1952년 '아이비 마이크 수소폭탄 실험'의 잔해에서 처음 발견되었다. 19개의 동위원소를 가지고 있으며, 이들 중 가장 안정적인 동위원소의 반감기는 고작 100일이다.

수득률 감소

페르뮴은 핵폭발에 의해 만들어지는 가장 큰 초우라늄 원소이다. 생성되는 원소의 양은 원자 번호가 커질수록 점차 감소하지만, 입자의 개수가 짝수인 동위원소(안정적인 짝을 이룸)는 좀 더 많이 생성되는 경향을 보인다.

초페르뮴 원소

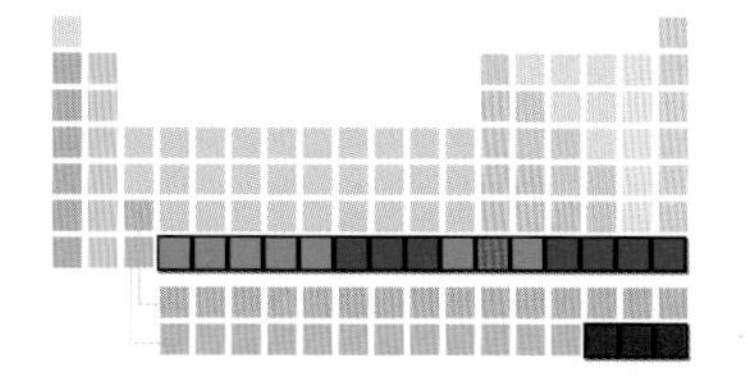

페르뮴(100번)보다 큰 원자 번호를 가진 원소들은 두 그룹으로 나뉜다. 101번부터 103번까지의 원소들은 악티늄족에 포함되어 주기율표의 마지막 줄을 채운다. 나머지 원소들은 주기율표의 7주기에 해당되는데, 이들은 '초중원소(superheavy elements)'라고도 불린다.

멘델레븀 (101)

주기율표 창시자인 러시아의 화학자 멘델레예프(Dmitri Mendeleev)에서 유래. 동위원소인 Md-250은 일반적인 붕괴 방식과는 다르게 둘로 쪼개지는 자발적 핵분열을 일으킨다.

노벨륨 (102)

다이너마이트 발명가이자 자선가인 스웨덴의 화학자 노벨(Alfred Nobel)에서 유래. 노벨륨은 반감기가 1시간 미만인 원소 중 처음으로 발견된 것이다.

로렌슘 (103)

인공원소 합성에 반드시 필요한 입자가속기를 발명했던 미국의 물리학자 로렌스(Ernest Lawrence)를 기리기 위하여 명명되었다.

보륨 (107)

양자 물리학의 토대를 확립시킨 보어(Niels Bohr)에서 유래. 보륨의 가장 안정적인 동위원소의 반감기는 61초에 불과하다.

하슘 (108)

이 원소가 처음 합성된 독일 헤센(Hessen) 주에서 유래. 하슘의 반감기는 30초이다

마이트너륨 (109)

지구 상에서 밀도가 가장 높은 물질로 여겨지며, 한 번에 원자 몇 개만 만들 수 있다. 여성의 이름에서 비롯된 두 번째 원소로, 핵분열의 공동 발견자였던 마이트너(Lise Meitner)를 기리며 명명되었다

니호늄 (113)

2004년 이 원소가 합성된 일본의 일본식 발음인 니혼(Nihon)에서 유래. 니호늄은 물리적, 화학적 성질이 불분명하지만 13족으로 분류된다.

플레로븀 (114)

금과 반응하며, 화합물을 형성할 수 있는 가장 큰 원소이다. 러시아의 물리학자 플레로프(Georgy Flyorov)를 기리며 명명되었다.

모스코븀 (115)

러시아의 수도 모스코바(Moscow)에서 이름을 따온 이 원소는 모든 동위원소의 반감기가 1초 미만이다.

초페르늄 작명 전쟁

초기에 발견된 초중원소의 이름을 결정하는 작업은, 최초 발견자가 누구인지에 대한 합의를 이끌어내지 못하면서 미국과 소련 간의 정치적인 대결로 비화되었다. 양국 간의 의견 차이는 35년 동안 지속되었고, 1997년이 되어서야 104번에서 109번까지의 원소가 마침내 국제적으로 공인된 명칭을 갖게 되었다.

러더포듐 (104)

전이금속 계열에 속하는 최초의 초중원소로, 1911년 원자핵을 발견했던 뉴질랜드의 물리학자 러더퍼드(Ernest Rutherford)를 기리며 명명되었다.

두브늄 (105)

러시아의 합동원자핵연구소가 있는 모스코바 근교의 도시 두브나(Dubna)에서 유래. 이 연구소에서 두브늄이 최초로 합성되었다.

시보귬 (106)

이 원소를 발견했던 시보그(Glenn Seaborg)에서 유래. 이는 생존한 발견자의 이름에서 원소명을 따온 최초의 경우이다.

다름슈타튬 (110)

이 원소는 백금과 유사한 성질을 지닌 금속으로 여겨지지만, 가장 안정적인 동위원소의 반감기가 고작 10초에 불과하다.

뢴트게늄 (111)

X-선을 발명한 뢴트겐(Wilhelm Rontgen)에서 유래. 이 원소는 은이나 금과 비슷한 성질을 가진 귀금속일 것으로 여겨진다.

코페르니슘 (112)

지동설을 주장했던 코페르니쿠스(Nicolaus Copernicus)에서 유래. 코페르니슘은 금속으로 추정되지만 표준상태에서 기체일 것으로 예측된다.

리버모륨 (116)

방사성이 강한 이 원소의 반감기는 모두 1,000분의 1초 단위로 측정된다.

테네신 (117)

가장 무거운 할로젠 원소이다. 테네신은 17족에 속하며 납과 유사한 물리적 성질을 가진 금속으로 추정된다.

오가네손 (118)

비활성 기체로, 러시아의 물리학자 오가네시안(Yuri Oganessian)에서 유래했다. 그는 원소명에 이름이 들어간 발견자 중 유일하게 현재 생존한 사람이다. 오가네손의 유일한 동위원소는 반감기가 0.7ms이다.

원소의 미래?

만약 앞으로 초중원소가 더 합성된다면 이들은 주기율표의 8주기를 채워갈 것이다. 미국의 저명한 입자 물리학자인 파인만(Richard Feynman)은 존재 가능한 최대 원자는 원자 번호 137번 원소('파인마늄; feynmanium'이라 부름)가 될 것이라고 예측했다. 원자 번호가 137을 넘어가면 중성자가 자연 붕괴된다는 이유인데, 이에 동의하지 않는 과학자들도 있다. 그 결과는 기다려 볼 일이다.

용어 설명

동위원소 원자 번호는 같지만 원자핵 속의 중성자 개수가 다른 원자. 모든 원소는 여러 개의 동위원소를 지닌다.

몰 물질의 양을 나타내는 기본 단위. 원자와 분자의 개수를 측정하기 위해 사용된다.

반감기 불안정한 방사성 원소의 크기가 반으로 줄어드는 데 소요되는 시간. 물질의 불안정성을 측정하기 위해 사용된다.

반지름 원 또는 구의 중심에서부터 바깥쪽까지의 거리.

방사성 불안정한 원소의 원자핵 내의 양성자와 중성자를 결합하고 있는 힘이 약해져 원자핵이 붕괴하면서 물질과 에너지를 방출하는 것

분자 화합물의 최소 단위

붕괴 불안정한 원소가 부서지면서 다른 원소의 원자로 바뀌는 것

알파 입자 특정한 방사능 붕괴에 의해 생성되는 입자. 두 개의 양성자와 두 개의 중성자로 구성되며 2가의 양전하를 띤다.

양성자 모든 원자의 원자핵 내에 위치하고 있는 양전하를 띤 입자. 모든 원소는 고유의 양성자 개수를 지닌다.

양이온 양전하를 띤 이온.

양전자 전자의 반입자로 특정 방사능 붕괴에서 생성되며 양전하를 띤다.

오비탈 전자가 위치하고 있는 원자핵 주위 공간.

원자 원소의 최소 단위. 원자는 양성자, 중성자, 전자와 같은 작은 입자로 구성된다.

원자 번호 원자 내의 양성자 개수. 특정 원소의 원자는 항상 동일한 원자 번호를 갖는다.

원자가 한 원자가 다른 원자와 형성할 수 있는 결합의 개수.

원자핵 원자의 중심부로 원자 질량의 대부분을 포함하고 있다.

음이온 음전하를 띤 이온.

이성질체 동일한 개수와 종류의 원자를 지니지만 이들의 배열 방식이 다른 분자.

이온 전자를 얻거나 잃어서 전하를 띠는 원자.

전이금속 주기율표에서 가장 큰 계열로 주기율표의 중간 부분, 즉 금속에서 비금속으로 '전이'되는 부분에 위치한다.

전자 원자 내에 있는 음전하를 띤 입자.

전하 원자를 구성하는 입자가 띤 전기적 성질. 반대 전하를 띤 물질은 서로 잡아당기며, 같은 전하를 띤 물질은 서로 밀어낸다.

제련 광석에서 순수한 금속을 만들기 위해 사용되는 화학 공정

족 주기율표 상에서 세로줄을 지칭. 같은 족의 원소는 여러 가지 성질을 공유한다.

주기 주기율표 상에서 가로줄을 지칭. 같은 주기의 원소는 화학적 성질에 있어 일정한 (즉, 주기적인) 규칙성을 보인다.

중성자 수소의 대부분인 경수소(수소의 동위원소)를 제외한 모든 원자의 원자핵 내에 존재하는 입자. 중성자는 전하를 띠지 않는다.

초전도체 전류에 대한 저항이 전혀 없는 물질.

촉매 두 개 이상의 물질 간의 화학 반응 속도를 높이는 물질. 반응에서 소모되지는 않는다.

쿼크 원자보다 작은 입자로 전자와 크기가 비슷하며 양성자와 중성자 등을 구성한다.

파장 파동의 마루에서 다음 마루까지의 거리. 빛의 파장은 포함하고 있는 에너지를 나타낸다.

합금 금속 혼합물.

혼합물 두 개 이상의 다른 원소의 원자가 화학 결합을 하여 형성한 물질.

핵분열 원자가 거의 비슷한 크기의 두 원자로 쪼개지는 현상.

핵융합 두 개의 작은 원자가 결합해 하나의 큰 원자를 만드는 현상.

색 인

이미지 저작권

다음에 명시한 사진 이미지를 제외한 주요 일러스트레이션 @ Andi Best

4-5 © arleksey/Shutterstock.com; 6-7 © tj-rabbit/Shutterstock.com; 14 © 3D Vector/Shutterstock.com; 15 © By TuiPhotoEngineer/Shutterstock.com; 21A © By koya979/Shutterstock.com, 21B © By JIANG HONGYAN/Shutterstock.com, 21C © By Dim Dimich/Shutterstock.com, 21D © By Dim Dimich/Shutterstock.com; 23A © By eAlisa/Shutterstock.com, 23B © By Chansom Pantip/Shutterstock.com, 23C © By Rob Wilson/Shutterstock.com, 23D © By Petr Novotny/Shutterstock.com; 27A © By koya979/Shutterstock.com, 27B © By mountainpix/Shutterstock.com, 27C © By Denys Dolnikov/Shutterstock.com, 27D © By Artography/Shutterstock.com, 29A © By rCarner/Shutterstock.com, 29B © By LukaKikina/Shutterstock.com, 29C © By TuiPhotoEngineer/Shutterstock.com, 29D © Chones/Shutterstock.com, 29E © By Oldrich/Shutterstock.com; 31A © By RACOBOVT/Shutterstock.com, 31B © By rosesmith/Shutterstock.com, 31C © By USJ/Shutterstock.com, 31D © By Africa Studio/Shutterstock.com, 31E © By Aleksey Klints/Shutterstock.com; 36 © By Vladystock/Shutterstock.com; 48A © By Thammasak Lek/Shutterstock.com, 48B © By Volodymyr Goinyk/Shutterstock.com, 48C © By boykung/Shutterstock.com, 48D © By rCarner/Shutterstock.com, 48E © By Oleksandr Lysenko/Shutterstock.com, 48F © By Jojje/Shutterstock.com; 49 © By cigdem/Shutterstock.com; 65A © By boykung/Shutterstock.com, 65B © By Mivr/Shutterstock.com, 65C © By Cagla Acikgoz/Shutterstock.com, 65D © By Fribus Mara/Shutterstock.com, 65E © By Aleksandr Pobedimskiy/Shutterstock.com, 65F © By Coldmoon Photoproject/Shutterstock.com, 65G © By dorky/Shutterstock.com, 65H © By Jiri Vaclavek/Shutterstock.com, 65I © By Aleksandr Pobedimskiy/Shutterstock.com, 65J © By Bramthestocker/Shutterstock.com; 90A © By boykung/Shutterstock.com, 90B © By gresei/Shutterstock.com, 90C © By joingate/Shutterstock.com, 90D © By Fotofermer/Shutterstock.com; 91A © By Peangdao/Shutterstock.com, 91B © By ifong/Shutterstock.com, 91C © By Subject Photo/Shutterstock.com; 102A © By Ensuper/Shutterstock.com, 102B © By decade3d/Shutterstock.com, 102C © By Ian 2010/Shutterstock.com, 102D © By Valentyn Volkov/Shutterstock.com, 102E © By Janthiwa Sutthiboriban/Shutterstock.com, 102F © By Iraidka/Shutterstock.com, 102G © By Juris Sturainis/Shutterstock.com; 103A © By Karin Hildebrand Lau/Shutterstock.com, 103B © By totojang1977/Shutterstock.com, 103C © By oksana2010/Shutterstock.com, 103D © By AlenKadr/Shutterstock.com, 103E © By manusy/Shutterstock.com; 111A © By masa44/Shutterstock.com, 111B © By Alexey Boldin/Shutterstock.com, 111C © By KREML/Shutterstock.com; 113A © By Guillermo Pis Gonzalez/Shutterstock.com, 113B © By M. Unal Ozmen/Shutterstock.com, 113C © By cobalt88/Shutterstock.com, 113D © By Photo Love/Shutterstock.com, 113E © By Fotokostic/Shutterstock.com; 114A © By azure1/Shutterstock.com, 114B © By VanderWolf Images/Shutterstock.com, 114C © By Michal Sanca/Shutterstock.com, 114D © By pattang/Shutterstock.com, 114E © By Nyvlt-art/Shutterstock.com; 115A © By Vereshchagin Dmitry/Shutterstock.com, 115B © By Philmoto/Shutterstock.com, 115C © By Rawpixel.com/Shutterstock.com; 116A © By Andrii Symonenko/Shutterstock.com, 116B © By Pablo del Rio Sotelo/Shutterstock.com, 116C © By pattang/Shutterstock.com, 116D © By Madlen/Shutterstock.com, 116E © By Peter Sobolev/Shutterstock.com; 117A © By Peter Sobolev/Shutterstock.com, 117B © By Adam Vilimek/Shutterstock.com; 120A © By Somchai Som/Shutterstock.com, 120B © By Merydolla/Shutterstock.com; 121A © By WhiteBarbie/Shutterstock.com; 122 © By Dennis Owusu-Ansah/Shutterstock.com; 123 © By Zanna Art/Shutterstock.com; 124A © xxxx/Shutterstock.com, 124B © xxxx/Shutterstock.com; 125A © By Sergiy Kuzmin/Shutterstock.com, 125B © By Vlad Kochelaevskiy/Shutterstock.com, 125C © By slhy/Shutterstock.com, 125D © By Rawpixel.com/Shutterstock.com; 126A © By Gloriole/Shutterstock.com, 126B © By wk1003mike/Shutterstock.com, 126C © xxxx/Shutterstock.com, 126D © By Oleksandr Rybitskiy/Shutterstock.com; 127A © By donatas1205/Shutterstock.com, 127B © By Lorant Matyas/Shutterstock.com, 127C © By koosen/Shutterstock.com; 131A © By Fotovika/Shutterstock.com, 131B © By Luisa Puccini/Shutterstock.com, 131C © By Vachagan Malkhasyan/Shutterstock.com, 131D © By Garsya/Shutterstock.com; 132A © By tale/Shutterstock.com, 132B © By Jeff Whyte/Shutterstock.com, 132C © By Scanrail1/Shutterstock.com, 132D © By Garsya/Shutterstock.com; 133A © By Medical Art Inc/Shutterstock.com, 133B © By Hein Nouwens/Shutterstock.com, 133C © By bergamont/Shutterstock.com, 133D © By Yevhenii Popov/Shutterstock.com, 133E © By Brilliance stock/Shutterstock.com, 133F © By Kalin Eftimov/Shutterstock.com, 133G © By Abramova Elena/Shutterstock.com, 133H © By JIANG HONGYAN/Shutterstock.com, 133I © By Superheang168/Shutterstock.com, 133J © By AlenKadr/Shutterstock.com; 134A © By noreefly/Shutterstock.com, 134B © By ifong/Shutterstock.com; 137A © By Panos Karas/Shutterstock.com, 137B © By Nikandphoto/Shutterstock.com, 137C © By l000s_pixels/Shutterstock.com; 138A © By Volodymyr Krasyuk/Shutterstock.com, 138B © By Taigi/Shutterstock.com, 138C © By Sashkin/Shutterstock.com; 139A © By Oleksandr Kostiuchenko/Shutterstock.com, 139B © By Alexey Boldin/Shutterstock.com, 139C © By horiyan/Shutterstock.com, 139D © By Rawpixel.com/Shutterstock.com, 139E © By wk1003mike/Shutterstock.com, 139F © By s-ts/Shutterstock.com; 144A © By Planner/Shutterstock.com, 144B © By Joshua Resnick/Shutterstock.com, 144C © By Lorant Matyas/Shutterstock.com, 144D © By Madlen/Shutterstock.com, 144E © By Constantine Pankin/Shutterstock.com,; 145A © By Ivelin Radkov/Shutterstock.com, 145B © By Elenarts/Shutterstock.com, 145C © By ar3ding/Shutterstock.com, 145D © By Richard Peterson/Shutterstock.com,; 146A © By NikoNomad/Shutterstock.com, 146B © By gritsalak karalak/Shutterstock.com, 146C © By Konstantin Faraktinov/Shutterstock.com; 148 © By Yurchyks/Shutterstock.com; 149A © By Dmitrydesign/Shutterstock.com, 149B © By Oliver Hoffmann/Shutterstock.com, 149C © By Mariyana M/Shutterstock.com, 149D © By drawhunter/Shutterstock.com, 149E © By elnavegante/Shutterstock.com; 150A © By Ninell/Shutterstock.com, 150B © By horiyan/Shutterstock.com, 150C © By stockphoto mania/Shutterstock.com, 150D © By Oleksandr Kostiuchenko/Shutterstock.com, 150E © By mtlapcevic/Shutterstock.com; 151A © By Peangdao/Shutterstock.com, 151B © By ifong/Shutterstock.com, 151C © By Subject Photo/Shutterstock.com, 151D © By MOAimage/Shutterstock.com, 151E © By Kichigin/Shutterstock.com; 152A © By Jojje/Shutterstock.com, 152B © By KREML/Shutterstock.com, 152C © By Kulakov Yuri/Shutterstock.com, 152D © By A. L. Spangler/Shutterstock.com; 154A © By Aaron Amat/Shutterstock.com, 154B © By Marco Vittur/Shutterstock.com, 154C © By James Steidl/Shutterstock.com, 154D © By RACOBOVT/Shutterstock.com, 154E © By Vereshchagin Dmitry/Shutterstock.com; 159 © By Triff/Shutterstock.com; 160A © By Mr. SUTTIPON YAKHAM/Shutterstock.com, 160B © By Vereshchagin Dmitry/Shutterstock.com, 160C © By Jojje/Shutterstock.com, 160D © By Pavel Chagochkin/Shutterstock.com, 160E © By Vachagan Malkhasyan/Shutterstock.com, 160F © By Nerthuz/Shutterstock.com, 160G © By Rawpixel.com/Shutterstock.com; 162 © By Johannes Kornelius/Shutterstock.com; 167 © By Kvadrat/Shutterstock.com; 168A © By Sergey Peterman/Shutterstock.com, 168B © By Sofiaworld/Shutterstock.com, 168C © By VFilimonov/Shutterstock.com, 168D © By Sementer/Shutterstock.com; 169A © By decade3d - anatomy online/Shutterstock.com, 169B © By Panda Vector/Shutterstock.com; 170 © By Chones/Shutterstock.com; 173A © By VFilimonov/Shutterstock.com, 173B © By Cronislaw/Shutterstock.com, 173C © By ARTEKI/Shutterstock.com; 175A © By Accurate shot/Shutterstock.com, 175B © By Elnur/Shutterstock.com, 175C © By Fruit Cocktail Creative/Shutterstock.com; 176A © By Mauro Rodrigues/Shutterstock.com, 176B © By Jiri Hera/Shutterstock.com, 176C © By Andrey Lobachev/Shutterstock.com; 177A © By cigdem/Shutterstock.com, 177B By NPeter/Shutterstock.com; 178 © By Frederic Legrand - COMEO/Shutterstock.com; 179A © By cobalt88/Shutterstock.com, 179B © By Yuliyan Velchev/Shutterstock.com; 180 © Abert/Shutterstock.com; 181 © cobalt88/Shutterstock.com; 183 © James Steidl/Shutterstock.com; 184 © Palomba/Shutterstock.com; 185 © eAlisa/Shutterstock.com; 189 © Nicolas Primola/Shutterstock.com; 191A © Somchai Som/Shutterstock.com, 191B © MIGUEL GARCIA SAAVEDRA/Shutterstock.com; 193A © Beautyimage/Shutterstock.com, 193B © Somchai Som/Shutterstock.com, 193C © Andrey Burmakin/Shutterstock.com; 193D © Pan Xunbin/Shutterstock.com; 194A © Johan Swanepoel/Shutterstock.com, 194B © Ozja/Shutterstock.com, 194C © Hedzun Vasyl/Shutterstock.com; 197 © stockphoto mania/Shutterstock.com; 199A © Vachagan Malkhasyan/Shutterstock.com, 199B © Gino Santa Maria/Shutterstock.com; 200A © Carlos Romero/Shutterstock.com, 200B © Lukasz Grudzien/Shutterstock.com, 200C © Volodymyr Krasyuk/Shutterstock.com, 200D © Petr Salinger/Shutterstock.com; 201D © www.auditionsfree.com; 202A © Susan Schmitz/Shutterstock.com, 202B © Kazakov Maksim/Shutterstock.com, 202C © Jojje/Shutterstock.com, 202D© Libor Fousek/Shutterstock.com, 202E © Aleksey Stemmer/Shutterstock.com, 202F © SOMMAI/Shutterstock.com, 202G © serg_dibrova/Shutterstock.com, 202H © Aleksey Klints/Shutterstock.com; 205A © Sashkin/Shutterstock.com, 205B © Cozy nook/Shutterstock.com; 206A © pattang/Shutterstock.com, 206B © TairA/Shutterstock.com, 206C © RACOBOVT/Shutterstock.com; 207A © Kostsov/Shutterstock.com; 212A © NPeter/Shutterstock.com, 212B © Vadim Sadovski/Shutterstock.com, 212C © Vadim Sadovski/Shutterstock.com, 212D © NASA images/Shutterstock.com; 213 © KREML/Shutterstock.com; 215A © u3d/Shutterstock.com, 215B © ESA/ATG medialab, 215C © Jaroslav Moravcik/Shutterstock.com, 215D © tsuneomp/Shutterstock.com; 217 © stockphoto mania/Shutterstock.com